人工智能 前沿技术丛书

总主编　焦李成

深度学习简明教程

焦李成　刘梦琨　杨淑媛
刘　芳　李玲玲　陈璞花 编 著
赵　进　刘　旭　马文萍

西安电子科技大学出版社
http://www.xduph.com

内 容 简 介

为了适应和持续推动人工智能学科和多学科交叉领域的新发展，本书遵循"理论化—典型化—应用化"的思路，秉持以理论学习和工程应用为主要背景论述深度学习基础理论、方法和应用的宗旨，结合团队多年领域研究和课堂教学实践，从深度神经网络的核心结构和原理出发，阐述了典型神经网络及其实际应用。

全书分为四部分，共16章。其中，深度学习理论概述部分（第1章）分析了人工智能的历史、发展与现状；深度学习模型基础部分（第2~8章）从神经网络的基础出发，讨论了人工神经网络的结构、原理、性质与典型应用，并依序详细回顾了反向传播算法、卷积神经网络、自编码网络、Hopfield神经网络、循环神经网络等几类基本网络的功能、结构、算法与典型应用；深度学习进阶部分（第9~14章）分别对残差网络、生成式对抗网络、深度强化学习、图神经网络、多尺度深度几何网络、Transformer网络进行了介绍；深度学习实战和展望部分（第15和16章）简述了几种深度学习实验平台、工具的实例与方法，并在深度学习总结与展望中对深度学习的发展历程进行了回顾，展望了深度学习未来的发展方向。

本书可用于人工智能、智能科学与技术、大数据科学与技术、智能机器人、电子科学与技术、人工智能技术服务等领域相关专业本科生或研究生的实践教学，也可供相关专业技术人员参考。

图书在版编目(CIP)数据

深度学习简明教程 / 焦李成等编著. --西安：西安电子科技大学出版社，2023.12
ISBN 978 - 7 - 5606 - 6957 - 1

Ⅰ. ①深… Ⅱ. ①焦… Ⅲ. ①机器学习—教材 Ⅳ. ①TP181

中国国家版本馆 CIP 数据核字(2023)第 138684 号

策 划 高维岳
责任编辑 于文平
出版发行 西安电子科技大学出版社(西安市太白南路 2 号)
电 话 (029)88202421 88201467 邮 编 710071
网 址 www. xduph. com 电子邮箱 xdupfxb001@163.com
经 销 新华书店
印刷单位 陕西天意印务有限责任公司
版 次 2023 年 12 月第 1 版 2023 年 12 月第 1 次印刷
开 本 787 毫米×960 毫米 1/16 印张 16
字 数 328 千字
定 价 48.00 元
ISBN 978 - 7 - 5606 - 6957 - 1 / TP
XDUP 7259001 - 1

＊＊＊如有印装问题可调换＊＊＊

前 言 PREFACE

受生物神经网络的启发，人工神经网络通过模拟人脑工作的分布式协同并行机制来处理复杂任务，成为人工智能领域重要的研究方向。为了提升神经网络的"智力水平"，将神经网络由"浅"做"深"，网络的结构设计成为领域中重要的研究课题。卷积神经网络通过局部连接、权值共享等思想约减参数量，扩展了网络深度，开启了"深度学习时代"。现在，深度学习指使用深度神经网络，通过训练从大量数据中学习知识，它是人工智能领域最热门的研究方向。

深度神经网络设计范式中，一方面，通过多通路、并行化的网络设计来削弱单纯增加"深度"带来的种种问题，将塔式结构、对称性等融入网络的设计过程中；另一方面，深度生成模型(如生成式对抗网络和变分自编码器等)可以通过生成训练数据集的概率密度函数来实现数据扩充。深度学习与强化学习优势互补，形成了更接近人类思维方式的深度强化学习，为复杂系统的感知决策问题提供了解决思路。图域信息处理中的图神经网络对于非欧几里得数据的图谱结构数据能够很好地进行表示，同时具有较好的性能与可解释性，也走向了和深度学习的融合之路。

在人工智能领域的深度学习研究如火如荼展开的同时，它在交叉领域也得到了广泛应用：深度神经网络在物理、医学、天文、航空航天等学科中成为新的研究工具，并催生了一批新方法和新成果。从未有如此多领域的研究人员和行业从业人员都涉猎神经网络的拓展应用，从未有如此多的年轻学生对神经网络投入学习热情。

为了适应和持续推动学科和领域的新发展，本团队秉持以理论学习和工程应用为主要背景论述深度学习基础理论、方法和应用的宗旨，结合团队多年领域研究和课堂教学实践，编写了本书。本书从深度学习的模型基础出发，阐述了深度学习的范畴、基本原理等内容，汇集了一批经典的、目前仍在神经科学研究领域中得到广泛应用的技术方法，以及一些当前正在兴起的、已处于应用阶段或正待完善的新的研究技术。本书的编写遵循"理论化—典型化—应用化"的思路，章节安排都从深度神经网络的核心结构和原理出发，引出典型神经网络，最后给出实际应用。

本书的出版离不开团队多位老师和研究生的支持与帮助，感谢团队中侯彪、刘静、公茂果、王爽、张向荣、吴建设、緱水平、梁雪峰、尚荣华、刘波、刘若辰等教授以及马晶晶、马文萍、白静、朱虎明、田小林、张小华、曹向海等副教授对我们的关心支持与辛勤付出。感谢张丹、唐旭、任博、刘旭、冯志玺等老师在学术交流过程中无私地付出。

感谢西安电子科技大学智能感知与图像理解教育部重点实验室、智能感知与计算国际合作联合实验室、智能感知与计算国际联合研究中心、教育部创新团队和国家"111"创新引智基地的支持；同时，我们的工作也得到了国家自然科学基金创新研究群体基金(61621005)、国家自然科学基金重点项目(61836009)、国家自然科学基金重大研究计划(91438201)、国防科技 173 计划项目、国家自然科学基金(62076192、61902298、61906150、62006177)、教育部规划项目、教育部"111"引智计划(B07048)、教育部长江学者创新研究团队计划（IRT 15R53）、陕西省创新团队（2020TD-017）、陕西省重点研发计划(2019ZDLGY03-06)等科研项目的支持，特此感谢。还要特别感谢西安电子科技大学出版社的大力支持和帮助，衷心感谢毛红兵老师、高维岳老师及其他编辑老师付出的辛勤劳动与努力，还要感谢书中所有被引用文献的作者。

20 世纪 90 年代初我们出版了《神经网络系统理论》《神经网络计算》《神经网络的应用与实现》等系列专著。三十多年来人工神经网络已经取得了长足的进步，本书在之前的研究基础上对近年来神经网络的发展现状及研究趋势进行概括和阐述，取材和安排完全源于作者的偏好。由于水平有限，书中不妥之处在所难免，恳请广大读者批评指正。

作　者

2023 年 8 月于西安电子科技大学

目录 CONTENTS

第1章 绪 论

1.1 人 工 智 能

1956 年夏，在美国汉诺威小镇的达特茅斯学院召开了"人工智能达特茅斯夏季研讨会"，简称达特茅斯会议。出席这次会议的人员有美国计算机及认知科学家 John McCarthy，信息论之父、美国数学家 Claude Shannon，美国计算机博弈专家 Arthur Samuel 以及美国认知科学家 Marvin Minsky 等知名人物。会议的主旨是有关智能的设想及相关问题。达特茅斯会议标志着人工智能作为一个正式的研究领域的诞生。

1.1.1 人工智能

人工智能是一个含义很广的词语，在其发展过程中，具有不同学科背景的人工智能学者对它有着不同的理解，提出了一些不同的观点，如符号主义观点、连接主义观点和行为主义观点等。综合各种不同的人工智能观点，可以从"能力"和"学科"两个方面对人工智能进行定义。从能力的角度来看，人工智能是相对于人的自然智能而言的，即用人工的方法在机器(计算机)上实现的智能；从学科的角度来看，人工智能是作为一个学科名称来使用的，即人工智能是一门研究如何构造智能机器或智能系统，使它能模拟、延伸和扩展人类智能的学科。那么人工智能研究的目标是什么？根据之前的定义，人工智能指的是人们在计算机上对智能行为的研究，其中包括感知、推理、学习、规划、交流和在复杂环境中的行为。人工智能研究的目标有三部分：对智能行为有效解释的理论分析，解释人类智能，制造人工智能产品。要实现这些目标，需要同时开展对智能机理和智能实现技术的研究。即使图灵所期望的那种智能机器并没有提到思维过程，但要真正实现它，却同样离不开对智能机理的研究。因此，揭示人类智能的根本机理，用智能机器去模拟、延伸和扩展人类智能是人工智能研究的终极目标，或者称长期目标。在短时期内实现这一目标存在较大的难度，在这种情况下，我们可以指定人工智能研究的近期目标。人工智能研究的近期目标是研究如何使现有的计算机更聪明，即使它能够运用知识去处理问题，能够模拟人类的智能行为，如推理、思考、分析、决策、预测、理解、规划、设计和学习等。为了实现这一目标，人们需要根据现有计算机的特点，研究有关理论、方法和技术，建立相应的智能系统。实际上，人工智能的远期目标与近期目标是相互依存的。远期目标为近期目标指明了方向，而近期目标则为远期目标奠定了理论和技术基础。同时，近期目标和远期目标之间并无严格界限，近期目标会随人工智能研究的发展而变化，并最终达到远期目标。

作为一门内容丰富的边缘学科，人工智能不仅与自然科学有所关联，还与社会科学有着密切的联系。它是一门综合学科，涉及哲学、心理学、计算机科学以及多种工程学方法；它将自然科学和社会科学各自的优势相结合，以思维与智能为核心，形成了一个研究的新体系。人工智能的应用广泛，主要领域包括专家系统、博弈、定理证明、语义理解、机器人学等。图 1.1 所示为人工智能研究与应用领域。其中，专家系统是一种基于专家知识的系统，在设计程序时，设计者需要将相关知识编制到程序中，然后用机器来模拟人类专家求解问题，其水平可以达到甚至超过人类专家的水平。自然语言理解（语义理解的一个分支）也是另一个人工智能应用较多的领域。自然语言理解包括文章中的句子、句子中单词的分析和理解，它的研究起源于机器翻译。一个能够理解自然语言并能用自然语言进行交流的机器人可以执行任何口头命令，因此具有广泛的应用价值。

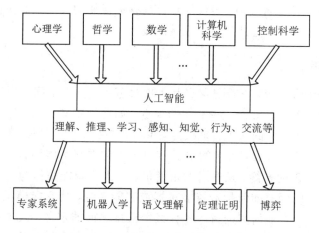

图 1.1　人工智能研究与应用领域示意图

随着人类其他领域知识的发展和科技水平的提高，人工智能作为一个新兴的学科，如今得到了很大的发展。大多数古典科学如数学、物理和生物等学科都具有一个中心的研究领域，例如，古典数学是以代数为研究中心的，古典物理学是以力学为研究中心的，而生物学是以动植物为研究中心的。与之不同，从人工智能所涵盖的内容中很难简单地找出一个中心的研究领域，在它几十年的发展历程中，众多数学、计算机科学乃至哲学领域的研究者们从不同的角度提出了各种方法，极大地丰富了人工智能学科的成果，为人工智能的发展做出了不可磨灭的贡献。下面介绍几位历史上著名的人工智能大师（见图 1.2～图 1.13）。

艾伦·图灵（Alan Turing） 1912 年出生于英国伦敦，1954 年去世。1936 年图灵提出了"图灵机"理论，"图灵机"与"冯·诺伊曼机"齐名，被永远载入计算机的发展史中。1950 年 10 月，图灵发表了论文《机器能思考吗》，正是这篇文章，使图灵赢得了"人工智能之父"的桂冠。1966 年为纪念图灵的杰出贡献，ACM 设立图灵奖。在 42 年的人生历程中，图灵的创造力是丰富多彩的，他是天才的数学家和计算机理论专家，24 岁提出"图灵机"理论，31 岁参与 COLOSSUS 的研制，33 岁设想仿真系统，35 岁提出自动程序设计概念，38 岁设计"图灵测验"。

图 1.2　艾伦·图灵

马文·明斯基（Marvin Minsky） 1927 年出生于美国纽约。1951 年，明斯基提出了关于"思维如何萌发并形成"的基本理论。1954 年他对神经系统如何能够学习进行了研究，并把这种想法写入其博士论文中，后来他对 Rosenblatt 建立的感知器（perceptron）的学习模型作了深入分析。明斯基是 1956 年达特茅斯会议的发起人之一，1958 年他在 MIT 创建了世界上第一个人工智能实验室，1969 年获得图灵奖，1975 年首创框架理论。

图 1.3　马文·明斯基

约翰·麦卡锡（John McCarthy） 1927 年出生于美国波士顿。在上初中时，麦卡锡就对数学表现出很高的天赋，于 1951 年在普林斯顿大学取得数学博士学位。1956 年夏，麦卡锡发起了达特茅斯会议，并提出了"人工智能"的概念。1958 年麦卡锡到 MIT 任职，与明斯基一起创建了世界上第一个人工智能实验室，并且发明了著名的 $\alpha-\beta$ 剪枝算法。1959 年他开发出了 LISP 语言，开创了逻辑程序研究，用于程序验证和自动程序设计，1971 年获得图灵奖。

图 1.4　约翰·麦卡锡

赫伯特·西蒙(Herbert A. Simon) 1916 年出生于美国的威斯康星州密歇根湖畔。他从小聪明好学,17 岁就考入了芝加哥大学。他是一位兴趣爱好广泛的人,研究方向跨越多个领域。1936 年西蒙从芝加哥大学取得政治学学士学位,1943 年在芝加哥大学获政治学博士学位,1969 年因心理学方面的贡献获得杰出科学贡献奖,1975 年他和他的学生艾伦·纽厄尔共同获得图灵奖,1978 年获得诺贝尔经济学奖,1986 年因行为学方面的成就获得美国全国科学家奖章。

图 1.5 赫伯特·西蒙

艾伦·纽厄尔(Allen Newell) 1927 年出生于美国旧金山。他在 20 世纪五六十年代开发了世界上最早的启发式程序——逻辑理论家 LT(logic theorist),证明了《数学原理》第 2 章中的全部 52 个定理,开创了机器定理证明这一新的学科领域。1957 年纽厄尔开发了 IPL 语言(最早的 AI 语言),1960 年开发了通用问题求解系统——GPS,1966 年开发了最早的下棋程序之一——MATER,1970 年发展完善了语义网络的概念和方法,并提出了物理符号系统假说,后来又提出了决策过程模型,该模型成为 DSS(decision support system)的核心内容。

图 1.6 艾伦·纽厄尔

理查德·卡普(Richard M. Karp) 1935 年出生于美国波士顿,是加州大学伯克利分校三个系(电气工程和计算机系、数学系、工业工程和运筹学系)的教授。20 世纪 60 年代卡普提出了分支界限法,成功求解了含有 65 个城市的推销员问题,创造了当时的纪录。1985 年卡普由于对算法理论的贡献而获得图灵奖。

图 1.7 理查德·卡普

爱德华·费根鲍姆（Edward Albert Feigenbaum）
1936 年出生于美国新泽西州。1977 年费根鲍姆提出了知识工程，使人工智能从理论转向应用。其名言为：知识蕴藏着力量。1994 年费根鲍姆和劳伊·雷迪共同获得了图灵奖。1963 年费根鲍姆主编了《计算机与思想》一书，被认为是世界上第一本有关人工智能的经典性专著。1965 年费根鲍姆开发出了世界上第一个专家系统 DENDRAL，20 世纪 80 年代与其他研究者合著了四卷本的《人工智能手册》，并开设了 Teknowledge 和 IntelliGenetics 两个公司。

图 1.8　爱德华·费根鲍姆

劳伊·雷迪（Raj Reddy）　1937 年出生于印度，1966 年在美国斯坦福大学获得了博士学位。1994 年雷迪与费根鲍姆共同获得了图灵奖。雷迪自称是第二代的人工智能研究者，因为他的博士导师就是有人工智能之父之称的麦卡锡。雷迪主持过一系列大型人工智能系统的开发，如 NavLab——能在道路上行驶的自动车辆项目、LISTEN——用于扫盲的语音识别系统、以诗人但丁命名的火山探测机器人项目、自动机工厂项目等，并且提出了白领机器人学。

图 1.9　劳伊·雷迪

道格拉斯·恩格尔巴特（Douglas Engelbart）　1925 年出生于美国俄勒冈州。20 世纪 60 年代恩格尔巴特提出了计算机是人类智力的放大器的观点。1948 年恩格尔巴特在俄勒冈州立大学取得了硕士学位，1956 年在加州大学伯克利分校取得了电气工程/计算机博士学位，之后进入著名的斯坦福研究所 SRI 工作。1964 年恩格尔巴特发明了鼠标，1967 年申请专利，1970 年取得了专利。恩格尔巴特对超文本技术做出了巨大贡献，人们以他的名字命名了 ACM 超文本会议最佳论文奖。1989 年，他和女儿一起在硅谷 PaloAlto 创建了 Bootstrap 研究所。

图 1.10　道格拉斯·恩格尔巴特

奥利弗·赛尔夫里奇（Oliver G. Selfridge） 1926 年生于英格兰，人工智能的先驱者之一，于 2008 年逝世。1945 年，赛尔夫里奇开始在 MIT 从事数学方面的研究。1955 年他帮助明斯基组织了第一次公开的人工智能会议，之后，完成了许多重要的早期关于神经网络、机器学习以及人工智能的文章。1959，他的论文"Pandemonium：A paradigm for learning"更是被视作人工智能的经典之作，为之后的面向方面编程提供了理论基础。赛尔夫里奇在机器学习和神经网络方面的研究至今还影响着 AI 研究领域。

图 1.11　奥利弗·赛尔夫里奇

雷·索罗蒙夫（R. Solomonoff） 1926 年出生于美国的克利夫兰，1951 年毕业于芝加哥大学，早年对于纯数学理论较感兴趣。1952 年索罗蒙夫遇到了明斯基、麦卡锡等人，并参加了第一次达特茅斯人工智能会议。1960 年他提出了算法概率这一理论，并在文章中给出了证明。1964 年他完善了自己的归纳推理理论，该理论之后成为人工智能的一个分支。2000 年后，他又第一个提出了最佳通用人工智能的数学概念。

图 1.12　雷·索罗蒙夫

亚瑟·塞缪尔（Arthur L. Samuel） 1901 年出生于美国堪萨斯州，机器学习领域的先驱者之一。1928 年塞缪尔从 MIT 获得了硕士学位，后来加入贝尔实验室，随后又加入了 IBM 公司，并在 IBM 完成了第一个跳棋程序，此程序在 IBM 机上得到应用。该跳棋程序因为具有自我学习的能力和普遍的自适应性，所以在硬件的实现和编程的技巧上都有很大的优势。1966 年塞缪尔成为斯坦福大学的教授，1990 年去世。

图 1.13　亚瑟·塞缪尔

表 1.1 给出了人工智能的发展过程。

表 1.1 人工智能的发展过程

时间	研 究 者	神经网络模型
古希腊	Aristotle	三段论，演绎法
1620 年	F. Bacon	归纳法
1948 年	N. Wiener	控制论
1956 年	C. E. Shannon 和 J. McCarthy	提出描述心理活动的数学模型
1956 年	J. McCarthy 等	达特茅斯会议(人工智能的诞生)
1956 年	N. Chomsky	提出文法体系
1956 年	A. Newell 和 H. A. Simom	逻辑理论家程序
1958 年	O. G. Selfridge	模式识别系统程序
1959 年	J. McCarthy	表处理语言 LISP
1960 年	A. Newell 和 J. C. Shaw	通用问题求解系统 GPS
1965 年	J. A. Robinson	提出归结法
1968 年	E. A. Feigenbaum	化学专家系统 DENDRAL
1971 年	T. Winnnograd	SHRDLU 系统
1972 年	A. Colmerauer	世界上第一个 PROLOG 系统
1974 年	M. L. Minsky	框架理论
1975 年	E. H. Shortlife	在 MYCIN 中应用的确定性理论
1976 年	R. O. Duda	在 PROSPECTOR 中应用贝叶斯方法
1977 年	E. A. Feigenbaum	KE 概念的提出
1978 年	S. M. Weiss，C. A. Kulikowski，S. Amarel，A. Safir	专家系统 CASNET
1981 年	Japan	第五代电子计算机研制计划
1982 年	USA	利用 PROSPECTOR 完成勘探
1985 年	T. J. Sejnowski	基于神经网络的英语语音学习系统
1987 年	USA	第一次神经网络国际会议
1987 年	D. B. Lenat 和 E. A. Feigenbaum	在 IJCAI 会议上提出知识原则

1.1.2 人工神经网络与人工智能的区别

一个人工智能(artificial intelligence，AI)系统必须可以完成三种工作：储备知识，使用储备知识解决问题，以及通过经验获得新知识。一个 AI 系统有三个关键部分：表示、推理和学习。人工智能明确的符号使得它很适用于人机交流。人工智能最基本的特征在于大量使用符号结构语言表达感兴趣的问题领域的一般知识和问题求解的特殊知识。这些符号通常以常见的形式用于公式中，使得使用者比较容易理解人工智能的符号表达式。人工智能中所提到的知识只不过是数据的另外一种名称，它可以是说明性的，也可以是程序性的。在说明性表示中，知识由一种静态的事实集合以及一小组操作这些事实的通用程序构成。在程序性表示中，知识嵌入一种可执行代码中，由代码表示知识的结构。推理是解决问题的能力。一个推理系统必须具备如下三个条件：① 系统必须能够表示和解决广泛领域内的问题和问题类型；② 系统必须能够利用它所知道的明确的或隐含的信息；③ 系统必须有一个控制机制，可以决定解决特定问题时使用哪些操作，什么时候已经获得问题的一个特定解，或者什么时候应该中止问题的进一步工作。现实中很多问题的可用知识是不完整和不准确的。这时可使用概率推理程序，从而允许 AI 系统可以处理不确定信息。在简单机器学习模型中，环境向学习单元提供信息，学习单元利用这些信息来改进知识库，最后由性能单元使用这些知识库完成它的任务。

传统人工智能中，重点是建立符号的表示。从认知的观点看，人工智能假设存在心理表示，并且它以符号表示的顺序处理认知模型；而人工神经网络强调的重点是并行分布式处理。传统人工智能中信息处理的机制是串行的；而并行性不仅是人工神经网络信息处理的本质，也是它灵活性的来源。传统人工智能以人类的语言思维为模型，符号表示具有拟语言结构。其表示一般很复杂，由简单符号以系统化方式建立。传统人工智能给定有限的符号集，有意义的新表示式可能由符号表达式的组合以及语法结构和语义的类比构成。因此，在实现方式、开发方法和适应领域等方面，传统的人工智能与人工神经网络都有所不同，具体表现如下：

(1) 从基本的实现方式上看，人工智能模型采用的是串行处理，即由程序实现控制的方式；而人工神经网络采用的则是并行处理：对样本数据进行多目标学习，通过人工神经元之间的相互作用实现控制。

(2) 在基本开发方法上，人工智能采用的是先设计规则、框架和程序，再用样本数据进行调试的方法，即由人根据已知的环境去构造一个模型；而人工神经网络采用的是定义人工神经网络的结构原型，通过样本数据，依据基本的学习算法完成学习，即自动从样本数据中抽取特征，且自动适应应用环境的学习方式。

(3) 从适应领域上看，人工智能模型适合解决精确计算的问题，如符号处理、数值计算等；而人工神经网络适合解决非精确计算的问题，如模拟处理、感觉、大规模数据并行处理等。

（4）从模拟对象上看，人工智能模型模拟的是人类左脑的逻辑思维；而人工神经网络模拟的是人类右脑的形象思维。

（5）人工智能采用的是符号主义建模，即大多数人工智能模型通过符号的计算并且使用一些合成的语言来实现，如 LISP 或者 PROLOG。事实上，人工智能是在这些符号运算能够解释感知特性的功能而没有利用任何有关神经生物学方面的知识的前提下才成立的。而人工神经网络采用的是亚符号建模。在人工神经网络方法中，通过简单的类似神经元的处理单元，能够利用组合完成一些更复杂的行为，实现更高级的感知功能。

1.1.3 人工神经网络与人工智能的互补性

人工神经网络的长处在于知识的快速获取，具有并行性、分布性和联结性的网络结构给人工神经网络知识获取提供了一个良好的环境。非冯·诺依曼体系结构打破了狭窄通道的限制，使得高速运算和规模扩展的前景相当乐观。强大的学习能力是快速获取知识的重要保证。人工神经网络不是通过推理，而是通过例子学习来确定模型处理信息的，因此以快速获取知识为优势。这种优势类似人的下意识过程，即无须做出精确的推理，大量信息在瞬间处理完毕并做出反应。这种优势可以极大地适应信息时代信息处理的高速化要求。而对于人工智能来说，它的硬件支持还未脱离冯·诺依曼体系结构的计算机，它只能支持串行的处理方式。CPU 与存储器之间的狭窄通道限制了计算机的运算速度，从而决定了人工智能应用规模的局限性。人工智能在知识获取方面存在着相当大的困难，机器学习能力相当低下，多个领域的专业之间的知识矛盾难以解决，尤其是联想记忆等功能难以实现。

人工智能系统的特色在于知识的逻辑推理。它以一套较完整的推理系统为核心，对知识进行组织、再生和利用。基于规则的推理思想是人工智能的本质特性，而人工神经网络最严重的问题是它没有能力解释自己的推理过程和推理依据，它对输出结果的产生类似人的直觉，可以不经过任何分析和演绎。因此，人工神经网络不但不能向用户解释它的推论过程和推理依据，也不能向用户提出必要的询问。当基于规则的人工智能专家系统在推理过程中遇到不充分信息时，可能会向用户索取相关的数据和信息，这种优势互补和潜能是人工神经网络专家系统无法获得的。

人工神经网络的一个重要特点就是可以模拟大量神经元的并行结构，因而它具有高度容错能力。处理单元之间巨量的连接关系使人工神经网络具有恢复部分丧失信息的潜力。也就是说，人工神经网络系统容易从部分信息中恢复出整体信息，从而具有极大的容错能力，这也是适应当前信息化的一大特色。而人工智能系统是不可能具有这种能力的。在人工智能系统的信息传递、重组中，信息的存储和维护就成了很重要的问题，一旦信息丧失，就很难恢复。

显然，人工智能和人工神经网络是一种互补的关系。人工神经网络的研究重点在于模拟和实现人的认知过程中的感知过程，包含形象思维、分布式记忆和自学组织过程；而人工智能是符号处理系统，侧重于模拟人的逻辑思维，其长处正好弥补了神经网络的不足。人工神经网络和人工智能相结合，会对人的认知过程有一个更全面的理解。

人工神经网络的知识处理模拟的是人的经验思维，人工智能的知识处理模拟的是人的逻辑思维。而人的创造性思维的模拟以经验思维、逻辑思维机制作为直接基础，它首先采用经验思维和逻辑思维的手段来进行常规的分析和处理，以对模式、逻辑规则的匹配为依据进行创造。由此可见，把人工智能方法和人工神经网络加以科学的综合，完全可能产生更强有力的新一代智能系统，这种新的智能系统我们可以将其称为混合智能系统。关于混合智能系统目前已经做了不少工作，如混合符号连接系统，它利用人工神经网络来完成较低水平的信息处理或是作为自适应的子系统。在混合智能系统的设计中，如何将人工智能与人工神经网络技术有效地结合起来是系统设计的难点。此外，最近更多的软计算规则，包括模糊系统、进化算法等也用来辅助实现混合智能系统的设计，而且已经用于很多重要的商业领域。

1.2 机器学习

人工智能的研究领域十分宽泛，涉及计算机视觉、语音处理、自然语言处理等，机器学习（machine learning，ML）就是人工智能的一个子领域。顾名思义，机器学习就是让机器像人一样学习到相关知识、规则和逻辑，并不断进行自我优化的方法。

1.2.1 第一次研究高潮

早在 20 世纪 40 年代，众多科学家就对大脑神经元进行了研究。其研究结果表明：当大脑神经元处于兴奋状态时，输出侧的轴突就会发出脉冲信号，每个神经元的树状突起与来自其他神经元轴突的互相结合部（此结合部称为 synapse，即突触）接收由轴突传来的信号。如果一神经元所接收到的信号的总和超过了它本身的"阈值"，则该神经元就会处于兴奋状态，并向它后续连接的神经元发出脉冲信号。

1943 年，根据这一研究结果，美国的神经科学家 W. S. McCulloch 和数学家 W. A. Pitts 合作，从人脑信息处理观点出发，采用数理模型的方法研究了脑细胞的动作、结构及其生物神经元的一些基本生理特性，在论文《神经活动中内在思想的逻辑演算》中，提出了关于神经元工作的五个假设和一个非常简单的神经元模型，即 M-P 模型[1]。该模型将神经元当作一个功能逻辑器件来对待，当神经元处于兴奋状态时，其输出为 1；当神经元处于非兴奋状态时，其输出为 0。M-P 模型开创了神经网络模型的理论研究，同时也是最终导致冯·诺依曼电子计算机诞生的重要因素之一。

1949 年，心理学家 D. O. Hebb 编写了《行为的组织》一书，在这本书中他对大脑神经细胞、学习与条件反射作了大胆的假设，提出了神经元之间连接强度变化的规则，即后来所谓的 Hebb 学习法则[2]。他假设：大脑经常在突触上做微妙的变化，而突触联系强度可变是学习和记忆的基础，其强化过程导致大脑自组织形成细胞集中几千个神经元的子集合，其中循环神经冲动会自我强化，并继续循环。他给出了突触调节模型，描述了分布记忆，这在后来被称为关联（connectionist）。因此，Hebb 学习法则可以描述如下：当神经元兴奋时，输入侧的突触结合强度由于受到刺激而得到增强，这就给神经网络带来了所谓的"可塑性"。由于突触调节模型是被动学习过程，并且只适用于正交矢量的情况，因此后来有研究者把突触的变化与突触前后电位相关联，并在 Hebb 的基础上作了变形和扩充。Hebb 学习法则对神经网络的发展起到了重大的推动作用，被认为是用神经网络进行模式识别和记忆的基础，至今许多神经网络型机器的学习法则仍采用 Hebb 学习法则或其改进形式。Hebb 的工作也激发了许多学者从事这一领域的研究，从而为神经计算的出现打下了基础。Hebb 学习法则还影响了正在 IBM 实习的研究生 McCarthy，他加入了 IBM 的一个小组，探讨有关游戏的智能程序，后来他成为人工智能的主要创始人之一。人工智能的另一个主要创始人 Minsky 在 1954 年对神经系统如何能够学习进行了研究，并把这种想法写入了他的博士论文中，后来他对 Rosenblatt 建立的感知器（perceptron）的学习模型作了深入分析。

20 世纪 50 年代初，神经网络理论具备了进行初步模拟实验的条件。1958 年，计算机科学家 F. Rosenblatt 等人首次把神经网络理论付诸工程实现，研制出了历史上第一个具有学习型神经网络特点的模式识别装置，即代号为 Mark I 的感知机（perceptron）[3]。它由光接收单元组成输入层，MP 神经元构成联合层和输出层。输入层和联合层神经元之间可以不是全连接，而联合层与输出层神经元之间一般是全连接。用教师信号可以对感知机进行训练。在 Hebb 学习法则中，只有加强突触结合强度这一功能，但在感知机中，还加入了当神经元发生错误的兴奋时，能接受教师信号的指导去减弱突触的结合强度这一功能。美国加州理工学院的生物物理学家 Hopfield 提出的 Hopfield 模型包含了一些现代神经计算机的基本原理，是神经网络方法和技术上的重大突破，它的提出是神经网络研究进入第二阶段的标志。

此外，Rochester、Holland 与 IBM 公司的研究人员合作，通过对网络的学习，来调节网络中神经元的连接强度，以这种方式模拟 Hebb 学习法则并在 IBM701 计算机上运行取得了成功，最终出现了许多突显现象，甚至让计算机几乎具有了人类大脑的处理风格。但是，他们构造的最大规模的人工神经网络也只有 1000 个神经元，而每个神经元只有 16 个结合点，继续扩大规模时就受到了计算机计算能力的限制。

对于最简单的没有中间层的感知机模型，Rosenblatt 证明了一种学习算法的收敛性，这种学习算法通过迭代地改变连接权来使网络执行预期的计算。正是由于这一定理的存在，感知机的理论才具有了实际的意义，从而激发了许多学者对神经网络的研究兴趣，并引发了 20 世纪 60 年代以感知机为代表的第一次人工神经网络研究发展的高潮。美国上百家有影响的实验室纷纷投入这个领域，军方给予巨额资金资助，将人工神经网络用于声呐波识别中，以便迅速确定敌方的潜水艇位置等。然而，遗憾的是，感知机只能对线性可分离的模式进行正确的分类；当输入模式是线性不可分离时，则无论怎样调节突触的结合强度和阈值的大小，也不可能对输入进行正确的分类。

之后，Rosenblatt 又提出了 4 层式感知机，即在感知机的两个联合层之间，通过提取相继输入的各模式之间的相关性来获得模式之间的依存性信息，这样做可使无教师（无监督）学习成为可能。M. Minsky 和 S. Papert 进一步发展了感知机的理论，他们把感知机定义为一种逻辑函数的学习机，即如果联合层的特征检出神经元具有某一种任意的预先给定的逻辑函数，则通过对特征检出神经元功能的研究就可以识别输入模式的几何学性质。此外，他们还把感知机看作并行计算理论中的一个例子，即联合层的每个神经元只对输入的提示模式的某些限定部分加以计算，然后由输出神经元加以综合并输出最终结果。联合层各神经元的观察范围越窄，并行计算的效果就越好。Minskey 等人首先把联合层的各神经元对输入层的观察范围看作一个直径有限的圆，这与高等动物大脑中的视觉检出神经元在视网膜上只具有一个有限的视觉范围原理极为相似。但是，由于在如何规定直径的大小上没有明确的理论指导，所以只能作出联合层的神经元对输入层上观察点的个数取一个有限值这样的规定。

为了研究感知机的本质，特别是神经计算的本质，Minsky 等人还对决定论中的一些代表性方法，如向量法、最短距离法、统计论中的最优法、Bayes 定理、登山法、最速下降法等进行了比较研究，并以此来寻求它们的类似点和不同点。研究的结果表明，有时即使是采用多层构造，也可能对识别的效果毫无帮助。对某些识别对象，即使能分类识别，但却需要极大量的中间层神经元，以致失去了实际意义。当采用最速下降法时，若对象的"地形"很差，则有可能无法得到最佳值，或即使能得到最佳值，也可能因为所需的学习时间太长或权系数的取值范围太宽而毫无实用价值。

稍晚于 Rosenblatt，B. Widrow 等人设计出了一种不同类型的具有学习能力的神经网络处理单元，即自适应线性元件 Adaline，后来发展为 Madaline。这是一种连续取值的线性网络，在控制和分类等自适应系统中应用广泛。它在结构上与感知机相似，但在学习法则上采用了最小二乘平均误差法。1960 年，Widrow 和他的学生 Hoff 为 Adaline 找出了一种有力的学习法则——LMS(least minimum square)规则，这个规则至今仍被广泛应用[4]。之后，他又把这一方法用于自适应实时处理滤波器，并得到了进一步的研究成果。此外，Widrow 还建立了第一家神经计算机硬件公司，并在 20 世纪 60 年代中期实际生产了商用神经计算机和神经计算机软件。

除 Rosenblatt 和 Widrow 外，在这个阶段还有许多人在神经计算的结构和实现思想方面做出了很大的贡献。例如，K. Steinbuch 研究了被称为学习矩阵的一种二进制联想网络结构及其硬件实现。N. Nilsson 在 1965 年出版的《机器学习》一书对这一时期的活动作了总结[5]。此外，还有一些科学家采用其他数学模型，如用代数、矩阵等方法来研究神经网络。值得一提的是，中国科学院生物物理所 1965 年提出用矩阵法描述一些神经网络模型，他们重点研究的是视觉系统信息传递过程、加工的机理以及在此基础上的有关数学人工神经网络模型。

在这一时期内，与上述神经网络研究相并行的是，脑的生理学方面的研究也在不断地发展。D. H. Huble 和 T. W. Wiesel 从 20 世纪 50 年代后半期开始对大脑视觉领域的神经元的功能进行了一系列的研究。研究结果表明：视觉神经元在视网膜上具有被称作"接收域（receptive field）"的接收范围。例如，某些神经元只对特定角度的倾斜直线呈现兴奋状态，一旦直线的倾斜角度发生变化，兴奋也就停止，代之以别的神经元处于兴奋状态。此外，还存在对黑白交界的轮廓线能作出反应的神经元，以及对以某种速度移动的直线发生兴奋的神经元和对双眼在某特定位置受到光刺激时才能发生兴奋的神经元等。这一系列脑功能研究领域中的开创性工作使他们在 1981 年获得了诺贝尔奖。此后的研究者又把研究范围扩大到了侧头叶和头顶叶的神经元。当用猴子和猩猩做实验时，又发现了对扩大、旋转、特定的动作、手或脸等起反应的神经元。此外，在脑的局部功能学说中还认为幼儿具有认识自己祖母的所谓"祖母细胞（grandmother cell）"，尽管这一点还没有得到最后的证实，但从脑细胞分工相当细这一点来看还是有可能的。D. Marr 在 1969 年提出了一个小脑功能及其学习法则的小脑感知机模型，被认为是一个神经网络与神经生理学的事实相一致的著名例证。

1969 年，M. Minsky 和 S. Papert 所著的《感知机》一书出版[6]。该书对单层感知机的局限性进行了全面深入的分析，并且从数学上证明了感知机网络功能有限，不能实现一些基本的功能，甚至不能解决像"异或"这样的简单逻辑运算问题。同时，他们还发现有许多模式是不能用单层网络训练的，而多层网络是否可行还很值得怀疑。他的这一研究断定了关于感知机的研究不会再有什么大的成果。由于 M. Minsky 在人工智能领域中的巨大威望和学术影响，他在论著中做出的悲观结论给当时神经网络沿感知机方向的研究泼了一盆冷水，而使第一次神经网络的研究热潮逐渐地冷却了下来。特别是在美国，神经网络信息处理的研究被蒙上了阴影，大多数人都转向符号推理人工智能技术的研究。在《感知机》一书出版后，美国联邦基金有 15 年之久没有资助神经网络方面的研究工作，苏联也取消了几项有前途的研究计划。

Minsky 对感知器的评论在许多年后仍然影响着科学界。美国科学家 Simon 甚至在 1984 年出版的一本论著 *Patterns and Operators：The Foundation of Data Representation* 中还在判感知机死刑。更令人遗憾的是，Minsky 和 Papert 没有看到日本科学家 Amari 在 1967 年对信任分配问题的数学求解这一重要成果，如果他们看到这一成果，写《感知机》一书时就会更加谨慎，也不会产生当时的那种影响。后来，Minsky 出席了 1987 年的首届国际人工神经网络大会，他发表演说：过去他对 Rosenblatt 提出的感知机模型下的结论太早又太死，在客观上，阻碍了人工神经网络领域的发展。实际上，当前感知机网络仍然是一种重要的人工神经网络模型，对某些应用问题而言，这种网络不失为一种快速可靠的求解方法，同时它也是理解复杂人工神经网络模型的基础。

值得一提的是，即使在这个低潮期里，仍有一些研究者在坚持不懈地对神经网络进行认真、深入的研究，并逐渐积累且取得了许多相关的基本性质和知识。其他领域的一些科学家在此期间也投入到了这个领域，给人工神经网络领域带来了新的活力，如美国波士顿大学的 S. Grossberg、芬兰赫尔辛基技术大学的 T. Kohonen 以及日本东京大学的甘利俊一等人。20 世纪 60 年代中后期，Grossberg 从信息处理的角度研究了思维和大脑结合的理论问题，运用数学方法研究了自组织性、自稳定性和自调节性，以及直接存取信息的有关模型，提出了内星（instar）和外星（outstar）规则，并建立了一种神经网络结构，即雪崩（avalanche）网。他提出的雪崩网可用于空间模式的学习、回忆以及时间模式的处理方面，如执行连续语音识别和控制机器人手臂的运动。他的这些成果在当时影响很大，他组建的自适应系统中心在许多学者的合作下，取得了丰硕的成果，几乎涉及神经网络的各个领域。1976 年，Grossberg 发现视觉皮层的特性检测器对于环境具有适应性，并随之变换。后来 Grossberg 还提出了自适应共振（ART）理论，这是感知器较完善的模型，随后他与 Carpenter 一起研究了 ART 网络，提出了两种结构——ART1 和 ART2，利用这两种结构能够识别或分类任意多个复杂的二元输入图像，其学习过程具有自组织和自稳定的特征，被认为是一种先进的学习模型。

另外，芬兰科学家 Kohonen 和 Anderson 研究了自联想记忆机制[7]，1972 年，Kohonen 发表了关于相干矩阵容量的文章，提出了 Kohonen 网络[8]。相较于非线性模型，Kohonen 网络的分析要容易得多，但当时自组织网络的局部与全局稳定性问题还没有得到解决。1977 年 Kohonen 出版了一本专著 *Associative Memory-A System Theoretic Approach*，阐述了全息存储器与联想存储器的关系，详细讨论了矩阵联想存储器。这种存储都是线性的，并以互联想的方式工作，实现起来比较容易。此后他应用 3000 个阈器件构造神经网络，实现了二维网络的联想式学习功能。

东京大学的甘利俊一教授从 1970 年起，就对人工神经网络的性质及其局限性作了许多理论研究，并取得了相当好的成果。他的研究成果已发表在 1978 年出版的《神经网络的数学原理》一书中。此外，日本神经网络理论家 Amari 对神经网络的数学理论研究受到了一些学者的关注，该研究注重生物神经网络的行为与严格的数学描述相结合，尤其在信任分配问题方面，得到了许多重要的结果[9-11]。1977 年，Amari 提出了模式联想器的模型，即概念形成网络（反馈网络）[9]。另外，Willshaw 等人还提出了一种模型：存储输入信号和只给出部分输入，恢复较完整的信号，即全息音（holophone）模型，这为利用光学原理实现神经网络奠定了理论基础，同时为全息图与联想记忆关系的本质问题的研究开辟了一条新途径。Nilsson 对多层机，即具有隐层的广义认知机做了精辟论述，他认为网络计算过程实质上是一种坐标变换或是一种映射。他已对这类系统的结构和功能有了比较清楚的认识，但没有给出实用的学习算法。

日本的研究者中野于 1969 年提出了一种称为 Associatron 的联想记忆模型。在这种模型中，事物的记忆用神经网络中的神经元兴奋状态来表示，并对学习法则加以修正，使其具有强化的学习功能并可用于记忆。同年 Anderson 提出了与 Kohonen 相同的模型。1973年，Malsburg 受 20 世纪 70 年代早期动物实验的启发，研究了一种连接权值能够修改并且能自组织的网络模型。1974 年，Werbos 首次提出了多层感知器的后项传播算法[12]。同年Stein、Lenng、Mangeron 和 Oguztoreli 提出了一种连续的神经元模型，采用泛函微分方程来描述各种普通类型的神经元的基本特征。1975 年，Little 和 Shaw 提出了具有概率模型的神经元[13]。同年，Lee 等人提出了模糊的 M-P 模型[14]。1975 年，日本学者福岛邦房提出了一个称为"认知机"的自组织识别神经网络模型。这是一种多层构造的神经网络，其后层的神经元与被叫作接收域的前层神经元群体相连接，并具有与 Hebb 法则相似的学习法则和侧抑制机能。此外，Fukushima 还提出了视觉图像识别的 Neocognitron 模型，后来他重新定义了 Neocognitron；Feldmann、Ballard、Ru melhart 和 McClelland 等学者致力于连续机制、并行分布处理（parallel distributed processing，PDP）的计算原则和算法研究，提出了许多重要的概念和模型。这些坚定的神经网络理论家坚持不懈的工作为神经网络研究的复兴开辟了道路，为掀起神经网络的第二次研究高潮做好了准备。

1.2.2　第二次研究高潮

有两个新概念对神经网络的复兴具有极其重大的意义。其一是：用统计机理解释某些类型的递归网络的操作，这类模型可作为线性联想器。生物物理学家 J. J. Hopfield 阐述了这些思想。其二是：在 20 世纪 80 年代，几个不同的研究者分别开发了用于训练多层感知机的反向传播算法，其中最有影响力的反向传播算法就是 David Rumelhart 和 James McClelland 提出的，该算法有力地回答了 Minsky 对人工神经网络的责难。20 世纪 80 年代人工神经网络的这次崛起，对认知、智力的本质的基础研究，乃至计算机产业都产生了空前的刺激和极大的推动作用。

使用理想的神经元连接组成的人工神经网络具有联想存储功能，从 20 世纪 40 年代初就有学者在研究这种有意义的理论模型。值得一提的是，Hinton 和 Anderson 的著作 *Parallel Models of Associative Memory* 产生了一定的影响。在此基础上，1982 年，生物物理学家 J. J. Hopfield 提出了全互连型人工神经网络模型,详细阐述了它的特性和网络存储器,并将这种模型以电子电路来实现,称之为 Hopfield 网络[15]。这种网络模型将联想存储器问题归结为求一个评价函数极小值的问题,适合于递归过程求解,并引入了 Lyapunov 函数进行分析。Hopfield 模型的原理是:只要由神经元兴奋的算法和神经元之间的结合强度所决定的人工神经网络的状态在适当给定的兴奋模式下尚未达到稳定,那么该状态就会一直变化下去,直到预先定义的一个必定减小的能量函数达到极小值时,状态才达到稳定而不再变化。如果把这个极小值所对应的模式作为记忆模式,那么在以后,当给这个系统一个适当的刺激模式时,它就能成为一个已经记忆了模式的一种联想记忆装置。以 Rumelhart 为首的 PDP 研究集团对联结机制(connectionist)进行了研究。此外,T. J. Sejnowski 等人还研究了人工神经网络语音信息处理装置。这些成功的研究对第二次神经网络研究高潮的形成起了决定性的作用。1982 年 Hopfield 向美国科学院提交了关于神经网络的报告,其主要内容是,建议收集和重视以前对神经网络所做的许多研究工作。他指出了各种模型的实用性,从此,人工神经网络研究的第二次高潮的序幕拉开了。

1985 年,Hopfield 和 D. W. Tank 利用所定义的计算能量函数,成功地求解了计算复杂度为 NP 完全型的旅行商问题(travelling salesman problem,TSP)[16]。该问题就是在某个城市集合中找出一个最短的且经过每个城市各一次并回到出发城市的旅行推销路径。当考虑用 Hopfield 人工神经网络来求解时,首先需要构造一个包括距离变量在内的能量函数,并求其极小值,即在人工神经网络中输入适当的初始兴奋模式,求解神经网络的结合强度。当能量变化并收敛到最小值时,该神经网络的状态就是所希望的解,求解的结果通常是比较满意的。这项突破性进展标志着人工神经网络方面的研究进入了又一个崭新的阶段,这一阶段也是它蓬勃发展的阶段。

同一时期,Marr 开启了视觉和神经科学研究的新篇章。他的视觉计算理论对视觉信息加工的过程进行了全面、系统和深刻的描述,对计算理论、算法、神经实现机制及其硬件所组成的各个层次做了阐述。1982 年 Marr 的著作 *Vision* 使许多学者受益,被认为是最具权威性和经典性的著作。在 Marr 的理论框架的启示下,Hopfield 在 1982 年至 1986 年提出了神经网络集体运算功能的理论框架。随后,许多学者投身到 Hopfield 网络的研究热潮中,并对它作出了改进、提高、补充、变形等,这些研究至今仍在进行。例如,1986 年 Lee 引入了高阶突触连接,使 Hopfield 网络的存储性能有了相当大的提高,并且收敛快,但随着阶数的增加,连接键的数目急剧增加,实现起来越发困难。Lapedes 提出的主从网络是对它的发展,这一网络充分利用了联想记忆及制约优化双重功能,还可推广到环境随时间变化的动态情况,但对于大规模问题,主网络的维数很高,也成为一个实际困难。一些研究者发现 Hopfield 网络中的平衡点位置未知,即使给出一个具体平衡点位置,也不能确定其稳定性,只能得到极小值点满足的必要条件，而非充分条件。另外，针对 Hopfield 网络在求解 TSP 问题上存在的一些问题，有些学者也试图建立具有实用稳定性并有一定容错能力的改进模型。此外，Poggio 等人以 Marr 视觉理论为基础，对视觉算法进行了研究，并在 1984 年和 1985 年提出了初级视觉的正则化方法，使视觉计算的研究有了突破性进展。我国生物物理学家汪云九提出了视觉神经元的广义 Gabor 函数（EG）模型，以及有关立体视觉、纹理检测、运动方向检测、超视觉度现象的计算模型。汪云九等人还建立了初级视觉神经动力学框架，开辟了一条神经网络研究的新途径。

1982 年，Erkki Oja 使用正则化的广义 Hebbian 规则训练一个单个的线性神经元[17]。该神经元可以进行主分量分析，能够自适应地提取输入数据的第一个主特征向量，后来被发展为提取多个特征向量。自从 Hopfield 模型被提出后，许多研究者力图扩展该模型，使之更接近人脑的功能特性。模拟退火的思想最早是由 Metropolis 等人在 1953 年提出的，模拟退火即固体热平衡问题，通过模拟高温物体退火过程来找出全局最优解或近似全局最优解，并给出了算法的接受准则。这是一种很有效的近似算法。实际上，它是基于 Monte Carlo 迭代法的一种启发式随机搜索算法。1983 年，Kirkpatrick 等人首先认识到模拟退火算法可应用于 NP 完全组合优化问题的求解。1983 年，T. Sejnowski 和 G. Hinton 提出了"隐单元"的概念，并且研制出了 Boltzmann 机[18]。该人工神经网络模型中使用了概率动作的神经元，并把神经元的输出函数与统计力学中的玻耳兹曼分布联系了起来。例如，当人工神经网络中某个与温度对应的参数发生变化时，人工神经网络的兴奋模式也会像热运动那样发生变化。当温度逐渐下降时，由决定函数判断神经元是否处于兴奋状态。在从高温到低温的退火（annealing）过程中，能量并不会停留在局部极小值上，而以最大的概率到达全局最小值。同年，Fukushima 和 Miyake 将人工神经网络应用到字符识别中，取得了一定的成功。1984 年 Hinton 等人将 Boltzmann 机用于设计分类和学习算法方面，并多次表明多层网络是可训练的。Boltzmann 机是一种人工神经网络连接模型，又是一种神经计算机模型，即由有限个被称为单元的神经元经一定强度的连接构成。Sejnowski 于 1986 年对它进行了改进，提出了高阶 Boltzmann 机和快速退火等，这些成为随机人工神经网络的基本理论。

1985 年，W. O. Hillis 研制了称为联结机（connection）的超级并行计算机。他把65 536个 1 bit 的微处理机排列成立方体的互连形式，每个微处理机还带有 4 kbit 的存储器。这种联结机虽然与神经计算不同，但从高度并行这一点来看却是相似的，均突破了冯·诺依曼计算机的格局。1986 年，D. Rumelhart 和 J. McClelland 出版了具有轰动性的著作《并行分布处理——认知微结构的探索》，该书的问世宣告神经网络的研究进入了高潮，对人工神经网络的进展起到了极大的推动作用。它展示了 PDP 研究集团的最高水平，包括了物理学、数学、分子生物学、神经科学、心理学和计算机科学等许多相关学科的著名学者从不同研究方向或领域取得的成果，他们建立了并行分布处理理论，主要致力于认知的微观研究。尤其是 Rumelhart 提出了多层网络 Back-Propagation 法（或称 Error Propagation 法）[19]，这就是后来著名的 BP 算法，受到许多学者的重视。BP 算法是一种能向着满足给定的输入输出关系方向进行自组织的神经网络。当输出层上的实际输出与给定的教师输入不一致时，该算法用最速下降法修正各层之间的结合强度，直到最终满足给定的输入输出关系为止。由于误差传播的方向与信号传播的方向正好相反，这一过程被称为误差反向传播。与感知机相比，该算法可对联合层的特征检测神经元进行必要的训练，这正好克服了感知机在此方面的缺陷。

T. J. Sejnowski 和 C. R. Rcsenberg 用 BP 人工神经网络做了一个英语课文阅读学习机的实验。在这个名为 NetTalk 的系统中，由 203 个神经元组成的输入层把字母发音的时间序列巧妙地变换成空间序列模式，中间层（隐藏层）有 80 个神经元，输出层的 26 个神经元分别对应于不同的需要学习的发音记号，并连接到由发音记号构成的语音合成装置进行输出，如此便构成了一台英语阅读机。实验结果是相当成功的，有力地证明了 BP 神经网络具备很强的学习功能。各种非线性多层网和有效的学习算法的提出，ANN（人工神经网络）在理论和应用两方面获得的新的成功，使得神经网络理论的研究全面复苏。这次的研究高潮吸引了许多科学家来研究神经网络理论，优秀论著、重大成果如雨后春笋般涌现，新生的应用领域受到工程技术人员的极大青睐。

1.2.3　神经网络：最近 30 年

1988 年 Chua 和 Yang 提出了细胞神经网络（CNN）模型[20]。该模型是一个大规模非线性计算机仿真系统，具有细胞自动机的动力学特征。它的出现对人工神经网络理论的发展产生了很大的影响。另外，Kosko 建立了双向联想存储模型（BAM）。该模型具有非监督学习能力，是一种实时学习和回忆模型，Kosko 还建立了该模型的全局稳定性的动力学系统。1994 年廖晓昕对细胞神经网络建立了新的数学理论与基础，得出了一系列成果，如耗散性、平衡位置的数目及表示、平衡态的全局稳定性、区域稳定性、周期解的存在性和吸引性等，使细胞神经网络领域的研究取得了新的进展。

20 世纪 90 年代初，对神经网络的发展产生很大影响的是诺贝尔奖获得者 Edelman 提出的 Darwinism 模型，该模型主要的三种形式是 Darwinism Ⅰ、Darwinism Ⅱ、Darwinism Ⅲ。Edelman 建立了一种人工神经网络系统理论，例如，Darwinism Ⅲ 的结构组成包括输入阵列、Darwin 网络和 Nallance 网络，并且这两个网络是并行的，且这两个网络中又包含了一些不同功能的子网络。

此外，Haken 在 1991 年出版了一本论著 *Synergetic and Cognition：A Top-Down Approach to Neural Nets*。他把协同学引入人工神经网络，他认为这是一种研究和设计人工神经网络的新颖的方法。在理论框架中他强调整体性，认为认知过程是自发模式形成的，并断言：模式识别就是模式形成。他提出了一个猜测——感知发动机模式的形成问题可以绕开模式识别。目前他仍在摸索如何才能使这种方法识别情节性景象和处理多意模式。

值得重视的是，吴佑寿等人提出了一种激励函数可调的神经网络模型，该模型对神经网络理论的发展有重要意义。他们针对一个典型的模式分类难题，即双螺线问题来讨论 TAF 网络的设计、激励函数的推导及其网络训练等，其实验结果证明了这种网络方法的有效性和正确性（尤其对一些可用数学描述的问题），且对模式识别中的手写汉字识别问题研究有重要的理论和应用价值。郝红卫和戴汝为把统计识别方法与多层感知器网络综合起来，提出了一种网络集成法，对 4 个不同的手写汉字分类器进行集成。这种方法具有一定的推广性，并为其他类似问题提供了一个范例。

1987 年，首届国际神经网络大会在圣地亚哥召开，成立了国际神经网络联合会（INNS）。随后 INNS 创办了刊物 *Journal Neural Networks*，其他专业杂志如 *Neural Computation*、*IEEE Transactions on Neural Networks*、*International Journal of Neural Systems* 等也纷纷问世。人工神经网络理论经过半个多世纪的发展已经硕果累累。于是，美国国防部高级预研计划局（DARPA）组织了一批专家、教授进行调研，走访了三千多位有关研究者和著名学者，于 1988 年 9 月完成了一份长达三百多页的神经网络研究计划论证报告，并从 11 月开始执行一项发展人工神经网络及其应用的八年计划。

DARPA 当时的看法是，人工神经网络是解决机器智能的唯一希望。世界上许多著名大学相继宣布成立神经计算研究所并制订了有关教育计划，许多国家也陆续成立了人工神经网络学会，并定期召开多种地区性、国际性会议，优秀论著、重大成果不断涌现。例如，1990 年欧洲召开了首届国际会议 Parallel Problem Solving from Nature（PPSN）；1994 年，IEEE 人工神经网络学会主持召开了第一届进化计算国际会议。同时神经网络的各种模型也得到了继续的发展。例如，1987 年 Carpenter 和 Grossberg 提出了基于 ART 理论的自组织人工神经网络模型[21]。1987 年 Sivilotti 提出了人工神经网络的第一个 VLSI 实现。自从 20 世纪末以来，关于正则理论、调和分析和统计学习等理论也进一步推动了人工神经网络的发展，产生了如 1988 年 Broomhead 和 Lowe 提出的径向基网络模型[22]、1992 年 Q. Zhang 提出的子波神经网络[23]和 1997 年 Vapnik 提出的支撑矢量机[24]等一系列新的神经网络模型。此外，还有其他一些人工神经网络模型也在各个领域得到了成功的应用，如主分量分析（PCA）人工神经网络模型、独立分量分析（ICA）人工神经网络模型、概率人工神经网络（PNN）、混沌人工神经网络、泛函人工神经网络、脉冲耦合人工神经网络（PCNN）、高阶人工神经网络、模糊人工神经网络、进化人工神经网络、免疫人工神经网络（INN）等。图 1.14 所示为以人工神经网络为研究对象的神经计算学科的发展历程。

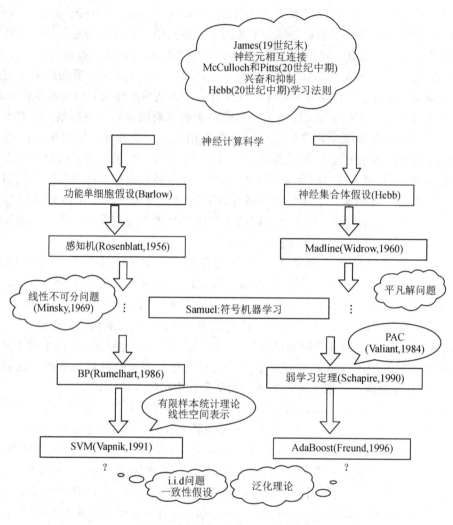

图 1.14　神经计算学科的发展历程

　　我国学术界大约在 20 世纪 80 年代中期开始关注人工神经网络领域，有一些科学家起到了先导的作用，如中国科学院生物物理研究所的科学家汪云九、姚国正和齐翔林等，北京大学非线性研究中心在 1988 年发起举办了 Beijing International Workshop on Neural Networks：Learning and Recognition，a Modern Approach。INNS 秘书长 Szu 博士在会议期间做了人工神经网络的一系列讲座。从这时起，我国有些数学家和计算机科学家就开始对这一领域产生了兴趣，并开展了一定的研究工作。此外，我国系统科学家钱学森在 20 世纪 80 年代初倡导研究"思维科学"。1986 年他主编的论文集《关于思维科学》出版，书中有下列有关人工神经网络方面的论文：刘觐龙的"高维神经基础"、洪加威的"思维的一个确定型离散数学模型"和陈霖的"拓扑性质检测"[25]。这本书引起了国内学术界有关人士的极大反响。

1989 年，我国召开了第一个非正式的人工神经网络会议。1990 年，我国的八个学会联合在北京召开了人工神经网络首届学术大会，国内新闻媒体纷纷报道了这一重大盛会，这是我国人工神经网络发展以及走向世界的良好开端。1991 年，在南京召开了第二届中国神经网络学术大会，成立了中国神经网络学会。我国 863 高技术研究计划和"攀登"计划于 1990 年批准了人工神经网络多项课题，自然科学基金和国防科技预研基地也都把神经网络的研究列入选题指南。许多全国性学术年会和一些学术刊物把人工神经网络理论及应用方面的论文列为重点。这些毫无疑问为人工神经网络在我国的发展创造了良好的条件，促使我们加快步伐缩短我国在这个领域的差距。1992 年国际神经网络学会、IEEE 神经网络委员主办的国际性学术会议 IJCNN 在北京召开，说明 INNS 开始重视我国。

从上述各个阶段的发展轨迹来看，人工神经网络理论有更强的数学性质和生物学特征，尤其是在神经科学、心理学和认知科学等方面提出的一些重大问题，一方面是对人工神经网络理论研究的新挑战，另一方面也带来了新的机遇。必须指出，人工神经网络的计算复杂性分析具有重要意义。有些学者在这方面做了很多工作。例如，1991 年 Hertz 探讨了神经计算理论，1992 年 Anthony 出版了一本 *Computational Learning Theory*，1995 年阎平凡讨论了人工神经网络的容量、推广能力、学习性及其计算复杂性。这方面的理论成果越多，对应用的促进就越大。

从 20 世纪 90 年代开始，人工神经网络理论研究变得更加多元，更加注重自身与科学技术之间的相互作用，不断产生具有重要意义的概念和方法，并成为良好的工具。目前，神经网络的理论与实践均有了引人注目的进展。例如，神经计算与进化计算相互渗透，再一次拓展了计算概念的内涵，推动计算理论向计算智能化方向发展[26]。Kampfner 和 Conrad 提出了人工神经网络的进化计算训练方法。在 2007 年由 IEEE Geoscience and Remote Sensing Data Fusion Technical Committee 组织的 GRSS 数据融合的竞赛上，对郊区地图上提取出的陆地图片进行融合分类，基于神经网络的方法在众多测试方法中获胜，在融合后的图像识别中得到最高的识别率。2005 年，我国复旦大学研制开发的基于 PCA 人工神经网络控制算法的越障机器人实现了独立行走。2006 年，Hinton 在《科学》上提出了一种面向复杂通用学习任务的深层神经网络，指出具有大量隐藏层的网络具有优异的特征学习能力，而网络的训练可以采用"逐层初始化"与"反向微调"技术解决。这说明人类借助神经网络找到了处理"抽象概念"的方法，神经网络的研究又进入了一个崭新的时代，深度学习的概念开始被提出。继 Hinton 之后，纽约大学的 Lecun、蒙特利尔大学的 Bengio 和斯坦福大学的 Ng 等人分别在深度学习领域展开了研究，并提出了自编码器、深度置信网、卷积神经网络等深度模型，这些模型在多个领域得到了应用[27]。2009 年，李飞飞等人在 CVPR 2009 上发表了一篇名为"ImageNet：A Large-Scale Hierarchical Image Database"的论文，从而展开了历时 8 年的 ImageNet 大规模视觉识别挑战赛（ImageNet Large-Scale Visual Recognition Challenge, ILSVRC）。该挑战赛的任务是对目标进行分类及检测，其间涌现了很多经典的神经网络模型：AlexNet、ZFNet、OverFeat、Inception、GoogLeNet、VGG、ResNet 等。算法的改进、数据量的增长以及硬件性能的飞速提升，加速了深度学习的进程。2017 年，Hinton 提出了一种新的网络结构 Capsule，它是一组神经元，能针对某一给定区域目标输出一个向量，对物体出现的概率和位置进行描述，其激活向量通常是可解释的，并对旋转、平移等仿射变换具有很强的鲁棒性。近几年图神经网络（graph neural networks, GNN）成为新的研究热点之一，它能够很好地对非欧几里得数据进行建模。由于具有较好的性能与可解释性，图神经网络已广泛应用于知识图谱、推荐系统及生命科学等领域。基于注意力机制的 Transformer 模型，是谷歌在 2017 年推出的 NLP（自然语言处理）经典模型（Bert 就用的是 Transformer）。在机器翻译任务上，Transformer 的表现超过了 RNN 和 CNN，只需要编/解码器就能达到很好的效果，可以高效地并行化。后来针对不同的学习任务涌现出了很多基于 Transformer 的新模型，使得 Transformer 能够进一步应用于图像分类、分割、目标检测等机器视觉问题上。此外，还有模型在 NLP、计算机视觉和强化学习等各个领域有最新应用。国外研究者还利用人工神经网络开发出了成熟的产品，用于手写体、印刷体、人脸识别、表情识别等领域。在军事国防方面，各种人工神经网络模型被用于雷达遥感、卫星遥感等领域的数据分析与处理。这些都标志着目前人工神经网络在各实践领域的成功应用。

另一方面，我们必须看到：现有的一些人工神经网络模型并没有攻克组合爆炸问题，只是把计算量转交给了学习算法来完成，具体地说，增加处理机数目一般不能明显增加近似求解的规模。因此，尽管采用大规模并行处理机是神经网络计算的重要特征，但还应寻找其他有效方法，建立具有计算复杂性、网络容错性和坚韧性的计算理论。正如 IEEE 神经网络委员主办的国际性学术会议 IJCNN91 的大会主席 Rumelhart 所说：目前，人工神经网络这门学科的理论和技术基础已达到了一定的规模。在神经网络新的发展阶段，需要不断完善和突破其基础理论，并产生新的概念、模型与方法，使其技术和应用得到更加有力的支持。

非线性问题的研究也是人工神经网络理论发展的动力之一，也是它面临的最大挑战。神经元、人工神经网络都有非线性、非局域性、非定常性、非凸性和混沌等特性，因此，在计算智能的层次上研究非线性动力系统，并对人工神经网络进行数理研究，进一步研究自适应性和非线性的神经场的兴奋模式、神经集团的宏观力学等，是推动人工神经网络理论发展的一个方面。此外，人工神经网络与各种控制方法有机结合具有很大的发展前景，建模算法和控制系统的稳定性等研究仍为热点问题，而容忍控制、可塑性研究可能成为新的热点问题。另外，开展进化并行算法的稳定性分析及误差估计方面的研究将会促进进化计算的发展，要把学习性并行算法与计算复杂性联系起来，分析网络模型的计算复杂性以及正确性，从而确定计算是否经济合理。最后，研究中应关注神经信息处理和脑能量两个方面以及它们的综合分析研究的最新动态，吸收当代脑构象等各种新技术和新方法。

1.3 深度学习

深度学习(deep learning，DL)是近年来人工智能领域中的高频词汇，它是机器学习研究领域的一个分支。而深度神经网络(deep neural network，DNN)是深度学习方法的基础框架，它与浅层神经网络(shallow neural network，SNN)包含较少的隐藏层相比较，具有多个隐藏层。

由于深度学习也会用到有监督和无监督的学习方法，因此它不能作为一种独立的学习方法。但是近几年深度学习发展迅猛，一些特有的学习方法(如残差网络)被提出，因此更多人倾向于将其单独看作一种学习的方法。

至此，我们已对人工智能、机器学习以及深度学习有了比较清晰的认识：人工智能希望计算机能够构造出具有与人类智慧同样本质特性的机器，它是一个很大的范畴。机器学习是一种实现人工智能的方法，通过各种算法从数据中学习如何完成任务。深度学习是一种实现机器学习的技术。它们三者之间的关系如图1.15所示。

图1.15　人工智能、机器学习以及深度学习的关系图

目前，深度学习在计算机视觉、自然语言处理领域的应用远超过传统的机器学习方法，这给我们造成了一种错觉，即"深度学习最终可能会淘汰其他机器学习算法"。事实上，深度学习模型往往需要大量的训练数据，而实际应用中常常会遇到小样本问题，此时用传统的机器学习方法就能够解决。深度学习也不是机器学习的终点，目前的机器学习领域更倾向于可解释性、小样本、生物启发、逻辑推理、知识的域自适应等发展方向。

本章参考文献

[1]　MCCULLOCH W S, PITTS W. A logical calculus of ideas immanent in nervous activity[J]. Math Biophys Vol. 1943，5：115 - 133.

[2] HEBB D O. The organization of behavior[M]. New York：Wiley，1949.

[3] 焦李成，刘芳，缑水平，等. 智能数据挖掘与知识发现[M]. 西安：西安电子科技大学出版社，2006.

[4] WIDROW B, HOFF M E. Adaptive Switching Circuits[M]. Neurocomputing：foundations of research. Cambridge，MA. ：MIT Press，1988：96 - 104.

[5] NILSSON N. Learning machines：foundations of trainable pattern-classifying systems[M]. New York：McGraw Hill，1965.

[6] MINSKY M, PAPERT S. Perceptrons[M]. Cambridge，MA. ：MIT Press，1969.

[7] ANDERSON J A. A simple neural network generating interactive memory[J]. Mathematical biosciences，1972(14)：197 - 220.

[8] KOHONEN T. Correlation matrix memories[M]. IEEE transactions on computers，1972(C - 21)：353 - 359.

[9] AMARI S. Information geometry[M]. Contemporary mathematics，1977，20(3)：81 - 95.

[10] AMARI S. Information geometry of EM and EM algorithm for neural networks[M]. Neural networks，1995，8(9)：1379 - 1408.

[11] AMARI S, KURATA K, NAGAOKA H. Information geometry of Boltzmann machines[J]. IEEE trans on neural networks，1992，3(2)：260 - 271.

[12] WERBOS P J. Beyond regression：new tools for prediction and analysis in the behavioral sciences[M]. PhD thesis, Cambridge，MA. ：Harvard University，1974.

[13] LITTLE W A, SHAW G L . A statistical theory of short and long term memory[M]. Neurocomputing：foundations of research. Cambridge，MA. ：MIT Press，1988.

[14] LEE S C, LEE E T. Fuzzy neural networks[J]. Mathematical biosciences，1975(23)：151 - 177.

[15] HOPFIELD J J . Neural networks and physical systems with emergent collective computational abilities[J]. Proceedings of the national academy of sciences，1982，79(8)：2554 - 2558.

[16] HOPFIELD J J, TANK D W. "Neural" computation of decisions in optimization problems[J]. Biological cybernetics，1985，52(3)：141 - 152.

[17] OJA E. A simplified neuron model as a principal component analyzer[J]. Journal of mathematical biology，1982(15)：267 - 273.

[18] ACKLEY D, HINTON G, SEJNOWSKI T. A learning algorithm for Boltzmann machines[J]. Cognitive science，1985，9(1)：147 - 169.

[19] RUMELHART D E, HINTON G E, WILLIAMS R J . Learning Internal Representations by Error – Propagation [J]. Readings in cognitive science, 1988, 323 (6088): 399 – 421.

[20] CHUA L O, YANG L. Cellular neural networks: applications [J]. IEEE transactions on circuits and systems, 1988, 35(10): 1273 – 1290.

[21] CARPENTER G A, GROSSBERG S. Search mechanisms for adaptive resonance theory (ART) architectures [J]. IJCNN, 1989(1): 201 – 205.

[22] BROOMHEAD D S, LOWE D. Multi-variable functional interpolation and adaptive networks [J]. Complex systems, 1988, 2(3): 269 – 303.

[23] BENVENISTE, ZHANG Q. Wavelet networks[J]. IEEE trans neural networks, 1992, 3(6): 889 – 98.

[24] VAPNIK V N, Statistical learning theory[M]. New York, Springer, 1998.

[25] 钱学森. 关于思维科学[M]. 上海：上海人民出版社, 1986.

[26] 史忠植. 神经计算[M]. 北京：电子工业出版社, 1993.

[27] 焦李成, 杨淑媛, 刘芳, 等. 神经网络七十年：回顾与展望[J]. 计算机学报, 2016, 39(8): 1697 – 1716.

第 1 章 绪 论

第2章 神经网络基础

2.1 神 经 元

2.1.1 生物神经元

在显微镜下，一个生物神经细胞（又称神经元）是由细胞体（soma）、树突（dendrite）、轴突丘（hillock）、轴突（axon）和突触（synapse）组成的。它以一个具有 DNA 细胞核的细胞体为主体，像身体中的其他任何细胞一样，神经元中有细胞液和细胞体，并且由细胞膜包裹。神经元特有的延伸被称为神经突，神经突一般分为树突和轴突。树突主要接收来自其他神经元的信号，而轴突则将输出信号传播到其他神经元。许多不规则树枝状的纤维向周围延伸，其形状很像一棵枯树的枝干，生物神经元如图 2.1 所示。

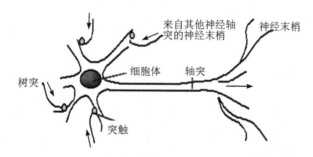

图 2.1 生物神经元

生物神经系统以神经细胞（神经元）为基本组成单位，是一个有高度组织和相互作用的数量巨大的细胞组织群体，它包括中枢神经系统和大脑。生物神经元学说认为，神经元是神经系统中独立的营养和功能单元。其独立性是指每一个神经元均有自己的核和自己的分界线或原生质膜。人类大脑的神经细胞大约在 $10^{11} \sim 10^{13}$ 个，它们按不同的结合方式构成了复杂的神经网络。通过神经元及其连接的可塑性，大脑具有学习、记忆和认知等各种智能。

神经元的外部形态各异，但基本功能相同。神经元在处于静息状态（无刺激传导）时，神经细胞膜处于极化状态，膜内的电压低于膜外电压；当膜的某处受到的刺激足够强时，刺激处会在极短的时间内出现去极化、反极化（膜内的电压高于膜外电压）、复极化的过程；当刺激部位处于反极化状态时，邻近未受刺激的部位仍处于极化状态，两者之间就会形成局部电流，这个局部电流又会刺激没有去极化的细胞膜使之去极化，这一过程不断重复，可将动作电位传播开去，一直到神经末梢。

神经生物学标识方法可以帮助我们更清楚地认识神经元，但是目前的神经生物学标识方法很难在动物体内跟踪标识单个或者少量的神经元，而只能同时标识所有或者大量的神经元。这导致我们无法清晰地识别单个神经元之间的精确连接，无从准确判断神经网络的形成，更无从研究信息流在神经网络中的传递规律。2010 年 7 月，美国斯坦福大学神经生物学家李凌发明了一种对单个神经元及突触进行体内标识的技术，并利用此技术成功地拍摄出老鼠体内单个神经元及其突触分布的三维照片。这种三维照片可以直接地、实时地观测活体老鼠大脑的不同区域在不同发育阶段的各种神经元及其突触分布形式，包括观察未分化的脑细胞如何发育为单个的复杂神经细胞，然后形成复杂的神经网络。这项发明为神经生物学的研究提供了一个新的技术平台，将使人类能够了解大脑神经网络发育的详尽信息，有助于对神经网络中信息流的传递规律进行深入研究。

2.1.2 McCulloch-Pitts 神经元

McCulloch 和 Pitts（1943）发表了一篇深具影响力的论文[1]，其中阐述了仅通过两种状态的神经元实现基本计算的概念。这是第一个尝试通过基本神经计算单元来理解神经元活动的研究，高度概括了神经元与连接的生理学属性，该研究包含了以下五个假设：

（1）神经元的活动是一个 all-or-none 的二值过程。

（2）为了激活神经元，一定数量的突触必须在一个周期内被激活，而这个数量与之前的激活状态和神经元的位置无关。

（3）只有当两个神经元之间存在明显的延迟时才被称为突触延迟。

（4）抑制突触的活动能够阻止神经元的激活。

（5）神经网络的结构不随时间改变。

McCulloch 和 Pitts 设想了神经响应等价于神经元刺激的命题。因此，他们用符号命题逻辑研究了复杂网络的行为。在这种 all-or-none 的神经元激活准则下，任何神经元的激活都各自表示一个命题。

值得注意的是，根据已知的神经元工作理论，神经元没有实现任何逻辑命题。但是，McCulloch 和 Pitts 模型可以被看成最常见神经元模型的一个特例，并且可以用来研究某些非线性神经网络。此外，该模型促进了人工神经网络的发展，在计算机科学家和工程师中引起了巨大的影响。

　　将图 2.1 所示的生物神经元的模型进行抽象，即可以得到经典的 MP 神经元模型，如图 2.2 所示，其中生物神经元的树突代表 MP 神经元的输入，生物神经元的突触代表 MP 神经元的连接权值，生物神经元的细胞体代表 MP 神经元的神经元状态以及激励函数，生物神经元的来自其他神经轴突的神经末梢代表 MP 神经元与其他神经元的连接，生物神经元中细胞体的最小激励输入对应 MP 神经元的神经元阈值，生物神经元的轴突代表 MP 神经元的输出。

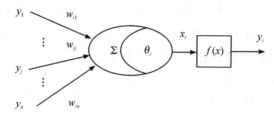

注：x_i—神经元状态；y_j—输入；y_i—输出；w_{ij}—权值；
　　Σ—加权求和；θ_i—阈值；$f(x)$—激活函数。

图 2.2　MP 神经元模型

　　MP 神经元是二值的，其仅假设有 0 和 1 两种状态。每个神经元有一个固定的阈值，并接收来自有固定权重的突触的输入。这种简单的神经操作表现为，神经元响应突触的输入即反映了前突触神经元的状态。如果被抑制的突触没有激活，则神经元将集中突触输入，并且判断输入之和是否大于阈值。如果大于阈值，则神经元激活，输出为 1；否则神经元保持抑制状态，输出为 0。

　　尽管 MP 神经元十分简单，但是代表了大部分神经元模型共用的某些重要特征，即输入刺激的集合决定了网络输入与神经元是否被激活。图 2.3 所示为 MP 神经元的激活函数。

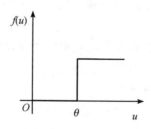

图 2.3　MP 神经元的激活函数

　　为了展示神经元的行为，一般假设两个输入 x_1 和 x_2 以及一个阈值 θ。在该情况中，若 x_1 或 x_2 的值为 1，则神经元被激活，产生一个输出（1），因此该操作与逻辑"或"的作用一致。假设神经元阈值为 θ，则当 x_1 和 x_2 均为 1 时，神经元才被激活，该操作和逻辑"与"的作用一致。

通常我们把如图 2.2 所示的 MP 神经元模型表示成如图 2.4 所示的简化模型。其中 $x_i(i=1,2,\cdots,n)$ 为加于输入端（突触）上的输入信号；w_i 为相应的突触连接权系数，它是模拟突触传递强度的一个比例系数；$\sum$ 表示突触后信号的空间累加；θ 表示神经元的阈值；f 表示神经元的激活函数。该模型的数学表达式如下：

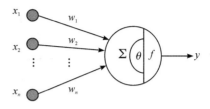

图 2.4　人工神经元简化模型

$$y=f(s);\quad s=\sum_{i=1}^{n}w_i x_i-\theta \qquad (2.1)$$

式中：y 为人工神经元的输出，s 为人工神经元的净输入。其中激活函数 f 的基本作用包括以下 3 个方面：

（1）控制输入对输出的激活作用；

（2）对输入、输出进行函数转换；

（3）将可能无限域的输入变换成指定的有限范围内的输出。

由此可见，这种基本的人工神经元模型模拟的是生物神经元的一阶特性，它包括如下几个基本要素：

> 输入：$\boldsymbol{x}=[x_1,x_2,\cdots,x_n]^{\mathrm{T}}$
>
> 连接权值：$\boldsymbol{w}=[w_1,w_2,\cdots,w_n]$
>
> 神经元阈值：θ
>
> 神经元净输入：$s=\sum_{i=1}^{n}w_i x_i-\theta$（向量形式为 $s=\boldsymbol{wx}-\theta$）
>
> 神经元输出：$y=f(s)$

激活函数（又称传递函数、激励函数、活化函数等）执行的是对该神经元所获得的网络输入的变换。在人工神经网络中，激活函数起着重要的作用。从级数展开的角度分析：如果把单隐层前馈神经网络的映射关系看成一种广义级数展开，那么传递函数的作用在于提供一个"母基"，它可与输入层到隐层间的连接权重值一起，构成不同的展开函数，而隐层与输出层的连接权重值则代表的就是展开的系数。因此，如果能够借鉴函数逼近理论设计灵活有效的传递函数，则可以使网络以更少的参数、更少的隐节点，完成从输入到输出的映射，从而提高神经网络的泛化能力。

组成人工神经网络的几种主要的常见神经元传递函数有硬极限传递函数、双极性硬极限传递函数、线性传递函数、Sigmoid 传递函数、饱和线性传递函数等。图 2.5 所示为几种常用的神经元传递函数。

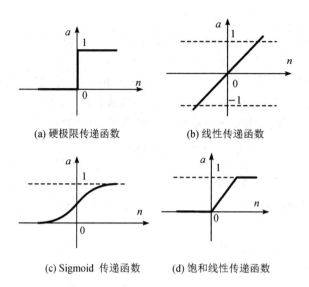

(a) 硬极限传递函数　　　(b) 线性传递函数

(c) Sigmoid 传递函数　　　(d) 饱和线性传递函数

图 2.5　几种常用的神经元传递函数

（1）硬极限传递函数。其响应函数如图 2.5(a)所示，传递函数的形式如下：

$$f(s) = \begin{cases} 1, & s \geqslant 0 \\ 0, & s < 0 \end{cases} \tag{2.2}$$

经典的感知器模型中采用的就是这种硬极限传递函数，或者是双极性的硬极限传递函数，其传递函数的形式如下：

$$f(s) = \begin{cases} 1, & s \geqslant 0 \\ -1, & s < 0 \end{cases} \tag{2.3}$$

在 Matlab 的人工神经网络的软件中，对应的函数分别是 Hardlim 和 Hardlims。更一般的硬极限传递函数的形式为

$$f(s) = \begin{cases} \beta, & s \geqslant \theta \\ -\gamma, & s < \theta \end{cases} \tag{2.4}$$

这里 β、γ、θ 均为非负实数，θ 为阈值函数(threshold function)。如果 $\beta = 1$，$\gamma = 0$，该传递函数就退化为硬极限传递函数，如果 $\beta = \gamma = 1$，则该函数退化为双极性的硬极限传递函数。

（2）线性传递函数。线性传递函数又称为纯线性传递函数，其响应函数如图 2.5(b)所示，传递函数的形式如下：

$$f(s) = k \times s + c \tag{2.5}$$

式中：k 是斜率，c 是截距。该函数对应在 Matlab 人工神经网络软件中的函数是 Pureline。

（3）Sigmoid 传递函数[2]。它是前馈神经网络模型中一种典型的非线性传递函数，能够平衡线性和非线性行为，是人工神经网络中经常被使用的激活函数。该函数呈 S 型，因此又称为 S 型（Sigmoid）传递函数，其响应函数如图 2.5（c）所示，传递函数的形式如下：

$$f(s) = \frac{1}{1 + e^{-s}} \tag{2.6}$$

这种非线性传递函数具有较好的增益控制，其饱和值在 0～1 之间。在 Matlab 的人工神经网络软件中，对应的是 Logsig 函数。为了使得它的饱和值更加灵活，可以采用如下形式的压缩函数（squashing function）：

$$f(s) = g + \frac{h}{1 + e^{-d \times s}} \tag{2.7}$$

式中：g、h、d 为可调常数。对于这种传递函数来说，函数的饱和值为 g 和 $g+h$。当 $g=-1$、$h=2$ 时，函数的饱和值在 -1～1 之间，这时压缩函数变成一个双曲正切 S 型函数：

$$f(s) = \frac{e^s - e^{-s}}{e^s + e^{-s}} \tag{2.8}$$

（4）饱和线性传递函数。其响应函数如图 2.5（d）所示，传递函数具有如下形式：

$$f(s) = \begin{cases} 0, & s < 0 \\ s, & 0 \leqslant s \leqslant 1 \\ 1, & s \geqslant 1 \end{cases} \tag{2.9}$$

此外，还有 ReLU 函数，该函数又称为修正线性单元（rectified linear unit）[3]。它是一种分段线性函数，弥补了 Sigmoid 函数以及 tanh 函数的梯度消失问题。ReLU 函数的形式如下：

$$f(s) = \begin{cases} s, & s > 0 \\ 0, & s \leqslant 0 \end{cases} \tag{2.10}$$

该函数的优点如下：

（1）当输入为正数时，不存在梯度消失问题（对于大多数输入空间来说）。

（2）计算速度较快。ReLU 函数只有线性关系，不管是前向传播还是反向传播，都比 Sigmoid 函数和 tanh 函数要快很多（Sigmod 和 tanh 要计算指数，计算速度会比较慢）。

该函数的缺点如下：

当输入为负数时，梯度为 0，会产生梯度消失问题，所以有了 Leaky ReLU 函数：

$$f(s) = \begin{cases} s, & s > 0 \\ as, & s \leqslant 0 \end{cases} \tag{2.11}$$

式中：a 的取值区间为（0，1）。

竞争神经元传递函数（Compet）：

$$f(s) = \begin{cases} 1, & s = \max(s) \\ 0, & \text{其他} \end{cases}$$ (2.12)

Logistic 函数：

$$f(s) = \frac{1}{1 + \exp(-s)}$$ (2.13)

径向基函数：该函数为非单调函数，主要用于径向基神经网络，其表达式为

$$f(s) = \exp(-s^2)$$ (2.14)

假设输入 $\boldsymbol{p} = [1\ 2]^{\mathrm{T}}$，$\boldsymbol{w} = [1\ 1]$，$b = -0.5$，图 2.6 所示为几种神经元传递函数作用于输入的结果。

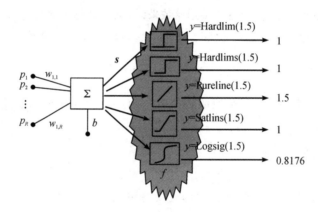

图 2.6　几种神经元传递函数作用于输入的结果

上述传递函数的形式虽然在一定程度上都能反映生物神经元的基本特性，但还有如下不同：

（1）生物神经元传递的信息是脉冲，而上述模型传递的信息是模拟电压。

（2）由于在上述模型中用一个等效的模拟电压来模拟生物神经元的脉冲密度，因此在模型中只有空间累加而没有时间累加（可以认为时间累加已隐含在等效的模拟电压中）。

（3）上述模型仅是对生物神经元一阶特性的近似，未考虑时延、不应期和疲劳等。

尽管现代电子技术可以建立更为精确的人工神经元模型，但一般说来，实际问题中我们通常是不需要设计过于复杂的人工神经网络模型的，因为仅模拟一阶特性所搭建出来的人工神经网络模型已经能够较好地完成大部分的实际任务。

2.2 卷 积 层

CNN 的基本卷积滤波器是底层局部图像块（patch）的一个广义的线性模型。卷积的目的是从输入图像中提取特征，并保留像素间的空间关系。

假设原始图像如下：

1	1	1	0	0
0	1	1	1	0
0	0	1	1	1
0	0	1	1	0
0	1	1	0	0

其特征检测器又叫作"滤波器（filter）或卷积核（kernel），这里用 3×3 的矩阵表示：

1	0	1
0	1	0
1	0	1

通过在图像上滑动滤波器，并计算对应的点乘之和，得到的矩阵称为"激活图（activation map）"或"特征图（feature map）"。这里我们采用零填充、步长为 1 的卷积方式，则卷积后的特征图如下：

4	3	4
2	4	3
2	3	4

在神经网络训练过程中卷积核是可学习的，但我们依然要在训练前指定滤波器的个数、大小、网络架构等参数。滤波器越多，提取到的图像特征就越丰富，越有利于进行后续的图像处理任务。

卷积特征由三个参数控制，这三个参数为深度、步长、零填充。

（1）深度（depth）对应的是卷积操作所需的滤波器个数。如果使用三个不同的滤波器对原始图像进行卷积操作，就可以生成三个不同的特征图。此时特征图的"深度"就是 3。

（2）步长（stride）是输入矩阵上滑动滤波矩阵的像素数。当步长为 1 时，滤波器每次移动一个像素；当步长为 2 时，滤波器每次移动会"跳过"2 个像素。步长越大，得到的特征图越小。

（3）零填充（zero-padding）用于输入矩阵的边缘，这样就可以对输入图像矩阵的边缘进行滤波。零填充的好处在于可以控制特征图的大小。

为提高滤波器的特征表示能力，对卷积层的改进工作有以下两方面：

（1）network in network(NIN)：由 Lin 等人提出的一种网络结构[4]。它用一个微网络（micro-network，如多层感知机卷积 mlpconv，使得滤波器能够更加接近隐含概念的抽象表示）代替了卷积层的线性滤波器。

卷积层和 mlpconv 层的区别（从特征图的计算上来看）如下：

形式上，卷积层的特征图计算公式是：

$$f_{i,j,k} = \max(w_k x_{i,j}, 0)$$

其中，i，j 是特征图的像素索引，$x_{i,j}$ 是以 (i,j) 为中心的输入块，k 是特征图的通道索引。

而 mlpconv 层的特征图计算公式是：

$$\begin{cases} f_{i,j,k_1}^1 = \max\left(w_{k_1}^1 x_{i,j} + b_{k_1}, 0\right) \\ f_{i,j,k_n}^n = \max\left(w_{k_n}^n f_{i,j}^{n-1} + b_{k_n}, 0\right) \end{cases} \tag{2.15}$$

mlpconv 层中每层特征图之间均存在连接，类似循环神经网络结构 RNN，其中，n 是 mlpconv 层的层数。可以发现，mlpconv 层的特征图计算公式相当于在正常卷积层进行级联交叉通道参数池化。

（2）inception module：由 Szegedy 等人于 2014 年提出[5]，可以被看作 NIN 的逻辑顶点（logical culmination），使用多种滤波器的大小来捕捉不同大小的可视化模式，通过 inception module 接近最理想的稀疏结构。inception module 由一个池化操作和三种卷积操作组成。1×1 的卷积作为维度下降模块，放在 3×3 和 5×5 的卷积之前，在不增加计算复杂度的情况下增加 CNN 的深度和宽度。在 inception module 的作用下，网络参数量可以减少到 500 万，远小于 AlexNet 的 6000 万和 ZFNet 的 7500 万。

下面对卷积核改进的空洞卷积和可变形卷积进行介绍。

1. 空洞卷积

常规的卷积神经网络通常采用池化操作扩大感受野，从而导致分辨率降低，不利于后续模式识别任务的进行，若采用较大的卷积核，扩大感受野的同时也会增加额外的计算量。为克服上述缺点，空洞卷积应运而生，其目的就是在扩大感受野的同时，不降低图片分辨率且不引入额外参数及计算量。

空洞卷积(dilated/atrous convolution)又名膨胀卷积[6]，可简单理解为在标准的卷积里加入空洞，从而增加感受野的范围。扩张率指的是卷积核的间隔数量，一般卷积核与空洞卷积核的对比如图 2.7 所示，显然，一般的卷积是空洞卷积扩张率为 1 的特殊情况。

空洞卷积的优势在于不进行池化操作，增大感受野的同时不损失信息，让每个卷积输出都包含较大范围的信息。然而，空洞卷积也正是由于空洞这一特性，导致出现了其他一些问题。例如，多次叠加扩张率为 2 的 3×3 卷积核，则会出现网格效应(gridding effect)，即使用底层特征图的部分像素点，从而忽略了其他像素点。

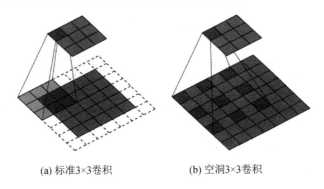

(a) 标准3×3卷积　　　　　　　　(b) 空洞3×3卷积

图 2.7　两种卷积核对比

另一个问题是信息可能不相关。大的扩张率对大目标具有很好的特征表示，对于小目标信息相关性较低。因此，如何处理目标尺寸之间的关系，对于空洞卷积在网络中的设计具有一定的启发性。

2. 可变形卷积

常用的卷积核比较规则，一般为正方形，标准卷积中的规则格点采样使得网络难以适应几何形变。微软亚洲研究院(Microsoft Research Asia，MSRA)**提出了一种不规则的卷积核——可变形卷积(deformable convolution)**[7]。**可变形卷积关注感兴趣的图像区域，使其具**有更强的特征表示。

简单来说，针对卷积核中每个采样点的位置，均增加一个偏移变量，从而卷积核根据这些变量可以在当前位置附近随意地采样。与传统的卷积核相比，此种卷积核的采样点不局限于规则的格点，两者的对比如图 2.8 所示。

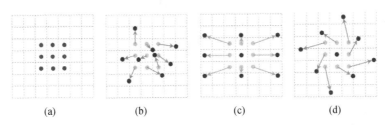

(a)　　　　　(b)　　　　　(c)　　　　　(d)

图 2.8　正常 3×3 卷积和可变形卷积的采样方式对比图

可以看出，图 2.8(a)为正常卷积，图 2.8(b)～图 2.8(d)为可变形卷积，在常规采样坐标(9 个规则采样点)上增加一个偏移量(箭头)，图 2.8(b)的偏移为无规则随机偏移，而图 2.8(c)、图 2.8(d)为图 2.8(b)的特殊情况，可以分别看作比例变换和旋转变换。

两种卷积感受野与卷积核采样点的区别如图 2.9 所示，从图中可以看出，可变形卷积核采样点能自适应图像内容，包括不同目标的尺寸大小和形变。

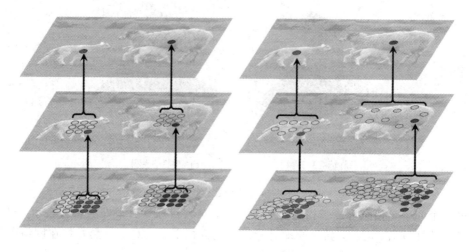

(a) 标准卷积中固定的感受野及卷积核采样点　　(b) 可变形卷积中自适应的感受野及卷积核采样点

图 2.9　两种卷积感受野与卷积核采样点的区别

可变形卷积神经网络不需要额外的监督信号，还可以通过标准的误差反向传播算法进行端到端的训练。可变形卷积能够显式地学习几何形变，打破了已有规则的卷积核结构，可广泛应用于语义分割等领域，并提高了网络的学习性能。

2.3　池 化 层

池化(pooling)是 CNN 的一个重要概念，即通过模仿人的视觉系统对数据进行降维。池化操作又称子采样(subsampling)或降采样(downsampling)。在构建卷积神经网络时，往往会用在卷积层之后，通过池化来降低卷积层输出的特征维度，从而有效减少网络参数，也在一定程度上防止了过拟合现象。

池化操作的主要特点可以概括为以下几点：

(1) 减少模型计算量；

(2) 抑制噪声，减少信息冗余，从而防止过拟合现象；

(3) 提升模型的尺度、旋转不变性，因为在局部邻域中使用了池化操作。

目前为止在 CNN 中使用的典型的池化操作是平均池化和最大池化。

用 3×3 卷积核对 4×4 的输入图像做 0 填充、步长为 1 的池化操作如图 2.10 所示，假设输入特征图的宽度为 i，输出大小为 o，卷积核大小为 k，步长为 s，那么池化操作的输入输出大小关系满足下式：

$$o = \left\lfloor \frac{i-k}{s} \right\rfloor + 1 \tag{2.16}$$

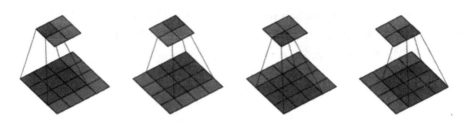

图 2.10　用 3×3 卷积核对 4×4 的输入图像做 0 填充、步长为 1 的池化操作

最大池化(max pooling)就是所选择的图像区域中的最大值作为该区域池化以后的值，梯度通过前向传播过程的最大值反向传播，其他位置梯度为 0。

平均池化(average pooling)就是将所选择的图像区域中的平均值作为该区域池化以后的值。其反向传播的过程是把某个元素的梯度等分后给前一层，这样就保证了池化前后的梯度(残差)和不变。

除了最大池化和平均池化操作，也有一些改进的池化操作，如 L_p 池化[8]、混合池化[9]、随机池化[10]等。

(1) L_p 池化：一个受生物学启发的在复杂细胞上建立的池化过程。Bruna 的理论分析表明，L_p 池化相比于最大池化能提供更好的泛化。

L_p 池化公式为

$$y_{i,j,k} = \left(\sum_{m,n \in R_{i,j}} |a_{m,n,k}|^p \right)^{\frac{1}{p}}$$

其中，$y_{i,j,k}$ 为 L_p 池化在第 k 个特征图 (i,j) 位置处的操作输出结果，$R_{i,j}$ 是以 (i,j) 为中心的矩形区域，$a_{m,n,k}$ 是在矩形区域 $R_{ij}(m,n)$ 位置处的特征值。当 $p=1$ 时，L_p 池化就相当于平均池化；当 $p=2$ 时，是 L_2 池化；当 $p=\infty$ 时，L_p 池化相当于最大池化。

(2) 混合池化：受随机 Dropout 和 DropConnect 启发，Yu 等人提出了混合池化方法，即最大池化和平均池化的结合。混合池化方法的公式如下：

$$y_{kij} = \lambda \max_{(p,q) \in R_{ij}} x_{kpq} + (1-\lambda) \frac{1}{|R_{ij}|} \sum_{(p,q) \in R_{ij}} x_{kpq} \tag{2.17}$$

式中：y_{kij} 是第 k 个特征图相应位置 (i,j) 处池化操作的输出，λ 是 0～1 之间的随机值，R_{ij} 是 (i,j) 处的局部邻域，x_{kpq} 是第 k 个特征图池化区域 R_{ij} 内在 (p,q) 处的元素。在前向传播过程中，λ 被记录，并在反向传播中被调整。

(3) 随机池化(stochastic pooling)：保证特征图的非线性激活值可以被利用。具体地，

随机池化首先对每个区域 R_j 通过正则化区域内的激活值计算概率 p，即 $p_i = \dfrac{a_i}{\sum\limits_{k \in R_j}(a_k)}$，然后从基于 p 的多项分布中采样来选择区域内的一个位置 l。池化的激活值 $s_j = a_l$，其中 $l \sim P(p_1, p_2, \cdots, p_{|R_j|})$。随机池化被证明具有最大池化的优点，并且可以避免过拟合。

此外，还有频谱池化（spectral pooling）、立体金字塔状池化（spatial pyramid pooling (SPP)）以及多尺度无序池化（multi-scale orderless pooling）等。

2.4 正 则 化

过拟合是深度 CNN 一个不可忽视的问题，这一问题可以通过正则化有效地减少。这里介绍两种有效的正则化技术，即 Dropout 和 DropConnect。

（1）Dropout：在每次训练时，让网络中某些隐含层神经元以一定的概率 p 不工作。它最先由 Hinton 等人（在深度学习的推广中起了关键作用）在 2012 年提出，Dropout 已经被证明对减少过拟合十分有效。在文献[11]中，Hinton 等人将 Dropout 应用在全连接层，Dropout 的输出是

$$r = m * a(Wv)$$

其中 $v = [v_1, v_2, \cdots, v_n]^T$ 是特征提取器的输出，W（大小是 $d \times n$）是一个全连接的权重矩阵，$a(\cdot)$ 是一个非线性激活函数，m 是一个大小为 d 的二元掩膜，元素服从伯努利分布（也叫二项分布），即 $m_i \sim \text{Bernoulli}(p)$。Dropout 可以防止网络过于依赖任何一个神经元，从而使网络即使在某些信息缺失的情况下也是准确的。

（2）DropConnect：将 Dropout 的想法更进一步，代替了其设置神经元的输出为 0，而是在前向传导时，输入时随机让一些输入神经元以一定的概率 p 不工作，在 BP 训练时，这些不工作的神经元显然也不会得到误差贡献。DropConnect 的输出为

$$r = a((m * W)v)$$

其中 $m_{ij} \sim \text{Bernoulli}(p)$。

此外，DropConnect 在训练过程中也掩盖了误差。DropConnect 和 Dropout 的区别就在于，Dropout 一个输出不工作了，那么这个输出作为下一级输入时对于下一级就全不工作，但是 DropConnect 不会，其泛化能力更强一点。

2.5 梯 度 下 降 法

2.5.1 线性单元的梯度下降法

最陡梯度下降法是前馈神经网络经典的学习方法，为了使用梯度下降法，单元的输入-

输出需非线性且是可微的函数。通常的选择就是 Sigmoid 单元(S-函数)。

Sigmoid 函数的特性如下:

(1) 非线性,单调性;

(2) 无限次可微;

(3) 当权值很大时可近似阈值函数,当权值很小时可近似线性函数。

Sigmoid 单元的输出可以描述为

$$y = \sigma(\boldsymbol{w} \cdot \boldsymbol{x}) = \sigma(\boldsymbol{w} \cdot \boldsymbol{x}) \quad (\text{其中 } \sigma(t) = \frac{1}{1 + e^{-t}}) \tag{2.18}$$

式中:σ 经常被称为 Sigmoid 函数或 Logistic 函数,它的输出范围为 0 到 1 之间,是一个单调递增的函数(因为偏置可以统一到神经元的权值向量里,在式(2.18)中没有考虑偏置)。由于这个函数把非常大的输入值域映射到一个小范围的输出,它也常被称为 Sigmoid 单元的挤压函数(squashing function)。Sigmoid 函数的优点是它的导数可以很容易以它的输出来表示:

$$\dot{\sigma}(t) = \left(\frac{1}{1 + e^{-t}}\right)' = \sigma(t) \times [1 + \sigma(t)] \tag{2.19}$$

有时,也可以使用其他容易计算导数的可微函数代替 S-函数 σ,如线性激励函数:

$$\sigma(t) = t \tag{2.20}$$

下面针对简单的具有线性激励函数的神经元模型(线性元件),介绍一种基于最陡梯度下降的训练规则。多层感知器网络学习的基本算法——反向传播(back-propogation,BP)算法,就是基于最陡梯度下降规则的。

神经网络有几种不同的学习规则,体现在训练网络时为优化网络性能而调整网络参数(权值、偏置等)的方法不同,包括联想学习、竞争学习、性能学习等。基于梯度下降的训练规则也是一种基于性能学习的规则,它首先为神经元的训练定义一个表征其性能的性能函数,在网络性能好时,性能函数较小,一般地,采用训练样本的误差平方和来定义性能函数。基于梯度下降的训练规则要求激励函数是连续可微的函数,计算性能函数对于可调权阈值向量的梯度(变化最快的方向),在进行权值更新时,沿着负梯度的方向(使得性能函数下降最快的方向)更新权阈值向量。这种基于梯度下降法的规则常用于搜索具有连续参数的假设所形成的空间。一般来说,训练样例是非线性可分的,采用梯度下降法在这种情况下能保证收敛于对目标的最佳近似。

针对线性元件的梯度下降法训练规则,首先定义含有 Q 个样例的训练集合 D:$\{(\boldsymbol{x}_1, t_1), (\boldsymbol{x}_2, t_2), \cdots, (\boldsymbol{x}_Q, t_Q)\}$,其中 t_d 为对于样例 $\boldsymbol{x}_d \in D$ 的目标输出值。假设线性单元对于样例 $\boldsymbol{x}_d$ 的真实输出值为 y_d,那么定义具有权值向量 $\boldsymbol{w}$ 的元件输出的训练误差为

$$E(\boldsymbol{w}) = \frac{1}{2} \sum_{d \in D} (t_d - y_d)^2 \tag{2.21}$$

使用贝叶斯理论可以证明：在一定条件下，使 E 达到最小化就要搜索空间 H 中满足最可能与训练数据一致的输出的权值 w。对于单个的线性元件来说，$E(w)$ 曲面为一个具有唯一的全局最小值的 n 维抛物面。我们对神经网络进行训练的任务是寻找合适的 w，使得定义的训练误差 E 达到最小。为了实现该目的，可以从随机选定的某个 w 开始，采用最陡梯度下降的规则逐步修改 w，直到 $E(w)$ 达到最小值。梯度下降法在每一步沿着使 $E(w)$ 值下降最陡的方向来修改 w，而这个方向就是 $E(w)$ 梯度的反方向。

定义梯度 $\nabla E(w)$ 为误差函数 $E(w)$ 对权值向量 w 的偏导：

$$\nabla E(w) = \left[\frac{\partial E}{\partial w_0}, \frac{\partial E}{\partial w_1}, \cdots, \frac{\partial E}{\partial w_n} \right] \tag{2.22}$$

w 在每一步按照所计算的梯度向量进行修改，修改的幅度依赖系统的参数——学习速率 α，即 $w \leftarrow w - \alpha \times \nabla E(w)$，而相应的各分量的修改为

$$w_i \leftarrow w_i - \alpha \frac{\partial E}{\partial w_i}$$

设 x_{id} 为样例 d 的第 i 个输入，求出分量修改式中的偏导数，就可以得到分量的修改规则：

$$w_i \leftarrow w_i + \alpha \sum_{d \in D} (t_d - y_d) x_{id}$$

这就是基于梯度下降的学习规则。梯度下降是一种重要的通用学习范型，它是搜索庞大假设空间或无限假设空间的一种策略。当假设空间包含连续参数化的假设且误差对于这些假设参数可微时，均可以采用该规则。基于最陡梯度下降的神经网络学习规则如算法2.1所述。

算法 2.1

随机给出初始的权值 w；

repeat

初始化：$\Delta w_i \leftarrow 0$；

对 D 中的每一个训练样例 x_d，

设：其目标输出值为 t_d，而线性元件对它的实际输出值为 y_d

对权值 w 做：$w \leftarrow w - \alpha \times \nabla E(w)$

即对每一个权值 w_i 做：$w_i \leftarrow w_i + \alpha \sum_{d \in D} (t_d - y_d) x_{id}$

until 终止条件被满足（$E(w)$ 达到最小或接近给定的最小值）

算法 2.1 具有更加广泛的适用范围：因为对于任何连续参数的假设空间，如果所定义的性能函数对各个连续参数都是可导的，那么无论何种类型的神经元均可采用算法 2.1，所以能够获得使训练样例集的训练误差 $E(w)$ 达到最小的权向量 w，即无论训练样例是否

深度学习简明教程

线性可分都会收敛。在一定条件下，这相当于得到了搜索空间 H 中最可能与训练数据一致的假设，收敛于对目标的最佳近似。

然而，如果所定义的误差曲面有多个极小点，那么算法从任意一个初始权值开始，则可能陷于局部极小，即不能保证找到误差曲面的全局最小点；另外，在该算法中，如果学习步长 α 设置得太小，可能导致向着局部极小点的收敛速度太慢，如果 α 设置得太大，则有可能越过局部极小点。下一小节的随机梯度下降法试图克服算法 2.1 中标准梯度学习算法的缺陷，可以看作算法 2.1 的一种随机近似，又称为随机梯度下降法或 Delta 规则、最小均方差(least mean square，LMS)规则。该方法根据某个单独样例的误差增量计算权值更新，得到近似的梯度下降搜索。

2.5.2　随机梯度下降法

随机梯度下降法的做法是：在对训练样例集 D 的处理中，每遇到一个样本就修改权值 w 一次(这意味着在遇到下一个样本时使用权值 w 的新值)。假设输入训练样例 x 的目标输出值为 t，线形元件的真实输出值为 y，与输入值 x_i 连接的相应的权值为 w_i，则修改的计算公式为

$$w_i = w_i + \alpha(t - y)x_i$$

这可以看作为每个单独的训练样例定义不同的误差函数。在迭代所有训练样例时，这些权值更新的序列给出了对于原来误差函数的梯度下降的一个合理近似。如果学习步长 α 取得充分小，那么可以使随机梯度下降以任意程度接近真实梯度下降，算法 2.2 的结果可无限接近算法 2.1 的结果。一般来说，算法 2.1 的状态每更新一次，权值的计算量较大，但是学习步长 α 可使用较大的值；算法 2.2 的状态每更新一次，权值的计算量较小，但需使用较小的 α 值。在有多个极小点时，算法 2.1 容易陷于局部极小，而算法 2.2 则可能避免，因为它的搜索带有一定的随机性。上述算法针对的是线性元件，可推广至算法 2.1 的变体。当然，用算法 2.2 也可以进行具有 Sigmoid 单元的元件的学习。

将标准梯度下降法和随机梯度下降法进行对比，我们会发现：标准梯度下降法是在权值更新前对所有样例汇总误差，而随机梯度下降法的权值是通过考查每个训练样例来更新的；在标准梯度下降法中，权值更新的每一步对多个样例求和，需要更多的计算；标准梯度下降法使用真正的梯度，对于每一次权值更新经常使用比随机梯度下降法大的步长，如果标准误差曲面有多个局部极小点，那么随机梯度下降有可能避免陷入这些局部极小值中。在实践中，标准和随机梯度下降法都被广泛应用在神经网络的训练中。

算法 2.2

随机给出初始的权值 w_i；

repeat

初始化：$\Delta w_i \leftarrow 0$；

对训练样例 $\boldsymbol{x}_i$：

设：其目标输出值为 t_i，而线性元件对它的实际输出值为 y_i

对权值 $\boldsymbol{w}$ 做：$\boldsymbol{w} \leftarrow \boldsymbol{w} + \alpha (t_i - y_i) \boldsymbol{x}_i$

until 终止条件被满足（所有训练样例均被学习并且 $E(\boldsymbol{w})$ 达到给定值）

本章参考文献

[1] MCCULLOCH W S, PITTS W. A logical calculus of the ideas immanent in nervous activity [J]. The bulletin of mathematical biophysics, 1943, 5(4):115 - 133.

[2] HAN J, MORAG C. The influence of the sigmoid function parameters on the speed of backpropagation learning [C]. International Workshop on From Natural to Artificial Neural Computation. 1995:195 - 201.

[3] GLOROT X, BORDES A, BENGIO Y. Deep Sparse rectifier neural networks[C]. Proceedings of the 14th International Conference on Artificial Intelligence and Statistics (AISTATS). 2010:315 - 323.

[4] LIN M, CHEN Q, YAN S. Network In Network[J]. Computer science, 2013.

[5] SZEGEDY C, LIU W, JIA Y, et al. Going deeper with convolutions[J]. IEEE computer society, 2014.

[6] YU F, KOLTUN V. Multi-scale context aggregation by dilated convolutions[J]. arXiv preprint arXiv:1511.07122, 2015.

[7] DAI J, QI H, XIONG Y, et al. Deformable convolutional networks[C]// IEEE. IEEE, 2017.

[8] HYVARINEN A, KOSTER U. Complex cell pooling and the statistics of natural images[J]. Network: Computation in Neural Systems, 2007, 18(2): 81 - 100.

[9] YU D, WANG H, CHEN P, et al. Mixed pooling for convolutional neural networks[C]. Proceedings of the rough sets and knowledge technology (RSKT), 2014: 364 - 375.

[10] ZEILER M D, FERGUS R. Stochastic pooling for regularization of deep convolutional neural networks[C]. Proceedings of the international conference on learning representations (ICLR), 2013.

[11] SRIVASTAVA N, HINTON G, KRIZHEVSKY A, et al. Dropout: a simple way to prevent neural networks from overfitting [J]. Journal of machine learning research, 2014, 15(1):1929 - 1958.

深度学习简明教程

反向传播算法

3.1 反向传播机制

梯度下降法的优点之一在于它可以用在隐层神经网络的训练中，因此梯度下降法是多层前馈神经网络学习的一种常用方法。梯度下降法要求误差函数必须是可导的，线性元件虽然满足这个条件，但是如果在多层前馈神经网络模型中采用线性元件，多层前馈神经网络也只能产生线性函数，即采用线性元件的多层前馈网络和单层前馈网络本质上是一样的。因此，在多层前馈神经网络中通常采取 Sigmoid 单元(简称 S-元件)和线性元件配合使用的方法。

假设训练样例集为$\langle \boldsymbol{x}, \boldsymbol{t} \rangle$，其中 $\boldsymbol{x} = (x_1, x_2, \cdots, x_n)$ 是网络的输入，$\boldsymbol{t} = (t_1, t_2, \cdots, t_n)$ 是对应的目标输出值。反向传播神经网络采用的是与自适应线性网络中类似的性能学习，同 LMS 算法类似，首先定义误差函数，再对训练样例集进行递推，每一次扫描都逐个处理训练样例。在处理一个训练样例时，先从输入向前计算结果，再向后传播误差，并根据误差值修改权值。值得指出的是，误差函数是隐藏层可调参数的一个隐函数，因此需要用到隐函数求导的法则。

以均方误差定义性能函数：

$$F = E[(\boldsymbol{t} - \boldsymbol{y})^2] \approx \frac{1}{Q} \sum_{d=1}^{Q} \boldsymbol{e}_d^2 \tag{3.1}$$

或者以近似均方误差代替均方误差：

$$\hat{F} = \hat{E}[(\boldsymbol{t} - \boldsymbol{y})^2] \tag{3.2}$$

在近似均方误差和最陡梯度下降学习算法下，网络各层的权值与偏置的更新公式可统一写为

$$w_{i,j}^m(k+1) = w_{i,j}^m(k) - \alpha \frac{\partial \hat{F}}{\partial w_{i,j}^m} \tag{3.3}$$

$$b_i^m(k+1) = b_i^m(k) - \alpha \frac{\partial \hat{F}}{\partial b_i^m} \tag{3.4}$$

其中 $m=1, 2, \cdots, M$，M 为网络总的层数，第 m 层的单元数目为 l^m，α 为学习步长。实现最陡梯度下降学习的关键是求出性能函数对于各层权值和偏置的偏导数 $\dfrac{\partial \hat{F}}{\partial w_{i,j}^m}$，$\dfrac{\partial \hat{F}}{\partial b_i^m}$。为了方便地求出性能函数对各层权值和偏置的偏导数，这里定义第 m 层神经元的敏感度向量为

$$s^m \equiv \frac{\partial \hat{F}}{\partial \boldsymbol{n}^m} = \left[\frac{\partial \hat{F}}{\partial n_1^m}, \frac{\partial \hat{F}}{\partial n_2^m}, \cdots, \frac{\partial \hat{F}}{\partial n_{l^m+1}^m} \right] \tag{3.5}$$

式中：n_i^m 为第 m 层的第 i 个神经元的净输入，每一维分量都是第 m 层的第 i 个神经元的敏感度函数，即

$$s_i^m \equiv \frac{\partial \hat{F}}{\partial n_i^m} \tag{3.6}$$

定义为性能函数对于第 m 层的第 i 个神经元的净输入的偏导数。这里引入第 $m+1$ 层的第 i 个神经元的净输入 n_i^{m+1} 作为隐变量，来计算敏感度函数：

$$s_i^m \equiv \frac{\partial \hat{F}}{\partial n_i^m} = \frac{\partial \hat{F}}{\partial n_i^{m+1}} \times \frac{\partial n_i^{m+1}}{\partial n_i^m} \tag{3.7}$$

如敏感度的定义，式(3.7)中 $\dfrac{\partial \hat{F}}{\partial n_i^{m+1}}$ 为第 m 层的第 i 个神经元的敏感度函数，而第 $m+1$ 层的第 i 个神经元的净输入与第 m 层的第 i 个神经元的净输入之间有如下关系：

$$n_i^{m+1} = \sum_{j=1}^{s^m} w_{i,j}^{m+1} a_j^m + b_i^m = \sum_{j=1}^{s^{m-1}} w_{i,j}^{m+1} f^m(n_j^m) + b_i^m \tag{3.8}$$

为方便起见，假设每一层的单元具有相同的传递函数，其中 $f^m(\cdot)$ 是第 m 层的传递函数，那么有

$$\frac{\partial n_i^{m+1}}{\partial n_j^m} = \frac{\partial \left(\sum\limits_{j=1}^{s^{m-1}} w_{i,j}^{m+1} a_j^m + b_i^m \right)}{\partial n_j^m} = w_{i,j}^{m+1} \times \frac{\partial f^m(n_i^m)}{\partial n_i^m} = w_{i,j}^{m+1} \times \dot{f}^m(n_i^m) \tag{3.9}$$

其中 $\dot{f}^m(\cdot)$ 是第 m 层的传递函数对于输入的导数。定义：

$$\dot{\boldsymbol{F}}^m(\boldsymbol{n}^m) = \begin{bmatrix} \dot{f}^m(n_1^m) & 0 & \cdots & 0 \\ 0 & \dot{f}^m(n_2^m) & \cdots & 0 \\ \vdots & \vdots & & \vdots \\ 0 & 0 & \cdots & \dot{f}^m(n_{s^m}^m) \end{bmatrix} \tag{3.10}$$

那么第 $m+1$ 层的净输入向量相对第 m 层的净输入向量的倒数为

$$\frac{\partial \boldsymbol{n}^{m+1}}{\partial \boldsymbol{n}^{m}} = \begin{bmatrix} \dfrac{\partial n_1^{m+1}}{\partial n_1^{m}} & \dfrac{\partial n_1^{m+1}}{\partial n_2^{m}} & \cdots & \dfrac{\partial n_1^{m+1}}{\partial n_{s^m}^{m}} \\ \dfrac{\partial n_2^{m+1}}{\partial n_1^{m}} & \dfrac{\partial n_2^{m+1}}{\partial n_2^{m}} & \cdots & \dfrac{\partial n_2^{m+1}}{\partial n_{s^m}^{m}} \\ \vdots & \vdots & & \vdots \\ \dfrac{\partial n_{s^{m+1}}^{m+1}}{\partial n_1^{m}} & \dfrac{\partial n_{s^{m+1}}^{m+1}}{\partial_2^{m}} & \cdots & \dfrac{\partial n_{s^{m+1}}^{m+1}}{\partial n_{s^m}^{m}} \end{bmatrix} = \boldsymbol{W}^{m+1} \times \dot{\boldsymbol{F}}^{m}(\boldsymbol{n}^{m}) \tag{3.11}$$

接下来，第 m 层单元的敏感度向量就可以记为

$$\boldsymbol{s}^{m} \equiv \frac{\partial \hat{F}}{\partial \boldsymbol{n}^{m}} = \left(\frac{\partial \boldsymbol{n}^{m+1}}{\partial \boldsymbol{n}^{m}}\right)^{\mathrm{T}} \times \frac{\partial \hat{F}}{\partial \boldsymbol{n}^{m+1}} = \dot{\boldsymbol{F}}^{m}(\boldsymbol{n}^{m}) \times (\boldsymbol{W}^{m+1})^{\mathrm{T}} \times \boldsymbol{s}^{m+1} \tag{3.12}$$

这样第 m 层单元的敏感度函数就可以通过第 $m+1$ 层单元的敏感度函数，即后一层单元的敏感度函数获得。网络中每一层的敏感度向量计算出来后，就可以利用它来计算性能函数对各层的权值和偏置的梯度，即

$$\frac{\partial \hat{F}}{\partial w_{i,j}^{m}} = \frac{\partial \hat{F}}{\partial n_i^{m}} \times \frac{\partial n_i^{m}}{\partial w_{i,j}^{m}} = s_i^{m} \times \frac{\partial n_i^{m}}{\partial w_{i,j}^{m}} = s_i^{m} \times a_j^{m-1} \tag{3.13}$$

$$\frac{\partial \hat{F}}{\partial b_i^{m}} = \frac{\partial \hat{F}}{\partial n_i^{m}} \times \frac{\partial n_i^{m}}{\partial b_i^{m}} = s_i^{m} \times \frac{\partial n_i^{m}}{\partial b_i^{m}} = s_i^{m} \tag{3.14}$$

网络的权值与偏置的更新公式可记成向量的形式：

$$\boldsymbol{W}^{m}(k+1) = \boldsymbol{W}^{m}(k) - \alpha \times \boldsymbol{s}^{m} \times (\boldsymbol{a}^{m-1})^{\mathrm{T}} \tag{3.15}$$

$$\boldsymbol{b}^{m}(k+1) = \boldsymbol{b}^{m}(k) - \alpha \times \boldsymbol{s}^{m} \tag{3.16}$$

考虑具有 2 层（隐层为 Sigmoid 单元，输出层为线性单元）结构的前馈神经网络模型，如图 3.1 所示，设有 n_{in} 个网络输入节点，每一个输入节点代表一个输入分量；全体输入分量合在一起记为 $\boldsymbol{x}$，作为隐藏层中每一个元件的输入；隐藏层中有多个隐藏 S-元件，计算出每个 S-元件对输入 $\boldsymbol{x}$ 的输出，并传输给输出层的所有 S-元件。输出层中有多个输出线性

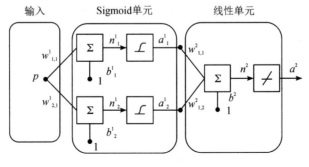

图 3.1　前馈神经网络模型

元件，元件的输入是隐藏层的输出，计算出最终网络的输出。从输入节点 i 到隐藏 S-元件 j 的输入值记为 x_{ji}，相应的权值记为 w_{ji}。

下面采用上述算法训练一个单隐层的前馈神经网络模型。

在该模型中，隐藏层的输出可以写为

$$a^1 = f^1(W^1 p) = \text{sigmoid}(W^1 p) = \frac{1}{1 + \exp(-W^1 p)} \tag{3.17}$$

式中：W^1、f^1、a^1 分别是隐藏层的权值矩阵、传递函数和输出，p 为网络的输入。经过线性输出层之后，网络的最终输出为

$$y = a^2 = f^2(W^2 a^1) = \text{pureline}(W^2 a^1) \tag{3.18}$$

式中：W^2，f^2，a^2 分别是线性层的权值矩阵、传递函数和输出。在使用梯度下降法训练网络时，首先计算隐藏层的适应度函数 $\dot{f}^1(n^1)$：

$$\begin{aligned}
\dot{f}^1(n^1) &= \frac{\mathrm{d}}{\mathrm{d}n}\left(\frac{1}{1+\mathrm{e}^{-n}}\right) = \frac{\mathrm{e}^{-n}}{(1+\mathrm{e}^{-n})^2} \\
&= \left(1 - \frac{1}{1+\mathrm{e}^{-n}}\right)\left(\frac{1}{1+\mathrm{e}^{-n}}\right) \\
&= (1 - a^1)a^1
\end{aligned} \tag{3.19}$$

再计算输出层的适应度函数 $\dot{f}^2(n^2)$：

$$\dot{f}^2(n^2) = \frac{\mathrm{d}}{\mathrm{d}n}(n) = 1 \tag{3.20}$$

那么输出层神经元的敏感度函数为

$$s^2 \equiv \frac{\partial \hat{F}}{\partial n^2} = -2\dot{F}^2(n^2) \times (t - y) = -2[1] \times (t - y) \tag{3.21}$$

接下来计算隐藏层神经元的敏感度函数：

$$s^1 \equiv \frac{\partial \hat{F}}{\partial n^1} = \dot{F}^1(n^1) \times (W^1)^{\mathrm{T}} \times s^2 = \begin{bmatrix} (1-a^1)a^1 & 0 \\ 0 & (1-a^2)a^2 \end{bmatrix} \times (W^1)^{\mathrm{T}} \times s^2 \tag{3.22}$$

计算出敏感度函数 s^2、s^1，代入式(3.15)和式(3.16)后，就可以依次更新各层的权值和偏置。具体实现见算法 3.1。

算法 3.1

1.建立前馈网络；

2.将网络上的各个权值随机初始化

Repeat

For 每一个训练例〈x，t〉

Do 根据网络输入 x 向前计算各个隐层单元的输出(前向传播);

计算每一个输出单元的误差、性能函数和敏感度函数;

计算每一个隐藏单元的敏感度函数(后向传播)

修改网络的各层权值和偏置

Until 终止条件满足

定理 1 只要隐层神经元的个数充分,隐层传输函数就为 S 型输出传输函数,输出的线性的单隐层网络可逼近任意函数。

已经证明:这种结构的单隐层神经网络可以用来逼近任意函数。由上述分析可以看到,反向传播算法实现了一种对可能的网络权值空间的梯度下降搜索,它通过迭代地减小训练样本的目标值和网络实际输出间的误差来最小化性能函数。在这种情况下,单隐层网络的性能指数可能不再是如自适应线性网络中的二次函数,那么性能曲面就有多个极小点。虽然反向传播算法是最常见的多层前馈网络学习算法,但是由上述训练过程可以看出,梯度下降决定了反向传播只能收敛到局部而非全局最优,在理论上并不能保证网络收敛到性能函数的全局极小点。人们在反向传播算法的基础上也提出了很多其他的算法,包括对于特殊任务的一些算法。例如,递归网络方法用来训练包含有向环的网络,类似级联相关的算法在改变权的同时也能改变网络结构。目前,关于反向传播算法存在多种变体,如冲量的反向传播算法等,而使用反向传播算法的单层线性单元网络即信号处理中常见的 LMS 算法。下一节将对反向传播算法的性能进行分析。

3.2 反向传播算法性能分析

理论上,基于最陡梯度下降的反向传播算法可能陷入局部极小点,目前人们对局部极小点问题仍缺乏理论上的分析结果,但实际上问题并不像想象的那样严重。这主要是因为以下两方面的原因:

(1)当网络的权值较多时,一个权陷入极小点不等于别的权值也陷入极小点,权值越多,逃离某权值的局部极小点的机会越多。

(2)若权值的初始值接近 0,则网络所表达的函数接近线性函数(没有什么局部极小点),只有在学习过程中当权值的绝对值较大时,网络才表示高度非线性函数(含有很多局部极小点),而此时权值已经接近全局极小点,即使陷入局部极小点也与全局极小点没有太大的区别。

由于局部极小点问题在实际上并非很严重,因此反向传播算法的实用价值是很大的。此外,还有一些避免陷入局部极小点的诱导方法,例如:

(1)在算法中使用随机梯度下降法而不是真正的梯度下降法。随机梯度下降法的实质是：在处理每一个例子时使用不同的误差曲面的梯度（当然这些误差曲面的平均值逼近对整个训练样例集的误差曲面的梯度），而不同的误差曲面有不同的局部极小点，所以整个过程不太容易陷入任何一个这样的局部极小点。

（2）用多个具有相同的结构和不同的权初始化的网络对同一个训练样例集进行学习，在它们分别落入不同的局部极小点时，将对独立验证集具有最佳结果的网络作为学习的结果；或全体网络形成一个"决策委员会"，取它们的平均结果作为学习的结果。

（3）引入冲量使过程"冲过"局部极小点（但有时也会"冲过"全局极小点）。

3.3　改进的反向传播算法

BP 算法因其简单、易行、计算量小、并行性强等优点，目前是神经网络训练采用最多的训练方法之一。但通常存在以下两方面问题[1]：

（1）学习效率低，收敛速度慢。

BP 算法误差减小得太慢，使得权值调整的时间太长，迭代步数太多。由于梯度逐渐变为 0，越接近局部最优，收敛速度越慢。为了保证算法的收敛性，学习速率不能过大，否则会出现振荡。因此需要经过多次调整才能将误差函数曲面降低。这是 BP 算法学习速度慢的一个重要原因。

（2）易陷入局部极小状态。

BP 算法是以梯度下降法为基础的非线性优化方法，不可避免地存在局部极小问题，且实际问题的求解空间往往是极其复杂的多维曲面，存在着许多局部极小点，更使这种陷于局部极小点的可能性大大增加。

本节将对三种基于 BP 算法的改进算法进行介绍。

3.3.1　带动量项自适应变步长 BP 算法（ABPM）

动量法是将上一次权值调整量的一部分叠加到按本次误差计算所得的权值调整量上，作为本次权值实际调整量，即本次的实际调整量为

$$\Delta w(k+1) = -\lambda \frac{\partial E}{\partial w(k)} + \alpha \Delta w(k) \tag{3.23}$$

式中：α 为动量系数。动量项的引入使得调节向着底部的平均方向变化，不至于产生大的摆动，若系统进入误差函数的平坦区，则误差将变化很小。在改变学习速度的同时，一定程度上也解决了局部极小的问题。

标准 BP 网络的逼近误差曲面的梯度变化是不均匀的，如果采用固定步长 λ，那么在误差曲面较平坦的区域收敛较慢；当 λ 较大时，又会在峡谷区域引起震荡，自适应变步长算法就是针对定步长的缺陷提出来的。它是以进化论中的进退法为生物理论基础的。学习率

的调整公式为[2]

$$\lambda(k+1)=\lambda(k)\cdot de,\quad \alpha=0,\quad E(k)>E_{\min}\cdot er$$
$$\lambda(k+1)=\lambda(k)\cdot in,\quad \alpha=\alpha,\quad \text{其他} \tag{3.24}$$

式中：$E_{\min}$ 是前 k 次迭代中的最小误差，er 为误差反弹许可率，de 和 in 分别是学习步长增长率和减小率，α 为动量系数。采用自适应变步长 BP 算法（advanced back propagation method，ABPM）修改后的权值向量为

$$w(k+1)=w(k)-\lambda\frac{\partial E}{\partial w(k)}+\alpha\Delta w(k) \tag{3.25}$$

3.3.2 同伦 BP 算法(HBP)

同伦 BP 算法（homotopy back propagation，HBP）是循序渐进地将解决复杂问题的思想引入 BP 网络的能量函数极小值的确定中。同伦方法网络根据采用的组成部分的不同，可分为教师同伦、输入同伦、结构同伦等。本节主要介绍教师同伦算法。该算法首先要确定教师同伦函数 T：

$$T(t)=(1-t)\text{Tb}+t\cdot\text{Te} \tag{3.26}$$

式中：t 是形成过渡函数的变量，在学习过程中由 0 逐渐变到 1；Tb 和 Te 分别是构造出的初始教师和给定教师，其中 Tb 可以表示为

$$\text{Tb}=\text{Tf}\cdot \boldsymbol{I}^{\text{T}}\cdot(\boldsymbol{I}\cdot\boldsymbol{I}^{\text{T}})^{-1}\cdot\boldsymbol{I} \tag{3.27}$$

式中：$\boldsymbol{I}$ 为给定输入。HBP 算法的学习过程是对不同 t 的取值，采用 BP 算法调节权重，使能量趋于极小值。HBP 算法的迭代次数相当于各段 BP 算法迭代次数的总和。因此 HBP 算法的收敛速度比标准 BP 算法有一定的提升。

3.3.3 LMBP 算法

高斯牛顿迭代法在非线性问题的求解中具有二阶收敛速度，但迭代过程中的 Hessian 矩阵有可能变成奇异阵，从而无法迭代。LM（levenberg-marquardt）算法则是在高斯牛顿法和最速下降法之间进行平滑调和，其公式为

$$w(k+1)=w(k)-2(\boldsymbol{H}+\mu\boldsymbol{D}_H)^{-1}\nabla E(w(k)) \tag{3.28}$$

式中：$\boldsymbol{H}$ 为能量函数 E 在 $w(k)$ 处的 Hessian 矩阵，$\boldsymbol{D}_H$ 是对角元素为 $\boldsymbol{H}$ 的对角阵；∇E 是 E 在 $w(k)$ 的导数矩阵。

μ 可以通过下式调整：

$$\begin{cases}\mu=10\mu,\quad \boldsymbol{E}(w(k+1))\geqslant\boldsymbol{E}(w(k))\\[2mm]\mu=\dfrac{\mu}{10},\quad \text{其他}\end{cases} \tag{3.29}$$

LM 算法可被用于极小化非线性函数的平方和。BP 算法的实质要求教师信号与网络输

出信号之间的误差平方和最小。因此应用 LM 算法对标准 BP 算法进行改进是可行的。

3.4　反向传播算法实现的几点说明

反向传播算法提供了使用最速下降法在权空间计算得到轨迹的一种近似。使用的学习步长越小，从一次迭代到另一次迭代的网络的突触权值的变化量就越小，轨迹在权值空间就越光滑。在反向传播算法中，动量的使用对更新权值来说是一个较小的变化，而它对学习算法会产生有利的影响，动量项可以降低学习过程停止在误差曲面上一个局部最小的概率，这对于得到全局极值点可能是有帮助的。动量和学习率参数一般会随着迭代的增加而逐步减小。

在一个训练过程中，一个训练集的完全呈现称为一个回合（epoch）。对于一个给定的训练集合，反向传播算法可以以下面两种基本形式进行学习：

（1）串行方式，又称为在线方式、模式方式或随机方式。这种运行方式在每个训练样本呈现之后进行权值更新。首先将一个样本对提交给网络，完成前馈计算和反向传播，修改网络的权值和偏置，接着将第二个样本提交给网络，重复前述过程，直到回合中的最后一个例子也被处理过。

（2）并行方式。权值更新要在组成一个回合的所有训练样本都呈现完之后才进行。整个训练集合在全部提交完之后才进行权值更新。

从在线运行的角度看，训练的串行方式比并行要好，因为对每一个突触权值来说，需要更少的局部存储。而且训练以随机的方式进行，利用一个模式接着一个模式的方法更新权值使得在权值空间的搜索自然具有随机性。这使得反向传播算法陷入局部最小的可能性降低了。同样，串行方式的随机性质使得要得到算法收敛的理论条件变得困难了，比较而言，训练集中的方法的使用为梯度向量提供了一个精确的估计，收敛到局部最小只要简单的条件就可以保证。集中的方式更容易并行化。当训练数据的样本冗余时，即数据集合包含同一模式的几个备份，从而串行方式可以利用这种冗余，当数据集很大且高度冗余时尤其如此。尽管串行方式有一些缺点，但一直以来比较流行，因为其算法的实现比较简单，它为大型问题和困难的问题提供了有效的解决方法。

通常，不能证明迭代多少次反向传播算法已经收敛，并且也没有确定的停止它运行的准则。然而，根据其具体的实际领域，有一些合理的参考准则，这些准则可以用于中止权值的调整。例如，当梯度向量的欧几里得范数达到一个充分小的梯度阈值时，可以认为反向传播算法已经收敛，或者当每一个 epoch 的均方误差的变化的绝对速率足够小时，认为反向传播算法已经收敛。

学习步长应该是依赖连接的。在应用中，我们可以设定所有突触权值都是可调的，或者设置某些权值固定。此时，误差信号仍然执行反向传播的过程，而固定了的权值向量不再发生修改。均方误差变化的绝对速率如果每个回合在 $0.1\%\sim1\%$ 之间，一般认为它已经足够小。如果使用过小的值，就会导致学习算法过早中止。

除了上述的学习方式、学习率之外，在前馈神经网络的训练中还有其他几个重要的问题，包括训练样本、目标函数、网络结构、收敛性与局部极小点、泛化能力等。例如，在训练过程中，训练样本的质量和数量直接影响着训练的结果。由于训练过程中存在有限样本的问题，所训练得到的网络在训练集上的误差与其他样本的误差就会不一样；另外，如果网络规模不合适(过大)，出现过拟合，虽然在训练集上误差可能持续下降，但是对其他样本的误差可能会上升。泛化能力定义为经过训练后的网络对未在训练集中出现的(但是来自同一分布)样本做出正确反应的能力。一般地，当网络结构一定时，为了获得较好的泛化能力，样本量应当比可调参数量大，学习结果才是可靠的。目标函数直接表达系统要实现的目标，是设计、评价系统的重要指标，由于神经网络的学习本质上就基于目标函数的寻优过程，因此在设计目标函数时，应该本着选择性、有效性和实用性的原则。网络的选择也影响着网络的性能，网络的选择包括网络的拓扑形式、网络的层数、隐层节点数目确定以及传输函数的确定等。一般地，当训练样本一定时，如何确定网络结构以保证较好的泛化能力，能够与给定样本符合的最简单(规模最小)的网络可以通过逐步增长或逐步修剪以及增加正规化约束等措施来实现。

本章参考文献

[1] 陈智军，李洋莹. 神经网络 BP 算法改进及其性能分析[J]. 软件导刊，2017，16(010)：39－41.

[2] 耿小庆，和金生，于宝琴. 几种改进 BP 算法及其在应用中的比较分析[J]. 计算机工程与应用，2007，43(33)：3.

[3] 焦李成，公茂果，王爽，等. 自然计算、机器学习与图像理解前沿[M]. 西安：西安电子科技大学出版社，2008.

[4] 焦李成. 神经网络计算[M]. 西安：西安电子科技大学出版社，1993.

[5] 焦李成. 神经网络的应用与实现[M]. 西安：西安电子科技大学出版社，1993.

[6] 焦李成. 非线性传递函数理论与应用[M]. 西安：西安电子科技大学出版社，1992.

4.1　结构和学习算法

4.1.1　卷积神经网络的结构

目前有许多CNN架构的变体，但它们的基本结构非常相似。CNN的基本体系结构通常由三种层构成，分别是卷积层、池化层和全连接层，如图4.1所示。

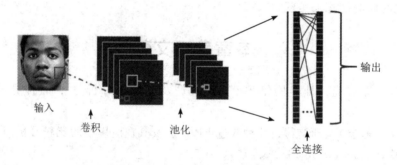

图 4.1　CNN 结构示意图

卷积层旨在学习输入的特征表示。卷积层由几个特征图（feature maps）组成。一个特征图的每个神经元与它前一层的邻近神经元相连，这样的一个邻近区域叫作该神经元在前一层的局部感知野。视觉皮层的神经元就是用来局部接收信息的（这些神经元只响应某些特定区域的刺激）。神经元区域响应如图 4.2 所示。

在图 4.2(a)中，假如每个神经元只和它前一层邻近的 10×10 个像素值相连，那么权值数据为 1000000×100 个参数，减少为原来的万分之一。而那 10×10 个像素值对应的 10×10 个参数，其实就相当于卷积操作。

为了计算一个新的特征图，输入特征图首先与一个学习好的卷积核（也被称为滤波器、特征检测器）做卷积，然后将结果传递给一个非线性激活函数。通过应用不同的卷积核可以

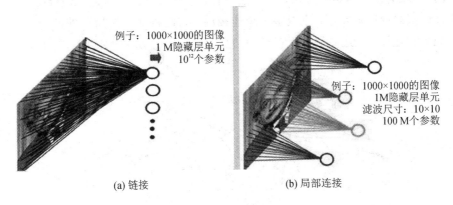

例子：1000×1000的图像
1 M隐藏层单元
10^{12}个参数

例子：1000×1000的图像
1M隐藏层单元
滤波尺寸：10×10
100 M个参数

(a) 链接   (b) 局部连接

图 4.2 神经元区域响应图

得到新的特征图。但要注意的是：生成的特征图的核是相同的（也就是权值共享，即图像的一部分的统计特性与其他部分是一样的。这也意味着在这一部分学习的特征也能用在另一部分上，所以对于这个图像上的所有位置，都能使用同样的学习特征）。这样的权值共享模式有几个优点，如可以降低模型的复杂度、使网络更易训练等。激活函数可描述 CNN 的非线性度，对多层网络检测非线性特征十分理想。典型的激活函数有 Sigmoid、tanh 和 ReLU。

池化层旨在通过降低特征图的分辨率实现空间不变性。它通常位于两个卷积层之间。每个池化层的特征图和它相应的前一卷积层的特征图相连，因此它们的特征图数量相同。典型的池化操作是平均池化和最大池化。通过叠加几个卷积层和池化层，可以提取更抽象的特征表示。例如，人们可以计算图像一个区域上某个特定特征的平均值（或最大值）。这些概要统计特征不仅具有低得多的维度（相比使用所有提取得到的特征），同时还会改善结果（不容易过拟合）。这种聚合操作就叫作池化（pooling），有时也称为平均池化或者最大池化（取决于计算池化的方法）。最大池化操作如图 4.3 所示。

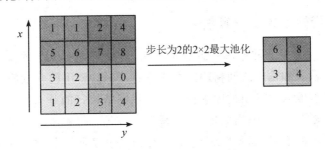

步长为2的2×2最大池化

图 4.3 最大池化操作示意图

形式上，在获取到卷积特征后，还要确定池化区域的大小（假定为 $m \times n$），以池化卷积特征。把卷积特征划分到数个大小为 $m \times n$ 的不相交区域上，然后用这些区域的平均（或最大)特征来获取池化后的卷积特征,这些池化后的卷积特征便可以用来做分类。经过几个卷积层和池化层之后,通常有一个或多个全连接层。它们将前一层所有的神经元与当前层的每个神经元相连接。全连接层不保存空间信息。卷积神经网络中全连接层如图4.4所示。

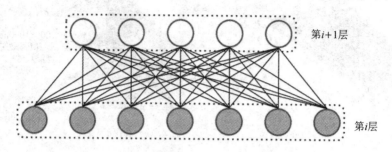

图 4.4　卷积神经网络中全连接层示意图

最后的全连接层的输出传递到输出层。对于分类任务,softmax 回归由于可以生成输出的 well-formed 概率分布而被普遍使用。给定训练集

$$\{(x^{(i)}, y^{(i)})\,;\ i \in 1, 2, \cdots, N,\ y^{(i)} \in 0, 1, \cdots, K-1\}$$

其中 $x^{(i)}$ 是第 i 个输入图像块,$y^{(i)}$ 是它的类标签,第 i 个输入属于第 j 类的预测值 $a_j^{(i)}$ 可以用如下的 softmax 函数转换:

$$p_j^i = \frac{e^{a_j^{(i)}}}{\sum\limits_{l=0}^{K-1} e^{a_l^{(i)}}}$$

softmax 函数可将预测转换为非负值,并进行正则化处理。在实际应用中,往往使用多层卷积,再使用全连接层进行训练,使用多层卷积的原因是:一层卷积学到的特征往往是局部的,层数越高,学到的特征就越全局化。

4.1.2　卷积神经网络的学习算法

卷积网络在本质上是一种输入到输出的映射,它能够学习大量的输入到输出的映射关系,而不需要任何输入和输出之间精确的数学表达式,只要用已知的模式对卷积网络加以训练,网络就会具有输入到输出的映射能力。卷积网络执行的是有导师训练,所以其样本集是由形如(输入向量,理想输出向量)的向量对构成的,所有这些向量对都应该是来源于网络,即模拟的系统的实际"运行"结果,它们可以是从实际运行系统中采集来的。在开始训练前,所有的权都应该用一些不同的小随机数进行初始化。"小随机数"用来保证网络不会因权值过大而进入饱和状态,从而导致训练失败;"不同"用来保证网络可以正常地学习。训练算法主要包括 4 步,这 4 步又被分为两个阶段。

第一阶段，向前传播阶段。

（1）从样本集中取一个样本 $(X，Y_p)$，将 X 输入网络；

（2）计算相应的实际输出 O_p。

在此阶段，信息从输入层经过逐级的变换，传送到输出层。这个过程也是网络在完成训练后正常运行时执行的过程。

第二阶段，向后传播阶段。

（1）计算实际输出 O_p 与相应的理想输出 Y_p 的差；

（2）按极小化误差的方法调整权矩阵。

这两个阶段的工作一般应受精度要求的控制。

4.2 两种经典的卷积神经网络

4.2.1 LeNet

LeNet-5 卷积神经网络算法可广泛应用于数字识别、图像识别领域。不包括输入层，LeNet-5 共有 7 层：3 个卷积层、2 个池化层、1 个全连接层和 1 个输出层[1]。其中 C1、C3 层为 5×5 的卷积层，S2、S4 层为池化层，F6 层是全连接层，其网络结构如图 4.5 所示。

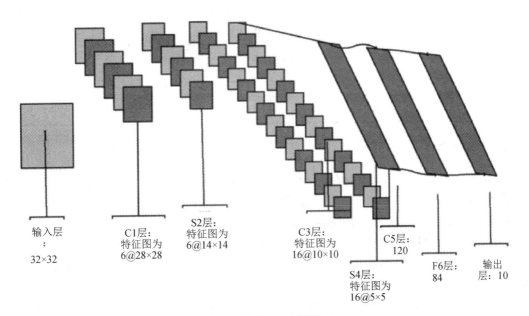

图 4.5 LeNet-5 网络结构

由图 4.5 可以看出，输入的图像的大小为 32×32。经过 6 个 5×5 的卷积核进行卷积操作后，得到了 6 个 28×28 特征图的 C1 卷积层。接着 S2 池化层进行下采样，得到 6 个 14×14 的特征图，其运算方式是每个特征图的单元都与 C1 卷积层中的每个特征图的 2×2 像素的区域相连。C3 卷积层有 16 张特征图，每个特征图均通过 5×5 的卷积核与 S2 池化层中的某几个或全部特征图进行卷积操作，S2 与 C3 的连接方式如表 4.1 所示。S4 池化层通过对 C3 层下采样得到 16 个 5×5 的特征图。C5 卷积层的 120 个特征图是通过对 S4 层进行 5×5 的卷积操作得到的，特征图的大小为 1×1。F6 全连接层共有 84 个单元，并且 F6 层与 C5 层是全连接的。输出层采用的是欧氏径向基函数（RBF）。RBF 的计算方式如下[2]：

$$y_i = \sum_{j=1}^{84} (x_j - w_{ij})^2 \tag{4.1}$$

式中：x_j 为全连接层中第 j 个神经元，y_i 为输出层第 i 个神经元，w_{ij} 为全连接层第 j 个神经元与输出层第 i 个神经元之间的权值。

表 4.1 S2 与 C3 的连接方式

特征图索引	1	2	3	4	5	6	7	8	9	10	11	12	13	14	15	16
1	X				X	X	X			X	X	X	X		X	X
2	X					X	X	X			X	X	X	X		X
3	X	X	X				X	X	X			X		X	X	
4		X	X	X				X	X	X			X		X	X
5			X	X	X				X	X	X		X	X		X
6				X	X	X				X	X	X		X	X	X

4.2.2 AlexNet

AlexNet 是由多伦多大学教授 Hinton 的学生 Krizhevsky 等人设计的，并在 2012 年刷新了 Image Classification 的纪录，取得了 ImageNet Large Scale Visual Recognition Competition(ILSVRC)挑战赛的冠军。AlexNet 虽然不是第一个卷积神经网络模型，却是第一个引起众多研究者注意的卷积神经网络模型。

AlexNet 在模型训练中加入了 LRN(local response normalization)局部响应归一化、ReLU 激活函数、Dropout、GPU 加速等新的技术点，成功地推动了神经网络的发展[3]。由于 AlexNet 在 BP 神经网络和 LeNet-5 的基础上提出了更深更宽的神经网络，因此它具备两者的优点，并对某些数据局部特征变形或扭曲具有一定的鲁棒性。

AlexNet 模型共八层，前五层为卷积层和池化层，后三层为全连接层。全连接层后接 softmax 分类器进行分类，其结构如图 4.6 所示。AlexNet 具有以下四个方面的特点[4]：

（1）使用 ReLU 激活，使得计算量大大减少。由于 ReLU 激活函数为线性函数，其导数为 1，因此减少了模型训练的计算量。正是因为激活函数导数不为 0，所以梯度在反向传播过程中不会出现逐渐衰减的现象，且在网络层数加深时梯度不会消失。该函数的线性以及非饱和的特点加快了网络的训练速度。

（2）AlexNet 在全连接层中使用了 Dropout，在训练时随机忽略部分神经元，被"丢弃"的神经元不参与训练，输入和输出该神经元的权重系数也不做更新，从而有效地解决了过拟合问题。

（3）局部响应归一化层（LRN）借鉴侧抑制的思想来实现局部抑制，创建了局部神经元的竞争机制，使响应大的值更大并且抑制响应小的值，增强了模型的泛化能力。

（4）AlexNet 采用 GPU 并行训练，提高了模型的训练速度。

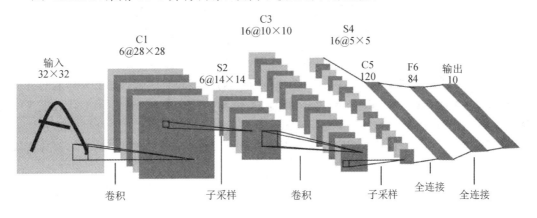

图 4.6　AlexNet 结构

4.3　案例与实践

4.3.1　图像语义分割

图像语义分割就是逐像素分类的过程。Linknet[5]是一种进行语义分割的轻量型深度神经网络结构，可用于完成无人驾驶、增强现实等任务。它能够在 GPU 和 NVIDIA TX1 等嵌入式设备上提供实时性能。Linknet 可以在 TX1 和 Titan X 上分别以 2 f/s 和 19 f/s 的速率处理分辨率为 1280×720 的输入图像，其架构如图 4.7 所示。

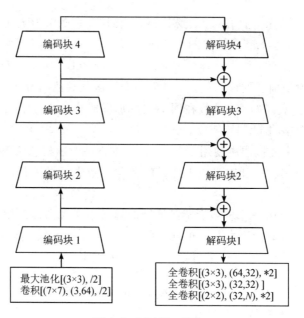

图 4.7 LinkNet 架构

LinkNet 架构类似 Unet 的网络架构，编码器的特征图和对应解码器上采样后的特征图级联，conv 为卷积操作，full-conv 为全卷积，/2 代表下采样的步长是 2，* 2 代表上采样的因子是 2。卷积层后加 BN(batch normalization)与 ReLU 操作。图 4.7 的左半部分为编码器，使用 ResNet-18 进行编码，使得模型更加轻量化且效果较好；图 4.7 的右半部分为解码器。LinkNet 中的模块如图 4.8 所示。

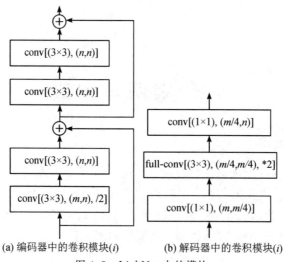

(a) 编码器中的卷积模块(i)　　　(b) 解码器中的卷积模块(i)

图 4.8 LinkNet 中的模块

表 4.2 包含了整个 LinkNet 中每个模块使用的特征图信息。

表 4.2　输入输出特征图个数

块	编码器		解码器	
	m	n	m	n
1	64	64	64	64
2	64	128	128	64
3	128	256	256	128
4	256	512	512	256

通用的语义分割方法直接将编码器的输出送入解码器进行任务分割，而 LinkNet 中每个编码器的输入分别与相应的解码器输出进行级联，从而为解码器补充丢失的空间信息。同时由于解码器在每一层共享编码器所学的信息，因此解码器可以使用较少的参数。与现有的分割网络相比，LinkNet 的整体效率更高，且能够实现实时操作。

4.3.2　目标检测

目标检测就是在给定的场景中确定目标的位置和类别，然而尺寸、姿态、光照、遮挡等因素的干扰，给目标检测增加了一定的难度。传统的目标检测采用模板匹配的方法。而基于卷积神经网络的目标检测算法一般可分为两类：one-stage 算法与 two-stage 算法。最具代表性的 one-stage 算法包括 SSD、YOLO 等变体；two-stage 算法主要以 R-CNN、Fast R-CNN、Faster R-CNN 及基于 R-CNN 的变体算法为主。本节主要介绍 two-stage 算法中的 Faster R-CNN。

Faster R-CNN 在 Fast R-CNN 的基础上将 selective search 的搜索方法换成 RPN (region proposal network)，同时引入 anchor box 解决了目标形变，因此 Faster R-CNN 能够将特征提取、proposal 提取、目标框回归与分类整合在一个网络中，其结构如图 4.9 所示，主要包括以下四个部分：

卷积：采用卷积、ReLU 及池化操作提取输入图像的特征图，特征图被 RPN 和全连接层所共享。

RPN：首先判断 anchors 属于前景还是背景，再利用回归修正 anchors 获得精确的区域。

ROI 池化：利用卷积层输出的特征图和 RPN 网络产生的区域提取区域的特征，将特征输入全连接层。

分类：利用提取区域的特征计算区域的类别，并采用目标框回归获得最终目标框的精确位置。

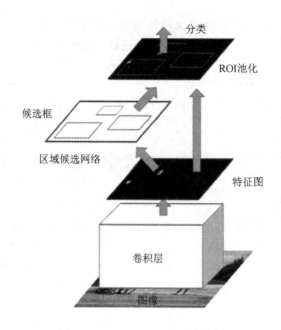

图 4.9　Faster R-CNN 网络结构

RPN 网络结构如图 4.10 所示。在特征图上滑动窗口能够得到目标的粗略位置，同时由于 anchors box 的比例不同，因此能够适应不同尺寸与分辨率的目标。之后进行目标分类和边界框回归：通过目标分类可以得到检测目标是前景还是背景；利用边界框回归通过计算边界框的偏移量，以获得更精确的目标框位置。

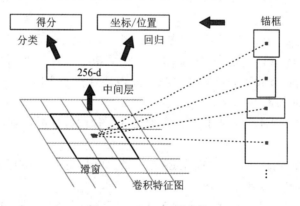

图 4.10　RPN 网络结构

ROI 池化操作将不同大小的 ROI 转换为固定大小的 ROI，从而提高处理速度。其主要步骤如下：

（1）根据输入图像将 ROI 映射到特征图对应的位置。

（2）将映射后的区域划分为相同大小的 sections，其数量与输出的维度保持一致。

（3）对每个 section 进行最大池化操作。

Faster R-CNN 的损失函数为

$$L(\{p_i\}, \{t_i\}) = \frac{1}{N_{cls}} \sum_i L_{cls}(p_i, p_i^*) + \lambda \frac{1}{N_{reg}} \sum_i p_i^* L_{reg}(t_i, t_i^*) \quad (4.2)$$

式中：i 为 anchor 在一个小 batch 里的索引；p_i 为 anchor 预测为目标的概率；p_i^* 为标签值，当标签值为正时，$p_i^*=1$，当标签值为负时，$p_i^*=0$；$t_i=\{t_x, t_y, t_w, t_h\}$ 是预测边界框的坐标向量；t_i^* 为对应的 ground truth；$L_{cls}(p_i, p_i^*)$ 是两个类别的对数损失；$L_{reg}(t_i, t_i^*)$ 为回归损失，这里采用 smooth L1 来计算；$p_i^* L_{reg}(t_i, t_i^*)$ 代表只有前景才能计入损失，背景不参加。有关该算法更多的细节可以查看本章参考文献[6]。

R-CNN、Fast R-CNN、Faster R-CNN 算法的简要对比如表 4.3 所示。

表 4.3　R-CNN 系列算法对比

功能	R-CNN	Fast R-CNN	Faster R-CNN
候选框提取	选择性搜索	选择性搜索	RPN 网络
特征提取	卷积神经网络	卷积神经网络	卷积神经网络
分类	支持向量机	ROI 池化＋分类层＋回归层	ROI 池化＋分类层＋回归层

4.3.3　目标跟踪

由于任务的特殊性，基于深度学习的视频目标跟踪方法的跟踪目标事先无法得知，只能通过最初的目标框确定，并且训练数据比较稀缺，模型的更新会耗费大量时间，影响其实时性。

SiameseFC[7]算法通过模板匹配的方法进行相似性度量，计算出模板图像和待检测图像各位置的相似度，相似度最高的点即为目标中心位置，这样不仅跟踪效果好，且效率高。该算法采用 ILSVRC15 数据库中用于目标检测的视频进行离线模型训练，同时不更新模型，保证了算法速度。SiameseFC 算法凭借其优势成为很多变体（如 CFNet、DCFNet）的基线，其流程如图 4.11 所示。

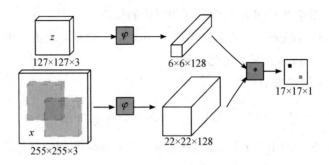

图 4.11　SiameseFC 算法流程图

从图 4.11 中可以看出，SiameseFC 算法主要分为上下两部分：

上半部分可以看作模板，z 是视频第一帧已知的目标框，φ 为特征映射操作，在 SiameseFC 算法中为 AlexNet 网络，$6\times6\times128$ 代表 z 经过 φ 后得到的特征。

下半部分的 x 为当前帧的搜索区域，经过相同的特征映射 φ，可得到 $22\times22\times128$ 的特征，并与上半部分得到的特征进行"$*$"的互相关操作，最终可得到响应图。响应图代表着搜索区域中各个位置与模板的相似度值，图上最大值对应的点即为目标中心。

由于上下两部分的 φ 相同，即它们的网络结构保持一致，具有孪生神经网络的特性，且网络中只包含卷积层和池化层，因此该网络是一种典型的全卷积神经网络。

在最终生成的得分响应图中，左上角为正样本，右下角为负样本，分别对应 x 的左上区域和右下区域，针对正负样本可构造有效的损失函数。SiameseFC 算法的损失函数为

$$L(y, v) = \frac{1}{|D|} \sum_{u \in D} l(y(u), v(u)) \qquad (4.3)$$

式中：

$$l(y, v) = \log[1 + \exp(-yv)] \qquad (4.4)$$

这里 $u \in D$ 代表得分响应图中的位置，v 是得分响应图中每个点的真实值，即目标的概率，$y \in \{+1, -1\}$ 为对应的标签。当 v 较大且 $y=1$ 时表示跟踪正确，当 v 较小且 $y=-1$ 时表示跟踪错误。

网络的参数由 SGD 方法最小化损失函数得到：

$$\underset{\theta}{\mathrm{argmin}} \ \underset{(z, x, y)}{\mathbf{E}} \ L(y, v) \qquad (4.5)$$

这里 $v = f(z, x; \theta)$，即响应图具体位置做相关操作后的值。

在实际跟踪过程中，给定第一帧目标位置的 groundtruth，即图 4.11 上半部分的模板 z，第二帧为下半部分的图像 x，确定搜索区域后与模板做相关操作，得到的响应图最大值点即为目标所在位置，第三帧的搜索区域与第二帧确定的模板做相关操作……如此循环直

到最后一帧，即可实现整个视频序列的目标跟踪。

本章参考文献

[1] 王孟涛. 基于 LeNet-5 的汽车车牌识别算法[J]. 计算机与网络，2021，47(18)：1.

[2] 吴丽娜，王林山. 改进的 LeNet-5 模型在花卉识别中的应用[J]. 计算机工程与设计，2020，41(3)：6.

[3] 郭敏钢，宫鹤. AlexNet 改进及优化方法的研究[J]. 计算机工程与应用，2020，56(20)：8.

[4] 郭治锐，鲁军，刘磊，等. 基于 AlexNet 的雷达干扰识别方法研究[J]. 电光与控制，2021，28(9)：5.

[5] CHAURASIA A，CULURCIELLO E. LinkNet：exploiting encoder representations for efficient semantic segmentation[J]. 2017 IEEE visual communications and image processing，2017：1 – 4.

[6] REN S，HE K，GIRSHICK R，et al. Faster R-CNN：towards real-time object detection with region proposal networks[J]. IEEE transactions on pattern analysis & machine intelligence，2017，39(6)：1137 – 1149.

[7] BERTINETTO L，VALMADRE J，HENRIQUES J F，et al. Fully-convolutional siamese networks for object tracking[C]. European Conference on Computer Vision，2016：850 – 865.

第5章 卷积神经网络（二）

5.1 卷积神经网络的结构和原理

卷积神经网络（convolutional neural network，CNN）是深度学习的经典算法之一，主要用于处理图像、语言等具有网格结构的数据，并在图像处理、视频分析、自然语言处理等领域取得了较好的效果。

深度学习的思想是：通过构建深层网络得到多个层次的特征信息，以增强训练的鲁棒性。深度卷积神经网络通过卷积的运算方法减少了深层网络的内存占用，降低了模型计算的复杂度。

在输入神经网络之前需要将自然界的信息转化为计算机能读懂的信息。计算机神经元在处理数据时，会将输入的数据转化为计算机能够处理的数字矩阵，再由计算机进行矩阵运算。当输入一张图片时，首先图片会被转换为数字矩阵，黑白图像是单通道的矩阵，彩色图像则是 RGB 三通道矩阵，每个值都介于 0～255 之间。然后将这些图像矩阵输入神经网络中计算。

卷积神经网络主要由卷积、池化、激活函数等部分构成，下面对每个部分的具体结构及作用做进一步的讲解。

5.1.1 卷积运算

卷积运算是卷积神经网络的核心，其本质是一种数学运算，其根本目的是从输入的图片矩阵中提取特征。在高分辨率的图像处理中，过大的计算量会导致运行速度缓慢。卷积运算用一个小方阵在整个图像矩阵上滑动，这个小方阵被称为卷积核。卷积运算的本质是用卷积核与对应的图片矩阵做内积，以学习方阵内的特征信息，其运算过程如图 5.1 所示。

卷积层还包含步幅和 padding 填充两个超参数。步幅决定了卷积核每次滑动跨越的距离；padding 填充是指为了使卷积核也能提取到边缘信息，有时会在图像边缘补充一圈 0 值。常用的卷积核大小为 1×1、3×3、5×5、7×7 等，卷积核大小设置为奇数也是为了方

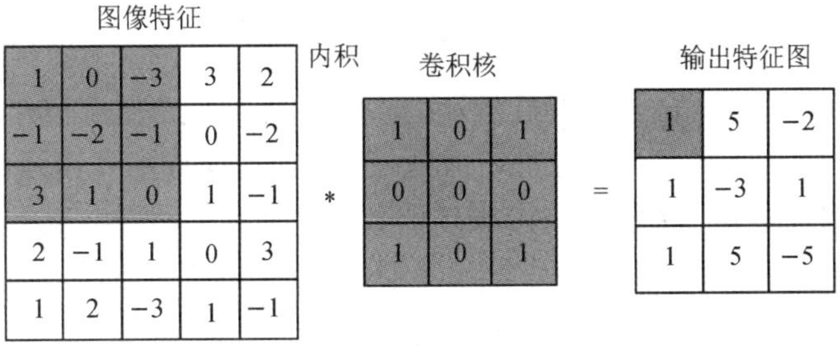

图像特征
内积
卷积核
输出特征图
1 0 −3 3 2
−1 −2 −1 0 −2
3 1 0 1 −1
2 −1 1 0 3
1 2 −3 1 −1
*
1 0 1
0 0 0
1 0 1
=
1 5 −2
1 −3 1
1 5 −5

图 5.1　卷积运算的过程

便 padding 填充取整数值。

对于多层次卷积而言，每一个卷积层的输出都会变成下一个卷积层的输入，通过前向传播输出预测值，再计算预测值与真实标签之间的误差，通过反向传播更新卷积核的权重以进行下一轮的训练。越深层次的卷积越能提取到高层次的特征，且提取到的信息更加抽象，即特征会从简单的线条形状特征变为更高级的抽象信息。

5.1.2　池化操作

池化(pooling)层也是深度卷积神经网络的重要层之一。池化层又被称为下采样层，执行的是下采样的降维操作，同时对特征图像进行压缩，以减少参数个数，降低计算量。

池化层不需要进行权重更新，其运算过程十分简单，主要的池化操作包括最大值池化、随机池化、均值池化、组合池化等。最常见的池化操作就是最大值池化，操作过程如图 5.2 所示，即将输入的矩阵划分为几个大小相同的矩形区域，对每个矩形区域选取最大值，得到最后的池化输出。同理，平均池化就是对每个子区域求平均值，随机池化就是根据一定的算法选取随机值等。

输入
1 0 3 5
1 2 1 0
3 1 4 1
2 1 1 0
2×2最大池化
输出
2 5
3 4

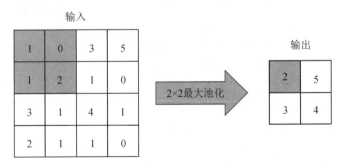

图 5.2　最大值池化操作的过程

5.1.3 激活函数

激活函数(activation function)是在神经网络的神经元上运行的函数，能够对有用的特征信息进行激活，对无用的特征信息进行抑制。引入激活函数的作用是使神经网络模型能够解决更多的非线性问题，增强网络的表达能力。常见的激活函数有 Sigmoid 函数、tanh 函数、ReLU 函数等。

5.1.4 损失函数

损失函数(loss function)，通俗来讲就是用于计算模型预测值与真实值之间差异程度的函数，是一个非负实值函数。通常计算得到的损失值越小，模型的性能就越好。

在模型的训练阶段，将训练数据输入模型后，通过前向传播得到预测值，用损失函数计算预测值与真实标签之间的差距，也就是损失值，再将损失值用于后续反向传播，更新模型参数，从而达到使深度神经网络学习的目的。

常见的损失函数大多基于距离度量计算损失，即将预测值和真实值看作特征空间中的两个点，通过计算空间中两个点的距离来计算损失值，如交叉熵损失函数(crossentropy loss)、均方误差损失函数(mean squared error)等。

5.2 几种经典的深度卷积神经网络

本节主要介绍深度卷积神经网络的一些经典网络模型。

5.2.1 VGG

VGG[1]是 2014 年由牛津大学的 Visual Geometry Group 组提出的，获得了 2014 年 ILSVRC 竞赛的第二名，并且在迁移学习中的任务表现要优于第一名 GoogleNet。其主要工作是证明了网络的深度能够在一定程度上影响网络的性能。VGG 可被应用于图像分类、检测等任务中。根据深度的不同 VGG 可分为 VGG13、VGG16 和 VGG19 等。

VGG 的核心思想是使用较小的卷积核堆叠，在增加网络深度的同时控制参数量，提升网络性能。

VGG 中 ConvNet 的具体网络结构如图 5.3 所示，整个结构由一些 3×3 和 1×1 的卷积层与池化层堆叠而成，最后加入了 3 个全连接层。从 A 列到 E 列，添加的层数增加，神经网络的深度不断加深，模型中所含参数的数量也不断增加。从网络描述来看，VGG 继承了部分 AlexNet 的网络结构，并在此基础上做了一些改进。

深度学习简明教程

ConvNet 结构					
A	A-LRN	B	C	D	E
11 权重层	11 权重层	13 权重层	16 权重层	16 权重层	19 权重层
输入（224×224 RGB 图像）					
conv3-64	conv3-64	conv3-64	conv3-64	conv3-64	conv3-64
	LRN	**conv3-64**	conv3-64	conv3-64	conv3-64
最大池化					
conv3-128	conv3-128	conv3-128	conv3-128	conv3-128	conv3-128
		conv3-128	conv3-128	conv3-128	conv3-128
最大池化					
conv3-256	conv3-256	conv3-256	conv3-256	conv3-256	conv3-256
conv3-256	conv3-256	conv3-256	conv3-256	conv3-256	conv3-256
			conv1-256	**conv3-256**	conv3-256
					conv3-256
最大池化					
conv3-512	conv3-512	conv3-512	conv3-512	conv3-512	conv3-512
conv3-512	conv3-512	conv3-512	conv3-512	conv3-512	conv3-512
			conv1-512	**conv3-512**	conv3-512
					conv3-512
最大池化					
conv3-512	conv3-512	conv3-512	conv3-512	conv3-512	conv3-512
conv3-512	conv3-512	conv3-512	conv3-512	conv3-512	conv3-512
			conv1-512	**conv3-512**	conv3-512
					conv3-512
最大池化					
FC-4096					
FC-4096					
FC-1000					
softmax					

图 5.3　VGG 中 ConvNet 的网络结构

VGG 主要做出了以下贡献：

（1）构造了结构简洁的小卷积核网络。

卷积核几乎全部采用 3×3 大小（部分使用了 1×1 大小），小卷积核能在一定程度上增强模型性能，并且用到的参数量相对较少，VGG 不同版本的参数量如表 5.1 所示。从表中可以看到，在卷积层数增加时，参数量并没有特别明显地增加。池化核都采用 2×2 大小，网格结构简洁。

表 5.1　VGG 不同版本的参数量

网络	A, A-LRN	B	C	D	E
参数量	133	133	134	138	144

（2）证明了一定程度上越深的网络性能会越好。

VGG 几种模型的实验结果如表 5.2 所示，可以看到 A～E 网络层数加深时分类错误率降低了，模型精度越来越高，可以证明一定程度上不断加深的网络能够提高性能。

表 5.2　VGG 几种模型的实验结果

ConvNet 结构	最小图像边		top-1 验证错误率 /（%）	top-5 验证错误率 /（%）
	train(S)	test(Q)		
A	256	256	29.6	10.4
A-LRN	256	256	29.7	10.5
B	256	256	28.7	9.9
C	256	256	28.1	9.4
	384	384	28.1	9.3
	[256；512]	384	27.3	8.8
D	256	256	27.0	8.8
	384	384	26.8	8.7
	[256；512]	384	25.6	8.1
E	256	256	27.3	9.0
	384	384	26.9	8.7
	[256；512]	384	**25.5**	**8.0**

5.2.2　GoogLeNet

GoogLeNet[2] 是 2014 年由 Google 团队提出的，获得了 2014 年 ILSVRC 竞赛的第一名。

与基于 LeNet 基础提出的 VGG 不同，GoogLeNet 采用了一些更大胆的方式。一般提升网络精度最直接、最安全的方法就是增大网络规模，包括网络的深度、宽度、神经元数量等。但是盲目地增大网络规模会引起参数量的暴涨和计算复杂度的增加，从而引起过拟合，大大降低网络性能，特别是当数据集的规模有限时，越深的网络性能反而会越差。因此Google公司提出了一种新的网络——GoogLeNet。GoogLeNet采用Inception方法解决了这一问题，其网络深度达到了22层。

Inception在增加网络的深度和宽度时控制网络的参数量，因此将网络中的全连接改为了稀疏连接，从计算密集矩阵改为计算稀疏矩阵，降低了计算量。

Inception v1的两个版本结构如图5.4所示。其中，图5.4(a)中把多个卷积或池化操作并联在一起封装为一个网络模块，设计之后的神经网络是以Inception模块为单位来构造整个网络结构的。图5.4(a)中的模块将三种常用卷积尺寸(1×1、3×3、5×5)以及3×3大小的池化并联(池化操作的作用是减小空间占用，避免过拟合)，运算后得到4个尺寸大小相同的特征图，最后级联得到当前模块的输出。

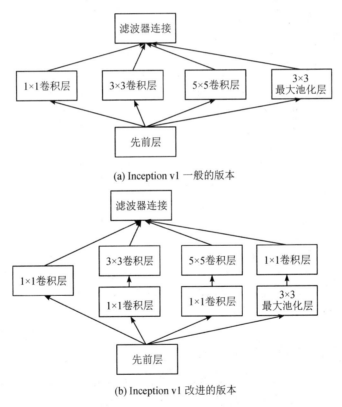

(a) Inception v1 一般的版本

(b) Inception v1 改进的版本

图5.4　Inception v1 的两个版本结构

Inception改变了以前网络结构层与层之间串联的规则，这样做是因为由串联结构中固定尺寸的卷积核只能提取到固定尺度的特征，泛化能力差，无法同时对不同尺寸的目标都具有良好的提取效果。使用并联结构既可以保证结构的整齐性，又可以在模型运算过程中自由选择每层使用卷积或者池化操作的尺寸，从而得到多尺度的信息，增强了模型的泛化能力。

如果每一层都要计算上一层的输出，那么卷积层和池化层的输出叠加会使得到的输出量增加，对于 5×5 的卷积层可能会导致计算量爆炸，因此对图 5.4(a) 做了一些改进，如图 5.4(b) 所示，在 3×3 和 5×5 的卷积前，以及 3×3 的池化操作后都添加了 1×1 的卷积用于降维。我们将这个稍加改进的结构称为 Inception v1 的改进版本。

基于 Inception 构建的 GoogLeNet 网络结构如表 5.3 所示。

表 5.3　GoogLeNet 网络结构

类型	尺寸/步长	输出尺寸	深度	#1×1	#3×3 reduce	#3×3	#5×5 reduce	#5×5	pool proj	参数	ops
convolution	7×7/2	112×112×64	1							2.7K	34M
max pool	3×3/2	56×56×64	0								
convolution	3×3/1	56×56×192	2		64	192				112K	360M
max pool	3×3/2	28×28×192	0								
inception(3a)		28×28×256	2	64	96	128	16	32	32	159K	128M
inception(3b)		28×28×480	2	128	128	192	32	96	64	380K	304M
max pool	3×3/2	14×14×480	0								
inception(4a)		14×14×512	2	192	96	208	16	48	64	364K	73M
inception(4b)		14×14×512	2	160	112	224	24	64	64	437K	88M
inception(4c)		14×14×512	2	128	128	256	24	64	64	463K	100M
inception(4d)		14×14×528	2	112	144	288	32	64	64	580K	119M
inception(4e)		14×14×832	2	256	160	320	32	128	128	840K	170M
max pool	3×3/2	7×7×832	0								
inception(5a)		7×7×832	2	256	160	320	32	128	128	1072K	54M
inception(5b)		7×7×1024	2	384	192	384	48	128	128	1388K	71M
avg pool	7×7/1	1×1×1024	0								
dropout(40%)		1×1×1024	0								
linear		1×1×1000	1							1000K	1M
softmax		1×1×1000	0								

研究者们在 Inception v1 的基础上又提出了一些改进。文献[3]中提出了 Inception v2 模块，即用多个较小的卷积核替代较大的卷积核（与 VGG 相似），并在 Inception v1 的基础

上增加了批量归一化(batch normalization，BN)层，用于规范每一层的输入分布，加快网络的训练速度。Inception v3[3]还在原有的网络结构中加入了卷积分解的方法，将 $n \times n$ 大小的卷积核分解为 $1 \times n$ 和 $n \times 1$ 大小，这样做减少了参数数量，降低了计算量。

5.3 案例与实践

5.3.1 图像分类

Inception v3[3]是谷歌提出的 Inception v1 的改进版网络，它在原有的网络结构中加入了卷积分解的方法，在降低了网络计算量的同时提升了网络的性能。Inception v3 首先用小尺寸卷积核替代大尺寸卷积核，即用 3×3 和 1×1 的卷积核替代 5×5 和 7×7 的卷积核，将 Inception v1 改写为如图 5.5(a)所示的结构，再将卷积核分解为非对称卷积，即将 $n \times n$ 大小的卷积核分解为 $1 \times n$ 和 $n \times 1$ 大小，分解后的结构如图 5.5(b)所示。

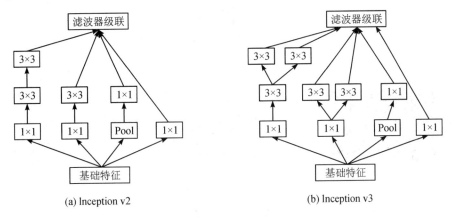

(a) Inception v2　　　　　　(b) Inception v3

图 5.5　Inception v2、Inception v3 结构图

将 Inception v3 与其他方法用于图像分类，实验分类结果如表 5.4 所示，Inception v3 相比于其他方法的实验错误率有了明显的降低。

表 5.4　实验分类结果

网络	集成模型个数	切片数量	TOP-1 错误率	TOP-5 错误率
VGGNet	2	—	23.7%	6.8%
GoogLeNet	7	144	—	6.67%
PReLU	—	—	—	4.94%
BN-Inception	6	144	20.1%	4.9%
Inception v3	4	144	**17.2%**	**3.58%**

5.3.2 图像分割

DeepLab v1[4]发表于 2015 年，其模型结构如图 5.6 所示。首先输入图像到深度卷积神经网络（DCNN）中提取图像特征，这里使用的是 VGG16 网络。由于池化操作会降低特征图的分辨率，因此文献[4]在操作时跳过了池化层的下采样操作，并且将卷积替换为空洞卷积，通过在卷积核的行列之间补零的方法，扩大感受野的同时实现了稀疏映射，从而降低了模型的计算复杂度。

如图 5.6 所示，输入图像经过 DCNN 提取特征后可得到图像粗分割图，然后使用双线性插值（bilinear interpolation）恢复到输入图像原尺寸，再用全连接 CRF（conditional radom feild，条件随机场）即可得到最后的分割结果。

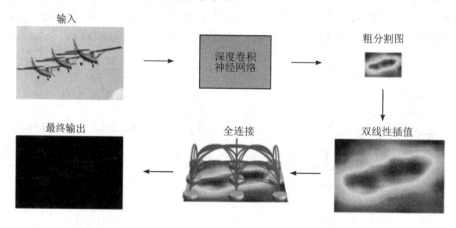

图 5.6　DeepLab v1 模型结构图

CRF 主要用于处理不光滑的分割问题。每个像素位置 i 具有隐变量 x_i（指像素的真实类别标签）及对应的观测值 y_i（指像素点对应的颜色值）。以像素为节点，像素与像素间的关系作为边，可构建一个条件随机场（CRF）。通过观测值 y_i 可预测像素位置 i 对应的类别标签 x_i。条件随机场结构如图 5.7 所示。

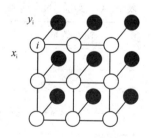

图 5.7　条件随机场结构示意图

CRF 能量函数为

$$E(x) = \sum_i \theta_i(x_i) + \sum_{ij} \theta_{ij}(x_i, x_j)$$ (5.1)

式中：x 为对于全局像素点的概率预测分布，x_i 为某一个像素点的概率预测分布，$\theta_i(x_i)$ 为一元势函数，$\theta_{ij}(x_i, x_j)$ 为二元势函数。模型的优化目标就是最小化能量函数。

如表 5.5 所示，与 PASCAL VOC 2012"测试"集上的其他先进方法相比，文献[4]提出的 DeepLab 模型的性能当时是最优的，在测试集上的平均 IOU 最高达到了 71.6%。

表 5.5   实验结果对比

所用方法	平均 IOU/(%)
MSRA-CFM	61.8
FCN-8s	62.2
TTI-Zoomout-16	64.4
DeepLab-CRF	66.4
DeepLab-MSc-CRF	67.1
DeepLab-CRF-7x7	70.3
DeepLab-CRF-LargeFOV	70.3
DeepLab-MSc-CRF-LargeFov	71.6

5.3.3   目标检测

SSD(single shot multiBox detector)[5] 是 Wei Liu 在 ECCV 2016 上提出的一种目标检测算法，是一种典型的 one-stage 方法，其主要思路是在图片不同的位置上使用不同比例和尺寸的目标框进行密集采样，再使用 backbone 提取特征并且直接分类得到结果，因此其计算速度更快。

SSD 的主要思想是使用多个特征图进行多尺度的目标位置预测和分类，初始会在图片中设置不同尺度大小和长宽比例的复合型目标框作为先验框。SSD 模型结构主要分为三部分，即 Backbone、Extra-layers 以及 Pred-Layer，如图 5.8 所示。

Backbone 的主要作用是提取图像的特征，这里采用了 VGG16，并在此基础上做出了一些改进，将 VGG 的最后两个全连接层替换为卷积层。

Extra-layers 用于对 VGG 输出的图像特征做进一步处理，在 VGG16 后面增加了 4 个卷积层，加上 VGG 后的 2 个卷积层一共有 6 层，每一个卷积层的输出一方面送入下一个卷积层继续运算，另一方面与初始化的目标框进行回归与分类操作，且这些层的尺寸逐渐减小，这样的设计可使模型得到多个尺度上的特征。

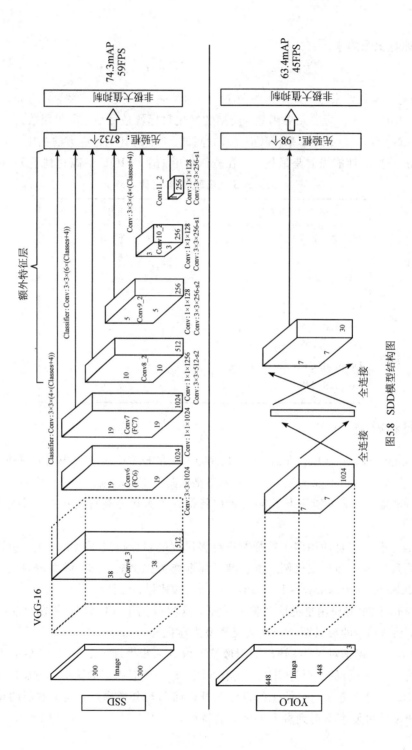

图5.8 SDD模型结构图

最后将得到的多种特征图送入 Pred-Layer 中，从而预测目标框的位置信息、置信度、类别等。

SSD 损失函数为位置误差（locatization loss, loc）与置信度误差（confidence loss, conf）的加权和：

$$L(x, c, l, g) = \frac{1}{N}\left[L_{\text{conf}}(x, c) + \alpha L_{\text{loc}}(x, l, g)\right] \tag{5.2}$$

式中：N 是先验框的正样本数量，c 为类别置信度预测值，l 为先验框所对应边界框的位置预测值，g 是 ground truth 的位置参数，α 为调整位置损失和置信损失之间的比例。

本文在 VOC2007 和 VOC2012 的训练集上训练，在 VOC2007 测试集上测试。如图 5.9 所示，实验结果表明，当输入图像尺寸为 300×300 时，SSD 已经超过了 Fast R-CNN 的准确率。当以 500×500 作为输入图像尺寸时，SSD 获得了更精确的结果，并且超过了 Faster R-CNN 1.9% mAP。目标框的不同对象特性在 VOC2007 测试集上的灵敏度如图 5.10 所示，由图可知，由于 SSD 对边界框尺寸更加敏感，因此对大目标的检测效果要优于对小目标的检测效果，并且由于初始目标框选择的是多种长宽尺寸复合型的，因此 SSD 对不同长宽的目标检测效果具有很好的鲁棒性。

方法	数据	mAP	aero	bike	bird	boat	bottle	bus	car	cat	chair	cow	table	dog	horse	mbike	person	plant	sheep	sofa	train	tv
Fast [6]	07	66.9	74.5	78.3	69.2	53.2	36.6	77.3	78.2	82.0	40.7	72.7	67.9	79.6	79.2	73.0	69.0	30.1	65.4	70.2	75.8	65.8
Fast [6]	07+12	70.0	77.0	78.1	69.3	59.4	38.3	81.6	78.6	86.7	42.8	78.8	68.9	84.7	82.0	76.6	69.9	31.8	70.1	74.8	80.4	70.4
Faster [2]	07	69.9	70.0	80.6	70.1	57.3	49.9	78.2	80.4	82.0	52.2	75.3	67.2	80.3	79.8	75.0	76.3	39.1	68.3	67.3	81.1	67.6
Faster [2]	07+12	73.2	76.5	79.0	70.9	65.5	52.1	83.1	84.7	86.4	52.0	81.9	65.7	84.8	84.6	77.5	76.7	38.8	73.6	73.9	83.0	72.6
Faster [2]	07+12+COCO	78.8	84.3	82.0	77.7	68.9	65.7	88.1	88.4	88.9	63.6	86.3	70.8	85.9	87.6	80.1	82.3	53.6	80.4	75.8	86.6	78.9
SSD300	07	68.0	73.4	77.5	64.1	59.0	38.9	75.2	80.8	78.5	46.0	67.8	69.2	76.6	82.1	77.0	72.5	41.2	64.2	69.1	78.0	68.5
SSD300	07+12	74.3	75.5	80.2	72.3	66.3	47.6	83.0	84.2	86.1	54.7	78.3	73.9	84.5	85.3	82.6	76.2	48.6	73.9	76.0	83.4	74.0
SSD300	07+12+COCO	79.6	80.9	86.3	79.0	**76.2**	57.6	87.3	88.2	88.6	60.5	85.4	**76.7**	**87.5**	**89.2**	84.5	81.4	55.0	81.9	**81.5**	85.9	78.9
SSD512	07	71.6	75.1	81.4	69.8	60.8	46.3	82.6	84.7	84.1	48.5	75.0	67.4	82.3	83.9	79.4	76.6	44.9	69.9	69.1	78.1	71.8
SSD512	07+12	76.8	82.4	84.7	78.4	73.8	53.2	86.2	87.5	86.0	57.8	83.1	70.2	84.9	85.2	83.9	79.7	50.3	77.9	73.9	82.5	75.3
SSD512	07+12+COCO	**81.6**	86.6	88.3	82.4	76.0	**66.3**	88.6	88.9	89.1	65.1	88.4	73.6	86.5	88.9	85.3	84.6	59.1	85.0	80.4	**87.4**	81.2

图 5.9　实验结果

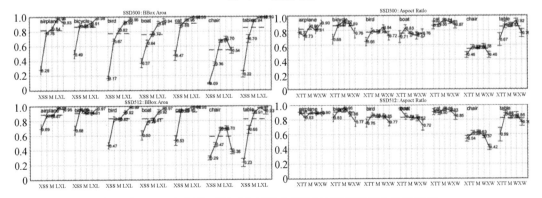

图 5.10　目标框的不同对象特性在 VOC2007 测试集上的灵敏度

本章参考文献

[1] SIMONYAN K, ZISSERMAN A. Very deep convolutional networks for large-scale image recognition[J]. ArXiv preprint arXiv:1409. 1556, 2014.

[2] SZEGEDY C, LIU W, JIA Y, et al. Going deeper with convolutions [C]. Proceedings of the IEEE Conference on Computer Vision and Pattern Recognition, 2015: 1 - 9.

[3] SZEGEDY C, VANHOUCKE V, IOFFE S, et al. Rethinking the Inception Architecture for Computer Vision[C]. Proceedings of 2016 IEEE Conference on Computer Vision and Pattern Recognition (CVPR), Las Vegas, USA: IEEE: 2818 - 2826.

[4] CHEN L C, PAPANDREOU G, KOKKINOS I, et al. Deeplab: Semantic image segmentation with deep convolutional nets, atrous convolution, and fully connected crfs[J]. IEEE transactions on pattern analysis and machine intelligence, 2017, 40 (4): 834 - 848.

[5] LIU W, ANGUELOV D, ERHAN D, et al. SSD: single shot multiBox detector [C]. ECCV. 2016 Part I14: 21 - 37.

深度学习简明教程

自编码网络

6.1　自编码网络的结构

自动编码器是 Rumelhart 于 1986 年提出来的[1]，它是一种典型的三层神经网络，包括输入层、隐藏层和输出层，其中输入层和输出层有相同的维度，都为 n 维，隐藏层的维度为 m 维。自动编码器的网络结构如图 6.1 所示。

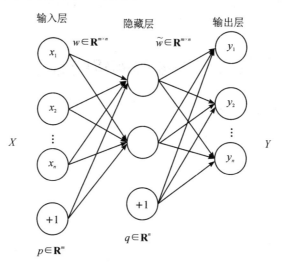

图 6.1　自动编码器的网络结构示意图

从输入层到隐藏层是编码过程，从隐藏层到输出层是解码过程，设 f 和 g 分别表示编码函数和解码函数，则

$$\boldsymbol{h} = f(\boldsymbol{x}) = s_{\mathrm{f}}(\boldsymbol{w}\boldsymbol{x} + \boldsymbol{p}) \tag{6.1}$$

$$\boldsymbol{y} = g(\boldsymbol{h}) = s_{\mathrm{g}}(\widetilde{\boldsymbol{w}}\boldsymbol{h} + \boldsymbol{q}) \tag{6.2}$$

式中：s_{f} 为编码器激活函数，通常取 Sigmoid 函数，即 $f(x) = \dfrac{1}{1+\mathrm{e}^{-x}}$；$s_{\mathrm{g}}$ 为解码器激活函

数，通常取 Sigmoid 函数或者恒等函数；w 为输入层和隐藏层之间的权值矩阵，$\tilde{w}$ 为隐藏层与输出层之间的权值矩阵。自动编码器的参数 $\theta = \{w, \tilde{w}, p, q\}$。

输出层的输出数据 Y 可以看作对输入层的输入数据 X 的预测，自动编码器可以利用反向传播算法调整神经网络的参数，当输出层的输出数据 Y 与输入层的输入数据 X 的接近程度可以接受时，该自动编码器就保留了原始输入数据的大部分信息，此时自动编码器神经网络就训练完成了。下面定义重构误差函数 $L(x, y)$ 来刻画 Y 与 X 的接近程度。

当 s_g 为恒等函数时，有

$$L(x, y) = \| x - y \|^2 \tag{6.3}$$

当 s_g 为 Sigmoid 函数时，有

$$L(x, y) = \sum_{i=0}^{n} \left[x_i \log y_i + (1 - x_i) \log(1 - y_i) \right] \tag{6.4}$$

当给定的训练样本集为 $S = \{X^{(i)}\}_{i=1}^{N}$ 时，自动编码器的整体损失函数为

$$J_{AE}(q) = \sum_{x \in S} L\{x, g[f(x)]\} \tag{6.5}$$

最后重复使用梯度下降法迭代计算 $J_{AE}(q)$ 的最小值，即可求解出自动编码器神经网络的参数 θ，从而完成自动编码器的训练。

6.2　自编码网络的原理

自动编码器的向前计算过程为

$$\begin{cases} z_i = \sum_{j=1}^{n} W_{ij}^{(1)} a_j^{(1)} + b_i^{(1)} \\ a_i^{(1)} = s(z_i^{(2)}) \\ z_i^{(3)} = \sum_{i=1}^{n} W_{ji}^{(2)} a_i^{(2)} + b_j^{(2)} \end{cases} \tag{6.6}$$

$$\begin{cases} a_j^{(3)} = s(z_i^{(3)}) \\ y_j(n, w, b) = a_j^{(3)} \end{cases} \tag{6.7}$$

式中：$s(x) = \dfrac{1}{1 + \exp(-x)}$。

损失函数为

$$E(w) = \frac{1}{2} \sum_{i=1}^{n} \left[y_j(n, w, b) - n_i \right]^2$$

网络的训练采用反向传播算法，该算法包含向前阶段和向后阶段两个过程。在向前阶段可使用式(6.6)、式(6.7)计算出预测值。在向后阶段利用误差向后传播的思想计算梯度，即先计算 $l+1$ 层的梯度，再计算 l 层的梯度。每个单元的输入用向量 v 表示，则每个参数的梯度为

$$\delta_j^{(2)} = \frac{\partial E}{\partial z_j^{(3)}} = (a_j^{(3)} - v_i) a_j^{(3)} (1 - a_j^{(3)}) \tag{6.8}$$

$$\nabla W_{ji}^{(2)} = \delta_j^{(2)} a_i^{(2)} \tag{6.9}$$

$$\nabla b_j^{(2)} = \delta_j^{(2)} \tag{6.10}$$

$$\delta_j^{(1)} = \frac{\partial E}{\partial z_j^{(2)}} = a_j^{(2)} (1 - a_j^{(2)}) \sum_{l=1}^n \delta_l^{(2)} W_{lj}^{(2)} \tag{6.11}$$

$$\nabla W_{ij}^{(1)} = \delta_j^{(1)} v_j \tag{6.12}$$

$$\nabla b_i^{(1)} = \delta_i^{(1)} \tag{6.13}$$

采用梯度下降更新策略对参数进行如下更新：

$$W_{ij}^{(1)} = W_{ij}^{(1)} - \alpha \nabla W_{ij}^{(1)} \tag{6.14}$$

$$b_i^{(1)} = b_i^{(1)} - \alpha \nabla b_i^{(1)} \tag{6.15}$$

使用 batch-method 训练时，可以把与这些单元相关的参数的梯度进行累加，作为总梯度进行参数的更新。

6.3　几种经典的自编码网络

6.3.1　稀疏自编码(SAE)

自动编码器尽可能逼近一个恒等函数，使得输出信号等于输入信号，因此它能够学习对输入信号最重要的特征表示。当隐藏层神经元个数较多时，要得到输入信号的压缩表示，可以对该层的神经元加入稀疏性限制，即隐藏层的神经元激活值尽可能多地为 0，这里默认使用的激活函数是 Sigmoid 函数，若激活函数为 tanh 函数，我们希望神经元激活值尽可能多地为 -1。简单来说，在网络的损失函数中加入正则化约束项进行稀疏约束，就可以得到稀疏自编码(sparse auto-encoders，SAE)[2]。

6.1 节已经对自编码网络的模型进行了介绍，这里不再赘述。自动编码器的目标是使得输入和输出尽可能一致。三层自动编码器原理如图 6.2 所示，从图中可以看出，自动编码器的损失函数可以表示为

$$J_E(\boldsymbol{W}, \boldsymbol{b}) = \frac{1}{m} \sum_{r=1}^m \frac{1}{2} \| \hat{\boldsymbol{x}}^{(r)} - \boldsymbol{x}^{(r)} \|^2 \tag{6.16}$$

式中：m 为训练样本的个数；W 和 b 为网络的权值与偏置；$\hat{x}$ 为网络输出信号，即重建的信号；x 为网络输入信号；r 为训练样本的索引。

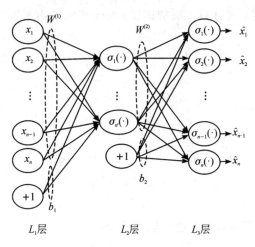

图 6.2　三层自动编码器原理图

这里，我们用 $h_j(x^{(r)})$ 表示对输入 $x^{(r)}$ 的隐藏层神经元 j 的激活度，那么隐藏层平均激活度为

$$\hat{p}_j = \frac{1}{m}\sum_{r=1}^{m} h_j(x^{(r)}) \tag{6.17}$$

为了约束稀疏性，使隐藏层神经元的平均激活度较小，令 p 为稀疏性参数，一般令其为接近 0 的较小的正值。当使用 BP 算法时，稀疏性约束能够加速训练的收敛，这项约束具体表现为在优化目标函数中加入一个额外的惩罚项，用于惩罚 $\hat{p}$ 和 p 明显不同的情况，从而保证隐藏层神经元的平均激活度较小，该惩罚因子的形式有很多，一般为 KL 散度：

$$J_{\mathrm{KL}}(p \parallel \hat{p}) = \sum_{j=1}^{n'} p\log\frac{p}{\hat{p}_j} + (1-p)\log\frac{1-p}{1-\hat{p}_j} \tag{6.18}$$

式中：n' 为隐藏层神经元个数，将约束式(6.18)加到自动编码器的损失函数式(6.16)中，并且加入权重衰减项以防止过拟合，就得到了稀疏自动编码器的损失函数表达式：

$$J_{\mathrm{SAE}}(W, b) = J_{\mathrm{E}}(W, b) + \beta J_{\mathrm{KL}}(p \parallel \hat{p}) + \frac{\lambda}{2}\sum_{l=1}^{2}\sum_{i=1}^{s_l}\sum_{j=1}^{s_{l+1}}(\omega_{ij}^{(l)})^2 \tag{6.19}$$

式中：β 为控制稀疏性的惩罚项，λ 为控制权重衰减的惩罚项，s_l 和 s_{l+1} 分别为相邻层神经元的数量。

6.3.2　收缩自编码(CAE)

收缩自编码(contractive auto-encoders，CAE)相当于在自动编码器的损失函数中加入收缩惩罚项[3]。简单来说就是添加正则约束项，使得学习到的模型对输入的微小变化不敏感，从而更好地反映训练数据分布的特征。

常规的加入正则项约束的自编码损失函数为

$$J_{\text{AE+wd}}(\theta) = \sum_{x \in D_n} L[\boldsymbol{x}, g(f(\boldsymbol{x}))] + \lambda \sum_{ij} W_{ij}^2 \tag{6.20}$$

而收缩自编码的损失函数为

$$J_{\text{CAE}}(\theta) = \sum_{x \in D_n} L[\boldsymbol{x}, g(f(\boldsymbol{x}))] + \lambda \| J_f(\boldsymbol{x}) \|_{\text{F}}^2 \tag{6.21}$$

式(6.20)、式(6.21)中：f 和 g 是对输入数据的编码、解码函数，其中式(6.21)里的惩罚项 $\| J_f(\boldsymbol{x}) \|_{\text{F}}^2$ 是平方 Frobenius 范数，即编码器输出的特征向量的元素平方的和，表示为

$$\| J_f(\boldsymbol{x}) \|_{\text{F}}^2 = \sum_{ij} \left(\frac{\partial h_j(\boldsymbol{x})}{\partial x_i} \right)^2 \tag{6.22}$$

该范数用于衡量编码器函数相关偏导数的 Jacobian 矩阵。h_j 为隐藏层神经元 j 对输入 $\boldsymbol{x}$ 的激活度，若网络使用的激活函数为 Sigmoid 函数，则 $\| J_f(\boldsymbol{x}) \|_{\text{F}}^2$ 的计算公式为

$$\| J_f(\boldsymbol{x}) \|_{\text{F}}^2 = \sum_{i=1}^{d_h} [h_i(1-h_i)]^2 \sum_{j=1}^{d_x} W_{ij}^2 \tag{6.23}$$

收缩自动编码器利用隐藏层神经元建立复杂非线性流形模型，与降噪自动编码器有一定的联系：Alain 等人认为在小高斯噪声限制下，当重构函数将输入信号映射到输出信号时，降噪重构误差和收缩惩罚项两者是等价的。

6.3.3 栈式自编码(SA)

自编码网络与受限玻耳兹曼机可以用来预训练网络，因此栈式自动编码器(stacked auto-encoders，SAE)[4]与深度置信网络一样，都是利用逐层学习的思想，模拟人脑的多层结构，对输入数据逐级进行从底层到高层的特征提取，因为更上层的自动编码器能够捕捉更高层次的特征组合刻画，所以最终可形成适合模式分类的较理想特征。通常，自动编码器有多种用途，不仅可以作为无监督学习的特征提取器，还可以用于降噪以及神经网络的参数初始值预训练。

栈式自编码由多层稀疏自动编码器堆叠而成，前一层自动编码器的输出作为后一层自动编码器的输入，因为该网络每一层都单独地进行贪婪训练，相当于对整个网络进行预训练，所以该网络具有易训练、收敛快、准确度高等特点。

具体来说，存在一个 n 层栈式自动编码器，其中 $W^{(k,1)}$，$W^{(k,2)}$，$b^{(k,1)}$，$b^{(k,2)}$ 分别为第 k 个自动编码器对应的权重和偏置，f 为激活函数，则栈式自动编码器的信息处理过程可分为以下两个阶段。

(1) 按照信息从前向后的顺序逐层堆叠每个自动编码器的编码部分：

$$a^{(l)} = f(z^{(l)}) \tag{6.24}$$

$$Z^{(l+1)} = W^{(l,1)} a^{(l)} + b^{(l,1)} \tag{6.25}$$

(2) 按照信息从后向前的顺序逐层堆叠每个自动编码器的解码部分：

$$a^{(n+l)} = f(z^{(n+l)}) \tag{6.26}$$

$$z^{(n+l+1)} = W^{(n-l,2)} a^{(n+l)} + b^{(n-l,2)} \tag{6.27}$$

这样，$a^{(n)}$ 为最深的隐藏层单元的激活值，表示更高层次的特征组合。

栈式自动编码器在训练过程中，首先用原始输入来训练网络的第一层，得到其参数 $W^{(1,1)}$、$W^{(1,2)}$、$b^{(1,1)}$、$b^{(1,2)}$；然后将隐藏层单元激活值作为第二层的输入，继续训练得到第二层的参数 $W^{(2,1)}$、$W^{(2,2)}$、$b^{(2,1)}$、$b^{(2,2)}$；最后对后面各层采用同样的策略，即将上一隐藏层的输出作为下一层的输入。

在训练栈式自动编码器时，每个自动编码器都是单独进行训练的，即训练每一层参数的时候，固定其他层的参数不变，然后将其堆叠起来，其间可以通过 BP 算法微调所有层的参数。若要将栈式自动编码器用于分类任务，则需在编码器后接 softmax 分类器，进行无监督的预训练和有监督的微调；若要将其用于语义分割等任务，则可以进行无监督的预训练和无监督的微调。

6.4 案例与实践

6.4.1 图像分类

本节主要介绍通过栈式去噪自动编码器对遥感图像进行分类。文献[5]用无监督的 layer-wise 方法由下至上训练每一层网络，并在训练中加入噪声以得到更鲁棒的特征表示；采用反向传播算法对整个网络参数进行进一步优化，在高分一号遥感数据上进行实验，其结果高于传统的支持向量机和 BP 神经网络的分类精度。

栈式去噪自动编码器(stacked denoising auto-encoder，SDAE)是去噪自动编码器的改进模型，它的核心思想是通过对每层编码器的输入加入噪声来进行训练，从而学习到更强健的特征表达。

从结构上来看，栈式去噪自动编码器由多层无监督的去噪自动编码器网络以及一层有监督的 BP 神经网络组成，图 6.3 所示为 SDAE 流程，首先经过去噪自动编码器训练第一层后得到的编码函数 f_θ(见图 6.3(a))，并将结果表示用于训练第二级去噪自动编码器(见图 6.3(b))，从而学习得到第二级编码函数 $f_\theta^{(2)}$。最后可以通过重复叠加去噪自动编码器得到最终的栈式去噪自动编码器(见图 6.3(c))。

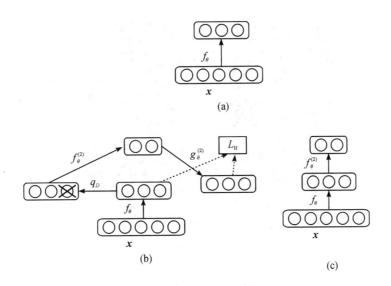

图 6.3 SDAE 流程图

SDAE 的学习过程分为无监督学习和有监督学习两步。首先使用无标记样本对去噪自动编码器进行贪婪逐层学习（greedy layer-wise training），把各层训练得到的权重堆叠起来，作为初始化网络的权重；然后采用有监督的方式通过 BP 算法微调所有层的参数，得到更加稳定的参数收敛位置。

遥感图像分类也就是逐像素的分类过程，文献[5]的输入样本的格式是以待分类的点为中心的 3×3 大小的图像块，由于邻域像素具有上下文（光谱、纹理等）一致性，因此采用图像块的输入方式能够避免斑点噪声的干扰。将输入样本 4 个波段灰度值送入 SDAE 进行训练分类，输出向量为 one-hot 形式，其处理流程如图 6.4 所示。

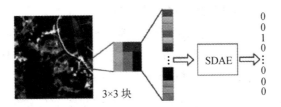

原始图像灰度值向量分类结果

图 6.4 基于 SDAE 的遥感图像分类方法流程

图 6.5 所示为采用不同方法对测试区域分类的结果，SDAE 相比其他方法能够更好地保留地物细节。

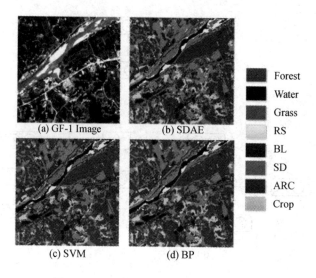

图 6.5　不同方法对测试区域的分类结果

6.4.2　目标检测

文献[6]采用深度自编码网络(deep auto-encoder network)对运动目标进行检测,能够从动态背景中提取前景目标,主要包括以下两个子网络:

(1)背景提取网络:采用三层的深度自编码网络,从有运动目标的图像中提取出干净的背景图像。

(2)背景学习网络:将干净的背景作为输入数据送入另一个三层的深度自编码网络,训练得到学习的背景。

由这两个子网络组成的运动目标检测的网络结构如图 6.6 所示。其中 $\boldsymbol{x}=\{\boldsymbol{x}^1,\ \boldsymbol{x}^2,\ \cdots,\ \boldsymbol{x}^D\}$ 为背景提取网络的输入,共有 D 个视频图像,实际操作中将其转换为一维向量,并将灰度值归一化到 0 到 1 之间,$\boldsymbol{B}$ 为通过背景提取网络得到的背景图像。$\boldsymbol{H}_1$ 为编码层,$\hat{\boldsymbol{x}}$ 是输入 $\boldsymbol{x}$ 的重构。$S(\hat{\boldsymbol{x}}_k^j,\ \boldsymbol{B}_k^0)$ 为分离函数,其中 $k=1,\ 2,\ \cdots,\ N$,N 为每个视频图像的维数,分离函数能从 $\hat{\boldsymbol{x}}$ 中分离出背景学习网络的输入,$\boldsymbol{H}_2$ 为背景学习网络的编码层,$\hat{\boldsymbol{B}}$ 为背景学习网络的输出。

背景提取网络的代价函数为

$$L(\boldsymbol{x}^j,\ \theta_1) = E(\boldsymbol{x}^j) + \frac{1}{2}\sum_{i=1}^{N}\parallel \hat{\boldsymbol{x}}_i^j - \boldsymbol{B}_i^0 \parallel^2 \tag{6.28}$$

式中:$j=1,\ 2,\ \cdots,\ D$,该式后半部分是背景的构造误差,使网络能尽可能地学习到背景图像 $\boldsymbol{B}^0$。

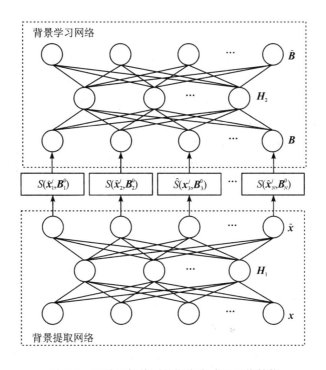

图 6.6　运动目标检测的深度自编码网络结构

式(6.28)中背景图像 $\boldsymbol{B}^0$ 通常会有一定的变化，因此本文采用背景学习网络对背景变化进行建模，该子网络的输入是经过阈值参数筛选过的背景图像集 $\boldsymbol{B}$，且 $\boldsymbol{B}=\{\boldsymbol{B}^1,\boldsymbol{B}^2,\cdots,\boldsymbol{B}^D\}$，背景学习网络的代价函数为

$$L(\boldsymbol{B}^j,\theta_2)=-\sum_{i=1}^{N}\left[\boldsymbol{B}_i^j\ln\hat{\boldsymbol{B}}_i^j+(1-\boldsymbol{B}_i^j)\ln(1-\hat{\boldsymbol{B}}_i^j)\right] \tag{6.29}$$

式中：$j=1,2,\cdots,D$，$\hat{\boldsymbol{B}}_i^j$ 表示背景学习网络的重构输出。

背景提取网络与背景学习网络的参数均采用梯度下降算法进行训练，在测试过程中，输入的视频帧转换为一维向量，记为 $\boldsymbol{y}$，经过背景提取网络的输出为 $\hat{\boldsymbol{y}}$，经过背景学习网络的输出为 $\hat{\boldsymbol{B}}$，则检测出的目标前景可表示为

$$F_i=\begin{cases}0,& |\hat{\boldsymbol{y}}_i-\hat{\boldsymbol{B}}_i|\leqslant\varepsilon\\1,& |\hat{\boldsymbol{y}}_i-\hat{\boldsymbol{B}}_i|>\varepsilon\end{cases} \tag{6.30}$$

式中：i 为向量的维数，ε 为预设的参数，一般是接近 0 的正数。

6.4.3 目标跟踪

文献[7]首次使用深度模型对单目标进行跟踪。该算法先用 SDAE 对输入数据进行离线训练得到特征，训练数据集为 Tiny Images Dataset，然后使用粒子滤波进行在线跟踪。

关于 SDAE 的网络原理请读者参考 6.4.1 节，跟踪网络模型如图 6.7 所示，其中图 6.7(a)为去噪自动编码器，图 6.7(b)为 SDAE 预训练的网络结构，通过对 SDAE 进行无监督的训练，获得了更加鲁棒通用的目标特征。从图 6.7(b)中可以看出，通过堆叠 4 个降噪自动编码器，且每个编码器的特征维数依次递减，能够获得对目标更加紧致的特征表示。

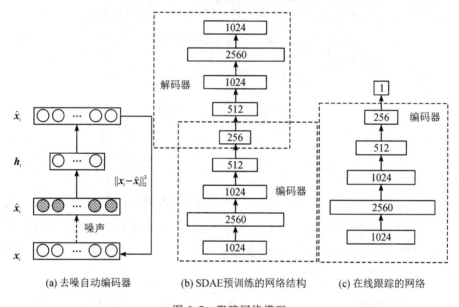

(a) 去噪自动编码器　　(b) SDAE预训练的网络结构　　(c) 在线跟踪的网络

图 6.7　跟踪网络模型

图 6.7(c)所示的在线跟踪网络是将离线训练好的堆叠去噪自动编码器与 Sigmoid 分类层叠加，再对该分类网络进行微调，使得该网络对跟踪目标更加敏感，在实际跟踪中，采用粒子滤波从当前帧获取目标的候选块，并将这些块输入分类网络，得到的置信度最高的块即为预测目标块。若最高置信的值小于规定的阈值，则表示目标已经发生了较大的变化，此时模型需要更新。

该算法的优点是采用预训练与微调相结合的方式，解决了训练数据不足的问题，但训练集包含的图片大小为 32×32，分辨率较低且 4 层的网络特征表达能力不足，其效果要低于人工提取特征的跟踪方法，如 Struck 方法。

上面提到的粒子滤波方法通常用于视觉跟踪。从统计的角度来看，它是一种基于观测序列的动态系统潜在状态变量估计的蒙特卡罗重要抽样方法。假设 s^t、y^t 分别表示在时刻

t 的潜在状态和观察变量，那么目标跟踪对应于根据之前时间步骤的观测结果，找出时刻 t 的最可能状态的问题：

$$s^t = \mathrm{argmax}\, p(s^t \mid y^{1:t-1}) = \mathrm{argmax} \int p(s^t \mid s^{t-1}) p(s^{t-1} \mid y^{1:t-1}) \mathrm{d}s^{t-1} \tag{6.31}$$

当新的观测 y^t 到达时，状态变量的后验分布将根据 Bayes 规则更新：

$$p(s^t \mid y^{1:t}) = \frac{p(y^t \mid s^t) p(s^t \mid y^{1:t-1})}{p(y^t \mid y^{1:t-1})} \tag{6.32}$$

粒子滤波方法的特殊之处在于，它通过一组 n 个样本（称为粒子）来近似真实的后验状态分布 $p(s^t|y^{1:t})$，$\{s_i^t\}_{i=1}^n$ 相应的重要性权重 $\{w_i^t\}_{i=1}^n$ 的总和为 1。粒子从重要性分布 $q(s^t|s^{1:t-1}, y^{1:t})$ 中提取，其权重更新如下：

$$w_i^t = w_i^{t-1} \cdot \frac{p(y^t \mid s_i^t) p(s_i^t \mid s_i^{t-1})}{q(s^t \mid s^{1:t-1}, y^{1:t})} \tag{6.33}$$

对于重要性分布 $q(s^t \mid s^{1:t-1}, y^{1:t})$ 的选择，通常将其简化为一阶马尔可夫过程 $q(s^t|s^{t-1})$，其中状态转换与观测无关。因此，权重更新为 $w_i^t = w_i^{t-1} p(y^t|s_i^t)$。注意，在每个权重更新步骤之后，权重和可能不再等于 1。如果权重和小于阈值，则重新采样将当前粒子集按其权重比例绘制 n 个粒子，然后将权重重置为 $1/N$。如果权重和高于阈值，则应用线性规范化以确保权重和为 1。

对于目标跟踪，状态变量 s_i 通常表示六个仿射变换参数，这些参数对应于平移、缩放、横纵比、旋转和偏斜。特别是 $q(s^t|s^{t-1})$ 的每个维度都是由正态分布独立建模的。对于每一帧，跟踪结果为具有最大权重的粒子。虽然许多跟踪器也采用相同的粒子滤波方法，但主要区别在于观测模型 $p(y^t|s_i^t)$ 不同。显然一个好的模型应该能够很好地区分跟踪对象和背景，同时对各种类型的对象变化仍然具有鲁棒性。

使用粒子滤波器进行视觉跟踪的教程可以参考文献[8]，文献[9]改进了粒子滤波器框架并可应用于视觉跟踪任务。

本章参考文献

[1]   RUMELHART D E, HINTON G E, WILLIAMS R J. Learning representations by back-propagating errors[J]. Nature, 1986, 323(6088): 533-536.

[2]   HOSSEINI A E, ZURADA J M, NASRAOUI O. Deep learning of part-based representation of data using sparse autoencoders with nonnegativity constraints[J]. IEEE transactions on neural networks & learning systems, 2016, 27(12): 2486-2498.

[3]   RIFAI S, VINCENT P, MULLER X, et al. Contractive auto-encoders: explicit

invariance during feature extraction[C]. Proceedings of the 28th International Conference on Machine Learning. 2011: 833 - 840.

[4] ERHAN D, BENGIO Y, COURVILLE A, et al. Why does unsupervised pre-training help deep learning[J]. Journal of machine learning research, 2010, 11(3): 625 - 660.

[5] 张一飞, 陈忠. 基于栈式去噪自编码器的遥感图像分类[J]. 计算机应用, 2016 (A02): 171 - 174, 188.

[6] 徐培, 蔡小路. 基于深度自编码网络的运动目标检测[J]. 计算机应用, 2014, 34(10): 2934 - 2937.

[7] WANG N, YEUNG D Y. Learning a deep compact image representation for visual tracking[C]. International Conference on Neural Information Processing Systems. Curran Associates Inc. 2013: 809 - 817.

[8] ARULAMPALAM M, MASKELL S, GORDON N, et al. Clapp, A tutorial on particle filters for online nonlinear/non-Gaussian Bayesian tracking[J]. IEEE transactions on signal processing, 2002, 50(2): 174 - 188.

[9] KWON J, LEE K. Visual tracking decomposition[J]. In CVPR, 2010: 1269 - 1276.

深度学习简明教程

第7章 Hopfield 神经网络

7.1 Hopfield 神经网络的结构

1982 年，美国加州工学院物理学家霍普菲尔德(J. Hopfield)发表了一篇对人工神经网络研究颇有影响的论文。他提出了一种相互连接的反馈型人工神经网络模型——霍普菲尔德网络(Hopfield 网络)[1]，并将"能量函数"的概念引入对称 Hopfield 网络的研究中，给出了 Hopfield 反馈神经网络的稳定性判据，并用来解决约束优化问题，如 TSP(traveling salesman problem)。他利用多元 Hopfield 反馈神经网络的多吸引子及其吸引域，实现了信息的联想记忆(associative memory)功能。另外，他还指出：Hopfield 网络与电子模拟线路之间存在着明显的对应关系，使得该网络不仅易于理解，而且便于实现。它所执行的运算在本质上不同于布尔代数运算，所以对新一代电子计算机具有很大的吸引力[2]。

基本的 Hopfield 网络是一种单层对称全反馈的网络，根据其激活函数的选取不同，可以把它分为离散型 Hopfield 反馈神经网络(discrete hopfield neural network，DHNN)和连续型 Hopfield 反馈神经网络(continuous hopfield neural network，CHNN)。本节主要讨论的是 J. Hopfield 提出的离散型 Hopfield 反馈神经网络[3]。

最早提出的 Hopfield 反馈神经网络模型是一种具有离散二值输出的神经网络，神经元的输出只取两个值，分别表示神经元处于激活和抑制状态，所以也称离散 Hopfield 反馈神经网络(DHNN)。在 DHNN 模型中，每个神经元节点的输出可以有两个状态，其激励函数与 MP 神经元类似，输出为 +1 或 -1，或者是 0 或 1。

首先考虑结构如图 7.1 所示的由三个神经元组成的离散 Hopfield 反馈神经网络模型。图中，第 0 层仅仅作为网络的输入，它不是实际神经元，不具有计算功能；而第 1 层是实际神经元，执行对输入信息和权系数的乘积求累加和，并由非线性的激励函数 f 处理后产生输出信息。f 是一个简单的阈值函数，若神经元的输出信息大于阈值 θ，则神经元的输出就取值为 1；若小于阈值 θ，则神经元的输出就取值为 0。如果权矩阵中有 $w_{ij} = w_{ji}$，且取 $w_{ii} = 0$，即称该离散 Hopfield 反馈神经网络模型采用对称连接。因此，采用对称连接的离散 Hopfield 反馈神经网络结构可以用一个加权元向量图表示。图 7.2(a)所示为一个三节点离散 Hopfield 反馈神经网络结构，其中，每个输入神经元节点除了不与具有相同节点号的输出互相连接之外，与其他节点均两两相连[4]。

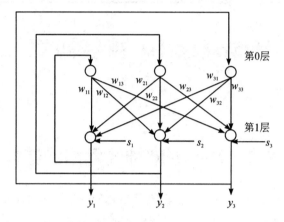

图 7.1　由三个神经元组成的 Hopfield 反馈神经网络模型

根据图 7.2(a)，考虑到离散 Hopfield 反馈神经网络的权值特性 $w_{ij} = w_{ji}$，网络各节点加权输入和可以表示为

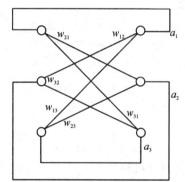

(a) 三节点离散Hopfield反馈神经网络结构图

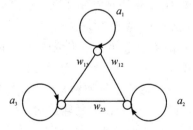

(b) 等价的离散Hopfield反馈神经网络结构图

图 7.2　三节点离散 Hopfield 反馈网络图与等价图

$$n_1 = w_{12}a_2 + w_{13}a_3$$
$$n_2 = w_{21}a_1 + w_{23}a_3$$ (7.1)
$$n_3 = w_{31}a_1 + w_{32}a_2$$

或者

$$n_j(t) = \sum_{\substack{i=1 \\ i \neq j}}^{r} w_{ij}a_i, \quad j = 1, 2, 3$$ (7.2)

由此可得简化后等效的离散 Hopfield 反馈神经网络结构如图 7.2(b)所示。

7.2 Hopfield 反馈神经网络的原理

在离散型 Hopfield 反馈神经网络训练过程中，运用的是无监督的 Hebb 学习规则。无监督 Hebb 学习规则是一种无指导的死记式学习算法：当神经元输入与输出节点的状态相同（同时兴奋或抑制）时，从第 j 个到第 i 个神经元之间的连接强度增强，否则就减弱。离散型 Hopfield 反馈神经网络的学习目的是对具有 q 个不同的输入样本组 $\boldsymbol{P} = [p^1, p^2, \cdots, p^q] \in \mathbf{R}^{r \times q}$，希望通过调节计算有限的权值矩阵，使得每一组输入样本 $p^k(k=1, 2, \cdots, q)$ 作为系统的初始值，经过神经网络的运行工作后，系统能够收敛到各自输入样本矢量本身。当 $k=1$ 时，对于第 i 个神经元，由 Hebb 学习规则可以得到神经网络权值对输入矢量的学习关系式如下：

$$w_{ij} = \alpha p_j^1 p_i^1$$ (7.3)

式中：学习速率 $\alpha > 0$。在实际学习规则的运用中，一般取 $\alpha = 1$ 或 $\alpha = 1/r$，即若神经元输入 $\boldsymbol{P}$ 与输出 $\boldsymbol{A}$ 的状态相同（同时为 +1 或 −1），从第 j 个到第 i 个神经元之间的连接强度 w_{ij} 则增强（增量为正），否则 w_{ij} 减弱（增量为负）。

那么由式(7.3)求出的权值 w_{ij} 是否能够保证神经网络的输出等于神经网络的输入呢？下面取 $\alpha = 1$ 的情况来验证。对于第 i 个输出节点，当输入第一个样本 p^1 时，其输出可以写为如下形式：

$$a_i^1 = \mathrm{sgn}\left(\sum_{j=1}^{r} w_{ij}p_j^1\right) = \mathrm{sgn}\left(\sum_{j=1}^{r} p_j^1 p_i^1 p_j^1\right) = \mathrm{sgn}(p_i^1) = p_i^1$$ (7.4)

因为 p_i 和 a_i 均取二值{−1, +1}，所以当其为正值时，即为 +1；当其值为负值时，即为 −1。同符号值相乘时，输出必为 +1；而且由 $\mathrm{sgn}(p_i^1)$ 可以看出，不一定需要 $\mathrm{sgn}(p_i^1)$ 的值，只要符号函数 $\mathrm{sgn}(\cdot)$ 中的变量符号与 p_i^1 的符号相同，即能保证 $\mathrm{sgn}(\cdot) = p_i^1$，这个符号相同的范围就是一个稳定域。

当 $k=1$ 时，Hebb 学习规则能够保证对于输入 p_i，有 $p_i^1 = a_i^1$ 成立，从而使网络收敛到输出本身。现在的问题是：对于同一权值矢量 $\boldsymbol{W}$，离散型 Hopfield 反馈神经网络不仅要能够使一组输入状态收敛到其稳态值，而且要能够同时记忆住多个稳态值，即同一个网络权矢量必须能够记忆住多组输入样本，使其同时收敛到对应的不同稳态值。所以，根据 Hebb 学习规则的权值设计方法，当 k 由 1 开始增加直至样本个数 q 时，则需要在原有已设计出的连接权值的基础上，增加一个新的量 $p_j^k p_i^k$，$k=2,3,\cdots,q$。因此，Hopfield 反馈神经网络所有输入样本记忆权值的设计公式应为

$$w_{ij} = \alpha \sum_{k=1}^{q} t_j^k t_i^k \tag{7.5}$$

式中：t^k 代表第 k 个待记忆样本，$t^k = p^k$。式(7.5)称为推广的学习规则。当学习步长 $\alpha=1$ 时，称式(7.5)为 t 的外积和公式。DHNN 的设计目的是使任意输入矢量经过网络循环最终收敛到网络所记忆的某个样本上。

因为 Hopfield 反馈神经网络具有对称性，即 $w_{ij} = w_{ji}$，$w_{ii} = 0$，所以完整的 Hopfield 反馈神经网络权值设计公式如下：

$$w_{ij} = \alpha \sum_{\substack{k=1 \\ i \neq j}}^{q} t_j^k t_i^k \tag{7.6}$$

记 $\boldsymbol{T} = [t_1, t_2, \cdots, t_r]$，用向量形式表示权值设计公式，则可得到

$$\boldsymbol{W} = \alpha \sum_{k=1}^{q} [\boldsymbol{T}^k (\boldsymbol{T}^k) \boldsymbol{T} - \boldsymbol{I}] \tag{7.7}$$

式中：$\boldsymbol{I}$ 为单位对角矩阵。当 $\alpha=1$ 时，有

$$\boldsymbol{W} = \sum_{k=1}^{q} \boldsymbol{T}^k (\boldsymbol{T}^k) \boldsymbol{T} - \boldsymbol{I} \tag{7.8}$$

由式(7.7)和式(7.8)所得到的 Hopfield 反馈神经网络的权值矩阵为零对角阵。

采用如上所述的 Hebb 学习规则来设计 Hopfield 反馈神经网络的记忆权值，不仅设计简单，满足 $W_{ij} = W_{ji}$ 的对称条件，而且能够保证 Hopfield 反馈神经网络在异步工作时收敛。在同步工作时，Hopfield 反馈神经网络或者收敛，或者出现极限环为 2 的情况[5]。在设计 Hopfield 反馈神经网络权值时，与前馈神经网络不同的是，常令初始权值 $w_{ij} = 0$。每当一个样本出现时，就在原权值上加上一个修正量，即 $w_{ij} = w_{ij} + t_j^k t_i^k$，对于第 k 个样本，当第 i 个神经元输出与第 j 个神经元输入同时处于兴奋状态或者同时处于抑制状态时，$t_j^k t_i^k > 0$；当 $t_j^k t_i^k$ 中一个处于兴奋状态一个处于抑制状态时，$t_j^k t_i^k < 0$，这和 Hebb 学习规则所提出的生物神经细胞之间的作用规律相同。

用 Hebb 学习规则设计出的离散 Hopfield 反馈神经网络权值能够保证网络在异步工作时稳定收敛，尤其在记忆样本是正交的条件下[6]，可以保证每个记忆样本收敛到本身，并有一定范围的吸引域。但对于那些不是正交的记忆样本，用此规则设计出来的网络则不一定能收敛到本身。

下面介绍几种其他的权值设计方法，针对以上不足加以改进。

1. delta(δ)学习规则

离散 Hopfield 反馈神经网络的 δ 学习规则与前馈神经网络的 delta 规则类似，权值的变化量为 $\Delta w = \alpha \times \delta \times p$，其中 α 代表学习步长，δ 代表误差项，p 代表输入，那么权值更新的基本公式为

$$w_{ij}(t+1) = w_{ij}(t) + \eta \left[T(t) - A(t) \right] P(t) \tag{7.9}$$

即将每个神经元节点的实际激活值 $A(t)$ 与期望状态 $T(t)$ 进行比较，若不相等，则将二者误差的一部分作为调整量；若相同，则相应的权值保持不变。

2. 伪逆法

对于输入样本 $\boldsymbol{P} = [p^1, p^2, \cdots, p^q] \in \mathbf{R}^{r \times q}$，假设网络的期望输出可以写成一个与输入样本相对应的矩阵 $\boldsymbol{A}$，输入和输出之间可用一个权矩阵 $\boldsymbol{W}$ 来映射，即有：$\boldsymbol{W} \times \boldsymbol{P} = \boldsymbol{N}$，$\boldsymbol{A} = \text{sgn}(\boldsymbol{N})$，由此可得

$$\boldsymbol{W} = \boldsymbol{N} \times \boldsymbol{P}^{+} \tag{7.10}$$

其中 $\boldsymbol{P}^{+}$ 为 $\boldsymbol{P}$ 的伪逆，即

$$\boldsymbol{P}^{+} = (\boldsymbol{P}^{\mathrm{T}} \boldsymbol{P})^{-1} \boldsymbol{P}^{\mathrm{T}} \tag{7.11}$$

如果输入样本之间是线性无关的，则 $\boldsymbol{P}^{\mathrm{T}} \boldsymbol{P}$ 满秩，其逆矩阵存在，则可根据式(7.11)求解权值矩阵 $\boldsymbol{W}$。

用伪逆法求出的权矩阵 $\boldsymbol{W}$ 可以保证对所记忆的模式在输入时仍能够正确收敛到样本本身，在选择 $\boldsymbol{A}$ 时，只要满足 $\boldsymbol{A}$ 矩阵中的每个元素与 $\boldsymbol{W} \times \boldsymbol{P}$ 矩阵中的每个元素有相同的符号，甚至可以简单地选择 $\boldsymbol{A}$ 与 $\boldsymbol{P}$ 具有相同符号的值，即可满足收敛到学习样本本身。然而，当记忆样本之间是线性相关的，对于由 Hebb 学习规则所设计出的网络存在的问题，伪逆法也解决不了，甚至无法求解。相比之下，由于存在求逆等运算，伪逆法较为烦琐，而 Hebb 学习规则要容易求得多[7]。

3. 正交化的权值设计

正交化的权值设计方法的基本思想和出发点是为了满足下面四个要求[8]：

（1）保证系统在异步工作时的稳定性，即它的权值是对称的，满足：

$$w_{ij} = w_{ji} \tag{7.12}$$

（2）保证所有要求记忆的稳定平衡点都能收敛到本身。

（3）使伪稳定点的数目尽可能地少。

（4）使稳定点的吸引域尽可能地大。

基于上述考虑，正交化权值计算公式推导如下：

假设有 q 个需要存储的稳定平衡点 $\boldsymbol{T}^1, \boldsymbol{T}^2, \cdots, \boldsymbol{T}^q \in \mathbf{R}^s$，计算 $s \times (q-1)$ 阶矩阵

$Y \in \mathbf{R}^{s \times (q-1)}$：

$$Y = [T^1 - T^q, \ T^2 - T^q, \ \cdots, \ T^{q-1} - T^q]^{\mathrm{T}} \tag{7.13}$$

对矩阵 Y 进行奇异值和酉矩阵分解，如存在两个正交矩阵 U 和 V 以及一个对角值为 $\lambda_1, \lambda_2, \cdots$ 的奇异值的对角矩阵 A，满足下式：

$$Y = U \times A \times V \tag{7.14}$$

式中：$Y = [T^1, \ T^2, \ \cdots, \ T^q]$；$U = [U^1, \ U^2, \ \cdots, \ U^s]^{\mathrm{T}}$；$V = [V^1, \ V^2, \ \cdots, \ V^{q-1}]^{\mathrm{T}}$；$A =$

$\begin{bmatrix} \lambda_1 & \cdots & & & 0 \\ & \ddots & & & \\ \vdots & & \lambda_k & & \vdots \\ & & & \ddots & \\ 0 & \cdots & & & 0 \end{bmatrix}$，其中对角矩阵 A 中仅有 k 个非零奇异值，即

$$k = \mathrm{rank}(A) \tag{7.15}$$

设 $\{U^1, U^2, \cdots, U^k\}$ 为 k 组正交基，而 $\{U^{k+1}, U^{k+2}, \cdots, U^s\}$ 为 s 维空间中的补充正交基，下面利用矩阵 U 来设计权值。

定义：

$$\begin{cases} w^+ = \displaystyle\sum_{i=1}^{k} U^i (U^i)^{\mathrm{T}} \\ w^- = \displaystyle\sum_{i=k+1}^{s} U^i (U^i)^{\mathrm{T}} \end{cases} \tag{7.16}$$

总的连接权值为

$$w_\tau = w^+ - \tau w^- \tag{7.17}$$

式中：τ 为大于 -1 的参数。

定义网络的阈值为

$$B_\tau = T^q - w_\tau T^q \tag{7.18}$$

由此可见，网络的权矩阵是由两部分的权矩阵 w^+ 和 w^- 相加而成，每一部分的权矩阵都是由类似外积和法得到的，只是用的不是原始要求记忆的样本，而是分解后正交矩阵的分量。这两部分权矩阵均满足对称条件，即有下式成立：

$$w_{ij}^+ = w_{ji}^+ w_{ij}^- = w_{ji}^- \tag{7.19}$$

式(7.19)满足的对称条件保证了系统在异步时能够收敛并且不会出现极限环[9]。

下面我们来推导根据上面的步骤设计网络的权值，就可以保证记忆样本能够收敛到自身的有效性。

（1）对于输入样本中的任意目标矢量 $T^1, T^2, \cdots, T^q \in \mathbf{R}^s$，因为 $T^i - T^q$ 是 Y 中的一个矢量，它属于 A 的秩所决定的 k 个基空间中的矢量，所以必然存在一些系数 $\alpha_1, \alpha_2, \cdots, \alpha_k$

使得

$$T^i - T^q = \alpha_1 U^1 + \alpha_2 U^2 + \cdots + \alpha_k U^k \tag{7.20}$$

即

$$T^i = \alpha_1 U^1 + \alpha_2 U^2 + \cdots + \alpha_k U^k + T^q \tag{7.21}$$

对 U 中任意一个 U^i，有

$$w_\tau U^i = w^+ U^i - \tau w^- U^i = U^i \tag{7.22}$$

对于任意输入样本 T^i，网络输出为

$$\begin{aligned}
A^i &= \mathrm{sgn}(w_\tau T^i + B_\tau) \\
&= \mathrm{sgn}(w^+ T^i - \tau w^- T^i + T^q - w^+ T^q + \tau w^- T^q) \\
&= \mathrm{sgn}[w^+ (T^i - T^q) - \tau w^- (T^i - T^q) + T^q] \\
&= \mathrm{sgn}[(T^i - T^q) + T^q] \\
&= T^i \tag{7.23}
\end{aligned}$$

（2）当选择第 q 个样本 T^q 作为输入时，有

$$\begin{aligned}
A^q &= \mathrm{sgn}(w_\tau T^q + B_\tau) = \mathrm{sgn}(w_\tau T^q + T^q - w_\tau T^q) \\
&= \mathrm{sgn}(T^q) \tag{7.24} \\
&= T^q
\end{aligned}$$

（3）如果输入一个不是记忆样本的样本，则网络输出为

$$A = \mathrm{sgn}(w_\tau \times p + B_\tau) = \mathrm{sgn}[(w^+ - \tau w^-)(p - T^q) + T^q] \tag{7.25}$$

因为输入不是已学习过的记忆样本，$(p - T^q)$ 不是 Y 中的矢量，则必然有 $w_\tau \neq (p - T^q)$，并且在设计过程中可以通过调节参数 τ 的大小，来控制 $(p - T^q)$ 与 T^q 的符号，以保证输入矢量与记忆样本之间存在足够的大小余额，从而使 $\mathrm{sgn}(w_\tau \times p + B_\tau) \neq p$，使 p 不能收敛到本身。

调节参数 τ 可以改变伪稳定点的数目。在串行工作的情况下，伪稳定点数目的减少意味着每个期望稳定点稳定域的扩大。对于任意一个不在记忆中的样本，总可以设计一个 τ 把输入样本排除在外。

7.3　Hopfield 反馈神经网络的非线性动力学

为了便于理解 Hopfield 反馈神经网络的收敛性，首先分析网络的状态轨迹的概念。对于一个由 r 个输入神经元和 r 个输出神经元组成的 Hopfield 反馈神经网络，若将加权输入之和（净输入）n 视作 Hopfield 反馈神经网络的状态，则具有 r 个神经元的 Hopfield 反馈神经网络的状态矢量为 $N = [n_1, n_2, \cdots, n_r]$。类似地，Hopfield 反馈神经网络的输出也可以写成一个输出矢量 $A = [a_1, a_2, \cdots, a_r]^\mathrm{T}$。

状态矢量和输出矢量均为时间的函数。在某一时刻 t，分别用 $N(t)$ 和 $A(t)$ 来表示状态矢量和输出矢量。在下一时刻 $t+1$，可以得到状态矢量 $N(t+1)$，而 $N(t+1)$ 又引起输出矢量 $A(t+1)$ 的变化，这是一个随着时间反馈演化的过程，在该过程中网络的状态矢量 $N(t)$ 不断地随着时间发生变化。在一个 r 维状态空间上，可以用一条轨迹来描述这种状态变化情况。假设从状态矢量的某一个初始值 $N(t_0)$ 出发，考虑相邻 Δt 时刻的状态变化，可以得到每相邻 Δt 时刻的网络状态 $N(t_0+\Delta t) \rightarrow N(t_0+2\Delta t) \rightarrow \cdots \rightarrow N(t_0+m\Delta t)$，$m \in \mathbf{Z}^+$，这些在空间上的点组成的确定轨迹是演化过程中所有可能状态的集合，我们称这个状态空间为相空间。

假设网络的输入为 $\boldsymbol{P}=[p_1, p_2, \cdots, p_r]$，网络的连接权值矩阵为 $\boldsymbol{W}$，对于不同的网络连接权值 w_{ij} 和输入 $p_j(j=1, 2, \cdots, r)$，反馈网络状态轨迹可能出现不同的情况。例如，状态轨迹为网络的稳定点，状态轨迹为极限环，状态轨迹为混沌现象，以及状态轨迹为发散的情况等。对于一个由 r 个神经元组成的反馈神经网络系统，它的行为就是由这些状态轨迹的情况来决定的。图 7.3 描述了一个三维相空间中三条不同的状态轨迹 A、B、C，分别给出了离散型 Hopfield 反馈神经网络和连续型 Hopfield 反馈神经网络的轨迹。

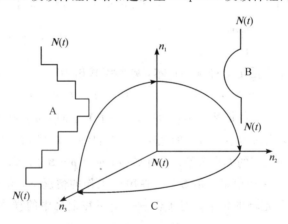

图 7.3　Hopfield 反馈神经网络在三维相空间中的状态轨迹

对于离散型 Hopfield 反馈神经网络来说，因为状态变量 $N(t)$ 中的每个值可能为 ± 1 或 $\{0, 1\}$，当权值 w_{ij} 确定时，其轨迹是跳跃的阶梯式，如图 7.3 中 A 所示；对于连续型 Hopfield 反馈神经网络来说，因为 $f(\cdot)$ 是连续的，所以轨迹也是连续的，如图 7.3 中 B、C 所示。下面分别讨论反馈网络状态轨迹为网络的稳定点、极限环、混沌状态、发散时的几种情况。

7.3.1　状态轨迹为网络的稳定点

在相空间中，Hopfield 反馈神经网络的状态轨迹从系统在 t_0 时刻状态的初值 $N(t_0)$ 开始，

经过一定的时间 $t(t>0)$ 后，到达 (t_0+t) 时刻的网络状态 $N(t_0+t)$。如果 $N(t_0+t+\Delta t)=N(t_0+t)$，$\Delta t>0$，则状态 $N(t_0+t)$ 称为 Hopfield 反馈神经网络的稳定点或平衡点。处于稳定时的网络状态叫作稳定状态，又称为定吸引子。

对于一个非线性系统来说，不同的初始值 $N(t_0)$ 可能有不同的轨迹，从而到达不同的稳定点。这些稳定点也可以认为是 Hopfield 反馈神经网络的解。在一个非线性 Hopfield 反馈神经网络中，可能存在着不同类型的稳定点，而网络设计的目的是希望网络最终收敛到所要求的稳定点上，并且还要有一定的稳定域。根据不同的情况，这些稳定点可以分为以下几种。

（1）渐近稳定点 N_e。

如果在稳定点 N_e 周围的 $N(\sigma)$ 区域内，从任一个初始状态 $N(t_0)$ 出发的每个运动，当 $t\rightarrow\infty$ 时都收敛于 N_e，则称稳定点 N_e 为渐近稳定点，如图 7.4(a) 所示。此时，不仅存在一个稳定点 N_e，而且存在一个稳定域。有时称此稳定点为吸引子，其对应的稳定域为吸引域。

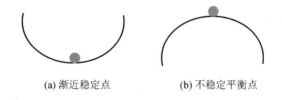

(a) 渐近稳定点　　　　　(b) 不稳定平衡点

图 7.4　渐近稳定点和不稳定平衡点

（2）不稳定平衡点 N_{en}。

在某些特定的轨迹演化过程中，网络能够到达稳定点 N_{en}，但对于其他方向上的任意一个小的区域 $N(\sigma)$，不管 $N(\sigma)$ 取多么小，其轨迹在时间 t 以后总是偏离 N_{en}，则称此稳定点为不稳定平衡点，如图 7.4(b) 所示。

（3）Hopfield 反馈神经网络的解。

如果 Hopfield 反馈神经网络最后稳定到期望的稳定点，且该稳定点又是渐近稳定点，那么这个点称为网络的解。

（4）Hopfield 反馈神经网络的伪稳定点。

Hopfield 反馈神经网络最终稳定到一个渐近稳定点上，但这个稳定点不是网络设计所要求的解，这样的稳定点称为伪稳定点。

7.3.2　状态轨迹为极限环

系统的一个状态可由相空间的一个点表示，称为相点。系统相点的轨迹称为相图。上节分析了 Hopfield 反馈神经网络系统最终收敛于各种稳定点的情况，反映在相图上为一个趋向吸引子的相图，如图 7.5(a)所示。在某些参数的情况下，Hopfield 反馈神经网络的状态变量 $N(t)$ 的轨迹还可能是一个圆或一个环，即状态变量 $N(t)$ 沿着环重复旋转，永不停止，此时的输出变量 $A(t)$ 也出现周期变化，即出现振荡，图 7.3 所示中 C 的轨迹以及图 7.5(b)所示的相图，即是极限环出现的情形。对于离散型 Hopfield 反馈神经网络，轨迹变化可能在两种状态下来回跳动，其极限环为 2。如果在 r 种状态下循环变化，则称其极限环为 r。

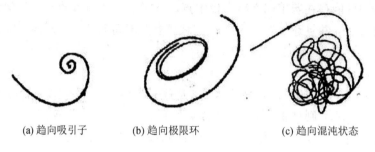

(a) 趋向吸引子　　　(b) 趋向极限环　　　(c) 趋向混沌状态

图 7.5　不同状态的相图

7.3.3　状态轨迹为混沌状态

如果 Hopfield 反馈神经网络的状态变量 $N(t)$ 的轨迹在某个确定的范围内运动，但既不重复，又不能停下来，状态变化为无穷多个，而轨迹也不能发散到无穷远，这种现象称为混沌（chaos）。在出现混沌的情况下，系统输出变化为无穷多个，并且随时间推移不能趋向稳定，但又不发散，如图 7.5(c)所示。这种网络状态的混沌现象越来越引起人们的重视，在人类脑电波的测试中也存在这种现象。

7.3.4　状态轨迹发散

如果 Hopfield 反馈神经网络的状态变量 $N(t)$ 的轨迹随时间一直延伸到无穷远，此时神经网络的状态发散，系统的输出也发散。在 Hopfield 反馈神经网络中，由于输出激活函数是一个有界的函数，虽然状态变量 $N(t)$ 是发散的，但其输出状态 $A(t)$ 还是稳定的，而 $A(t)$ 的稳定反过来又限制了状态的发散。一般来说，除非神经元的输入输出激活函数是线性的，非线性神经网络中发散现象是不会发生的。

7.4　案例与实践

7.4.1　TSP 问题

Hopfield 反馈神经网络是一种典型的反馈网络，主要应用形式有联想记忆和优化计算两种，如 TSP、人脸识别系统等。用 Hopfield 反馈神经网络解决具体的优化问题，需要按以下步骤进行：

（1）对于待定的问题，选择一种合适的表示方法，使得神经网络的输出与问题的解对应起来。

（2）构造网络的能量函数，使其最小值对应于问题的最佳解。

（3）由能量函数倒推神经网络的结构。

（4）运行网络，其稳定状态就是在一定条件下问题的解。

本节首先简单地介绍了 TSP，其次给出 Hopfield 反馈神经网络解决 TSP 的设计思路和过程[10]。

旅行商问题，即 TSP(traveling salesman problem)、货郎担问题。假设有一个旅行商人要拜访 N 个城市，他必须选择所要走的路径，路径的限制是每个城市只能拜访一次，而且最后要回到原来出发的城市。路径的选择目标是求得的路径要求为所有路径之中的最小值。路径的选择方案有 $N! / (2N)$ 种，在城市数较少的情况下可以用枚举等方法，但如果城市数量较多时，使用枚举法的计算量将会增大。

1985 年 J. J. Hopfield 和 D. W. Tank 用循环网求解 TSP[11]。假设有 N 个城市，用 $N \times N$ 个神经元构成网络；d_{xy} 为城市 X 与城市 Y 之间的距离，y_{xi} 为城市 X 的第 i 个神经元的状态，则

$$y_{xi} = \begin{cases} 1, & \text{城市 } X \text{ 在第 } i \text{ 个被访问} \\ 0, & \text{城市 } X \text{ 不在第 } i \text{ 个被访问} \end{cases} \tag{7.26}$$

$\omega_{xi,yj}$ 为城市 X 的第 i 个神经元到城市 Y 的第 j 个神经元的连接权。

网络的能量函数为

$$E = \frac{A}{2} \sum_x \sum_j \sum_{j \neq 1} y_{xi} y_{xj} + \frac{B}{2} \sum_i \sum_x \sum_{x \neq z} y_{xi} y_{zi} + \frac{C}{2} \left(\sum_x \sum_i y_{xi} - n \right)^2 + $$
$$\frac{D}{2} \sum_x \sum_{z \neq x} \sum_i d_{xz} y_{xi} (y_{zi+1} + y_{zi-1}) \tag{7.27}$$

式中：A、B、C、D 为惩罚因子；$\dfrac{A}{2} \sum_x \sum_j \sum_{j \neq 1} y_{xi} y_{xj}$ 仅当所有的城市最多只被访问一次时取得极小值 0；$+ \dfrac{B}{2} \sum_i \sum_x \sum_{x \neq z} y_{xi} y_{zi}$ 仅当每次最多只访问一个城市时取得极小值 0；$+ \dfrac{C}{2} \left(\sum_x \sum_i y_{xi} - n \right)^2$ 当且仅当所有的 n 个城市一共被访问 n 次时才取得最小值 0；$+ \dfrac{D}{2} \sum_x \sum_{z \neq x} \sum_i d_{xz} y_{xi} (y_{zi+1} + y_{zi-1})$ 表示按照当前访问路线的安排，所需要走的路径的总长度。

实验表明，当城市的个数较少时，可以给出最优解；当城市的个数较多而不超过 30 时，能够给出最优解的近似解；而当城市的个数超过 30 时，最终的结果不太理想。

7.4.2 图像分割

文献[12]基于竞争 Hopfield 神经网络（competitive hopfield neural network，CHNN），提出了一种模糊竞争 Hopfield 神经网络（fuzzy competitive hopfield neural network，FCHNN），用于彩色图像分割任务。通过将图像空间映射至灰度特征空间，采用模糊竞争 Hopfield 神经网络对灰度特征集完成模糊聚类，即需要在某种目标函数最小化的条件下，实现灰度特征集的最优模糊划分。当网络能量函数取所求问题的目标函数时，目标函数的最小化问题就变成了使用 Hopfield 神经网络求解最优化的问题。

给定一幅二维图像，灰度级数为 n、待分类别数为 c，对应的模糊竞争 Hopfield 神经网络由 $n \times c$ 个神经元构成，网络的结构如图 7.6 所示，从图中可以看出，神经元的数目不受图像的大小影响，从而形成一个无监督 c 行 n 列的二维 Hopfield 神经网络；任意一个神经元 (i, j) 的状态取值[0，1]表示灰度特征 j 隶属于类别 i 的程度，从而体现出模糊的概念。

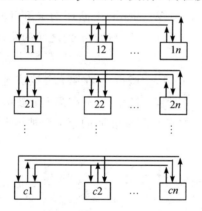

图 7.6　模糊竞争 Hopfield 神经网络结构

第 i 行各神经元的状态为各灰度特征隶属于第 i 类的程度，每行中各神经元采用双向全互连的连接。第 j 列各神经元的状态为灰度特征 j 隶属于各类的程度，每列中各神经元通过模糊竞争学习直至网络收敛。此时网络的状态就是灰度特征集模糊聚类的结果，再将此结果映射回图像空间就可得到图像分割结果。

至此，基于像素分类的图像分割问题就映射为模糊竞争 Hopfield 神经网络在某种目标代价函数下的灰度特征聚类问题。

二维 Hopfield 神经网络的 Lyapunov 能量函数可以表述为

$$E = -\sum_{i=1}^{n}\sum_{j=1}^{n}\sum_{k=1}^{c}\sum_{l=1}^{c}\mu_{ki}\omega_{ki,lj}\mu_{lj} - 2\sum_{i=1}^{n}\sum_{k=1}^{c}I_{ki}\mu_{ki} \tag{7.28}$$

式中：μ_{ki} 表示神经元(k,i)的状态，$\omega_{ki,lj}$ 表示神经元(k,i)和神经元(l,j)之间的连接权。任一神经元(k,i)的总输入为

$$U_{ki} = \sum_{j=1}^{n}\sum_{l=1}^{c}\omega_{ki,lj}\mu_{lj} + I_{ki} \tag{7.29}$$

要使灰度特征到类中心的距离的平方的平均值最小化，其聚类的目标函数为

$$E = \sum_{i=1}^{n}\sum_{j=1}^{n}\sum_{k=1}^{c}\frac{1}{\sum_{j=1}^{n}h_j\mu_{kj}}\mu_{ki}d_{ij}h_j\mu_{kj} \tag{7.30}$$

与式(7.28)进行比较可得

$$\omega_{ki,lj} = \begin{cases} -\dfrac{1}{\sum_{j=1}^{n}h_j\mu_{kj}}d_{ij}h_j, & l=k \\ 0, & l \neq k \end{cases} \tag{7.31}$$

且 $I_{ki}=0$。将式(7.31)代入式(7.29)，得

$$U_{ki} = -\frac{1}{\sum_{j=1}^{n}h_j\mu_{kj}}\sum_{j=1}^{n}d_{ij}h_j\mu_{kj} \tag{7.32}$$

若令 $D_{ki}=-U_{ki}$，则 D_{ki} 为距离的平方加权平均且不等于 0。在自组织竞争学习方法中，只有获胜的节点可得到加强学习，而其他节点无论"赢"的程度如何，都没有机会参与学习。设参与竞争的神经元为第 i 列，则该列各神经元的状态（隶属函数）可定义为

$$\mu_{ki} = \frac{\dfrac{1}{D_{ki}}}{\sum_{k=1}^{c}\dfrac{1}{D_{ki}}} = \frac{\dfrac{1}{U_{ki}}}{\sum_{k=1}^{c}\dfrac{1}{U_{ki}}} \tag{7.33}$$

可以看出，D_{ki} 越大，相应的隶属函数和竞争胜利的机会也就越小；否则 D_{ki} 越小，相应的隶属函数和竞争胜利的机会也就越大。

7.4.3 人脸识别

Hopfield 反馈神经网络可以用于模式识别，本节从一个简单的人脸识别的例子出发，首先介绍 Hopfield 网络人脸识别的原理，其次给出 Hopfield 反馈神经网络的人脸识别过程。

1. Hopfield 反馈神经网络训练识别流程图

（1）训练阶段：每人 2 幅图像，10 人共 20 幅图像构成训练集。

（2）识别阶段：另外抽取每人1幅图像，10人共10幅图像构成识别集。

Hopfield反馈神经网络训练识别流程图包括训练阶段流程图和识别阶段流程图，如图7.7所示。

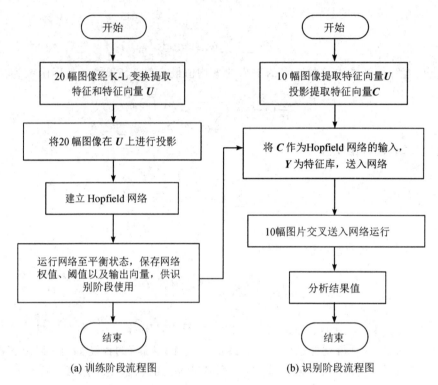

(a) 训练阶段流程图　　　　(b) 识别阶段流程图

图 7.7　Hopfield 反馈神经网络训练识别流程图

2. 基于 Hopfield 反馈神经网络的人脸识别系统流程图

基于 Hopfield 反馈神经网络的人脸识别算法的具体步骤可以表述如下：

（1）将人脸库中的人脸分为训练样本与识别样本，每人用两幅人脸图像作为训练样本，进行 K-L 变换，求取训练样本的特征向量 U，再从每个人的人脸库中取出一幅人脸图像（10人一组）。在特征向量 U 上做投影，求出的人脸图像组在 U 上的投影系数作为其特征向量，即 $T=[t_1, t_2, \ldots, t_n]$，其中 t_i 为某一人脸的特征脸参数，表示网络各类模式特征的库向量（n 为待识别的人脸总数）。

（2）将 T 作为 Hopfield 网络的目标向量，建立 Hopfield 网络。

（3）运行网络至平衡状态，保存网络模型和输出向量 Y。

（4）将待识别的人脸图像在 U 上投影得到其特征矢量 t_i，将 t_i 作为输入的向量送入建立的网络运行，也可以将一组人脸的图像对 U 投影到 T，将 T 投入到网络运行。

（5）当网络运行达到平衡状态时，输出结果 $Y' = [x_1, x_2, \cdots, x_n]$，每一幅人脸图像都收到与之接近的平衡点。

（6）计算 Y' 与特征库中所有的人脸特征向量 Y 的距离 D，D 最小者为所识别的人脸。距离公式如下：

$$D = \sqrt{\sum_{j=1}^{n} \left[x(i, j) - y(i, j) \right]^2} \quad (i = 1, 2, \cdots, m) \tag{7.34}$$

式中：m 表示待识别的人的总数，n 表示每个人所提取的特征向量中特征值的个数。基于 Hopfield 反馈神经网络的人脸识别系统实现框图如图 7.8 所示。

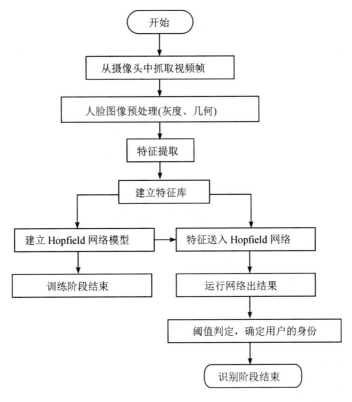

图 7.8　基于 Hopfield 反馈神经网络的人脸识别系统实现框图

实验的图像来源于 ORL 标准人脸数据库，ORL 人脸库中每人有 10 张标准脸图像，每张人脸图像的大小为 100×100 像素，10 张人脸图像在灰度、表情和偏转方向上都存在一定的变化。训练样本由每人 2 张、10 人 20 张图像组成，主要用于建立每人的人脸特征库；识别样本有五组，共 50 张人脸图像（包含用于训练的 2 组样本）。识别时分为两种情况进行：

（1）选择训练样本的人脸图像组进行识别。

（2）选择识别样本的人脸图像组进行识别。

实验分别将五组人脸图像数据送入网络进行人脸识别，其中 2 组为训练样本、3 组为非训练样本。每组人脸图像数据由 10 个人组成，每人一张人脸图像。从实际的实验数据可以看出，当识别的用户为声称的用户时，数据值与非法的用户识别结果相比，有着明显的分界。通过设定阈值，Hopfield 反馈神经网络可以用于人脸识别，也可以用于人脸库的相同或者相似的人脸图像检索；同时，通过设定阈值，还可以根据实际应用的需要，提高或者降低拒识率和错误率。

为了验证 Hopfield 反馈神经网络的人脸识别效果，将 Hopfield 反馈神经网络的人脸识别结果与最小距离分类法和 BP 神经网络的识别方法的实验结果进行比较，经多组人脸识别的数据比较，发现 Hopfield 反馈神经网络较 BP 神经网络和最小距离分类法都有更高的识别正确率和更好的稳定性。由于 BP 神经网络是需要训练的神经网络，其识别效果在一定程度上依赖网络的训练速度。实验表明，小数量的训练组的增加并不能有效地改变网络的识别正确率。在实验中，我们将五组数据的前 4 组用于 BP 神经网络的训练，当将第 5 组数据应用于识别时，识别的正确率并没有得到太大的变化。在实际应用中，小样本集（如两三张）人脸识别的应用非常广泛，本实验的训练集是由每人 2 张图像构成的小样本集。实验结果表明，Hopfield 反馈神经网络和 BP 神经网络相比较，前者在小样本集上的识别正确率明显高于后者。

本章参考文献

[1] HOPFIELD J J. Neural networks and physical systems with emergent collective computational properties[J]. Proceedings of the national academy of sciences，1982，79：2554 - 2558.

[2] HAGAN A T，DEMUTH H B. 戴葵，等译. 神经网络设计[M]. 北京：机械工业出版社，2006.

[3] 魏海坤. 神经网络结构设计的理论和方法[M]. 北京：国防工业出版社，1996.

[4] 焦李成. 神经网络系统理论[M]. 西安：西安电子科技大学出版社，1996.

[5] HOPFIELD J J. Neurons with graded response have collective computational properties like those of two-state neurons[J]. Proc. nati. acad. sci. U. S. A.，1984，81，10：3088 - 3092.

[6] DONY R D, Neural network approaches to image compression[J]. Proceedings of the IEEE，1995，83(2)：288 - 303.

[7] POGGIO T，GIROSI F. A sparse representation for function approximation[J]. Neural computation，1998，10(6)：1445 - 1454.

［8］ ZHANG Q，BENVENISTE A. Wavelet networks［J］. IEEE transactions on neural networks，1992(3)：899-898.

［9］ OJA E. Data compression，feature extraction and autoassociation in feed-forward neural networks［J］. Artificial neural networks，elsevier，amsterdam，1991：737-745.

［10］ 宋玉珍，刘炼，曲付勇. 利用 Hopfield 神经网络解决 TSP 问题［J］. 舰船电子工程，2010(4)：3.

［11］ 张代远. 神经网络新理论与方法［M］. 北京：清华大学出版社，2006.

［12］ 张星明，李凤森. 使用模糊竞争 Hopfield 网络进行图像分割［J］. 软件学报，2000，11(7)：4.

第 7 章 Hopfield 神经网络

第8章 循环神经网络

8.1 循环神经网络的结构

循环神经网络（recurrent neural networks，RNN）已经在众多自然语言处理（natural language processing，NLP）中取得了巨大成功以及广泛应用，RNN 主要用来处理序列数据[1-5]。

RNN 包含：输入单元（input units），输入集标记为$\{x_0, x_1, \cdots, x_t, x_{t+1}, \cdots\}$；输出单元（output units），输出集被标记为$\{y_0, y_1, \cdots, y_t, y_{t+1}, \cdots\}$；隐藏单元（hidden units），其输出集标记为$\{s_0, s_1, \cdots, s_t, s_{t+1}, \cdots\}$。

RNN 结构如图 8.1 所示。图中，有一条单向流动的信息流从输入单元到达隐藏单元，与此同时另一条单向流动的信息流从隐藏单元到达输出单元。在某些情况下，RNN 会打破后者的限制，引导信息从输出单元返回隐藏单元，这些被称为"back projections"，并且隐藏层的输入还包括上一隐藏层的状态，即隐藏层内的节点可以自连也可以互连。

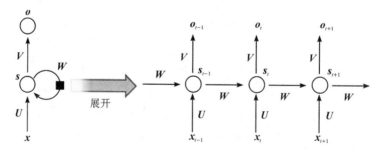

图 8.1　RNN 结构图

循环神经网络可展开成一个全神经网络。例如，一个包含 5 个单词的语句，其展开网络便是一个 5 层的神经网络，每一层代表一个单词。该网络的计算过程如下：

（1）x_t 表示第 $t(t=1, 2, \cdots)$步（step）的输入，比如 x_1 为第二个词的 one-hot 向量（对于图 8.1，x_0 为第一个词的）。

（2）s_t 为隐藏层第 t 步的状态，它是网络的记忆单元。s_t 根据当前输入层的输出与上一步隐藏层的状态进行计算：

$$s_t = f(Ux_t + Ws_{t-1})$$

其中 f 一般是非线性的激活函数，如 tanh 函数或 ReLU 函数。在计算 s_0，即第一个单词的隐藏层状态时，需要用到 s_{-1}，但是其并不存在，在实现中一般置为 **0** 向量。

（3）o_t 是第 t 步的输出，如下个单词的向量表示：$o_t = \text{softmax}(Vs_t)$

需要注意的是：

（1）可以认为隐藏层状态 s_t 是网络的记忆单元。s_t 包含了前面所有步的隐藏层状态，而输出层的输出 o_t 只与当前步的 s_t 有关。在实践中，为了降低网络的复杂度，往往 s_t 只包含前面若干步而不是所有步的隐藏层状态。

（2）在 RNN 中，每输入一步，每一层各自都共享参数 U、V、W，其反映了 RNN 中的每一步都在做相同的事，只是输入不同，因此大大降低了网络中需要学习的参数。

（3）图 8.1 中每一步都会有输出，但不是必需的。比如，我们需要预测一条语句所表达的情绪，我们仅仅需要关心最后一个单词输入后的输出，而不需要知道每个单词输入后的输出，同理输入不是每步都必需的。RNN 的关键之处在于隐藏层，隐藏层能够捕捉序列的信息。

循环神经网络在 t 时刻接收到输入 x_t 之后，隐藏层的值是 s_t，输出值是 o_t。关键一点是，s_t 的值不仅仅取决于 x_t，还取决于 s_{t-1}。我们可以用下面的公式来表示循环神经网络的计算方法：

$$o_t = g(Vs_t) \tag{8.1}$$
$$s_t = f(Ux_t + Ws_{t-1}) \tag{8.2}$$

式（8.1）是输出层的计算公式，输出层是一个全连接层，也就是它的每个节点都和隐藏层的每个节点相连。V 是输出层的权重矩阵，g 是激活函数。式（8.2）是隐藏层的计算公式，隐藏层是循环层，其中 U 是输入 x 的权重矩阵，W 是上一次的值 s_{t-1} 作为这一次的输入的权重矩阵，f 是激活函数。

从上面的公式我们可以看出，循环层和全连接层的区别就是循环层多了一个权重矩阵 W。如果反复把式（8.1）代入式（8.2），我们将得到

$$\begin{aligned}
o_t &= g(Vs_t) \\
&= g[Vf(Ux_t + Ws_{t-1})] \\
&= g[Vf(Ux_t + W(f(Ux_{t-1} + Ws_{t-2})))] \\
&= g[Vf(Ux_t + W(f(Ux_{t-1} + W(f(Ux_{t-2} + Ws_{t-3})))))] \\
&= g[Vf(Ux_t + W(f(Ux_{t-1} + W(f(Ux_{t-2} + W(f(Ux_{t-3} + \cdots)))))))]
\end{aligned} \tag{8.3}$$

从式（8.3）可以看出，循环神经网络的输出值 o_t 是受前面历次输入值 x_t、x_{t-1}、x_{t-2}、x_{t-3}、…影响的，这就是循环神经网络可以往前看任意多个输入值的原因。

8.2 循环神经网络的原理

1. 训练算法

如果将 RNN 进行网络展开，那么参数 W、U、V 是共享的，并且在使用梯度下降算法中，每一步的输出不仅依赖当前步的网络，还依赖前面若干步网络的状态。比如，在 $t=4$ 时，我们还需要向后传递三步，后面的三步都需要加上各种梯度。该学习算法称为 backpropagation through time（BPTT，基于时间的反向传播）[6]。BPTT 算法是针对循环层的训练算法，它的基本原理和 BP 算法是一样的，也包含同样的三个步骤：

（1）前向计算每个神经元的输出值。

（2）反向计算每个神经元的误差项值 δ_j，它是误差函数 E 对神经元 j 加权输入的偏导数。

（3）计算每个权重的梯度。

最后用随机梯度下降算法更新权重。需要注意的是，在 vanilla RNN 训练中，BPTT 算法无法解决长时依赖问题（当前的输出与前面很长的一段序列有关，一般超过十步就无能为力了）。

2. 前向计算

使用式（8.2）可对循环层进行前向计算：

$$s_t = f(Ux_t + Ws_{t-1}) \tag{8.4}$$

注意：向量 s_t、x_t、s_{t-1} 的下标表示时刻。

假设输入向量 x 的维度是 m，输出向量 s 的维度是 n，则矩阵 U 的维度是 $n \times m$，矩阵 W 的维度是 $n \times n$。下面是式（8.4）展开成矩阵的形式，看起来更直观一些：

$$\begin{bmatrix} s_1^t \\ s_2^t \\ \vdots \\ s_n^t \end{bmatrix} = f \left(\begin{bmatrix} u_{11} & u_{12} & \cdots & u_{1m} \\ u_{21} & u_{22} & \cdots & u_{2m} \\ \vdots & \vdots & & \vdots \\ u_{n1} & u_{n2} & \cdots & u_{nm} \end{bmatrix} \begin{bmatrix} x_1 \\ x_2 \\ \vdots \\ x_m \end{bmatrix} + \begin{bmatrix} w_{11} & w_{12} & \cdots & w_{1n} \\ w_{21} & w_{22} & \cdots & w_{2n} \\ \vdots & \vdots & & \vdots \\ w_{n1} & w_{n2} & \cdots & w_{nn} \end{bmatrix} \begin{bmatrix} s_1^{t-1} \\ s_2^{t-1} \\ \vdots \\ s_n^{t-1} \end{bmatrix} \right) \tag{8.5}$$

式中：s_j^t 表示向量 s 的第 j 个元素在 t 时刻的值；u_{ji} 表示输入层第 i 个神经元到循环层第 j 个神经元的权重，w_{ji} 表示循环层 $t-1$ 时刻的第 i 个神经元到循环层 t 时刻的第 j 个神经元的权重。

3. 误差项的计算

BPTT 算法将第 l 层 t 时刻的误差项值 δ_t^l 沿两个方向传播：一个方向是其传递到上一层网络，得到 δ_t^{l-1}，这部分只和权重矩阵 U 有关；另一个方向是将其沿时间线传递到初始时刻 t_1，得到 δ_1^l，这部分只和权重矩阵 W 有关。

4. 权重梯度的计算

BPTT 算法的最后一步是计算每个权重的梯度。首先，我们计算误差函数 E 对权重矩阵 $\boldsymbol{W}$ 的梯度 $\dfrac{\partial E}{\partial \boldsymbol{W}}$。

图 8.2 所示为到目前为止，在前两步中已经计算得到的量，包括每个时刻 t 循环层的输出值 s_t，以及误差项 $\boldsymbol{\delta}_t$。全连接网络的权重梯度计算算法：只要知道了任意一时刻的误差项 $\boldsymbol{\delta}_t$，以及上一时刻循环层的输出值 s_{t-1}，就可以求出权重矩阵在 t 时刻的梯度 $\nabla_{w_t} E$。

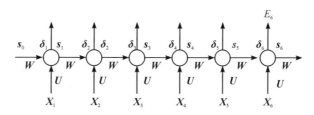

图 8.2　权重梯度的计算

8.3　几种经典的循环神经网络

8.3.1　长短时记忆网络(LSTM)

长短时记忆网络(long short term memory network，LSTM)[7]成功地解决了原始循环神经网络的缺陷，成为当前最流行的 RNN，在语音识别、图片描述、自然语言处理等许多领域中成功应用。原始 RNN 的隐藏层只有一个状态 h，它对于短期的输入非常敏感。那么，假如我们再增加一个状态 c，让它来保存长期的状态(如图 8.3 所示，新增加的状态 c 称为单元状态(cell state))，那么我们把图 8.3 按照时间维度展开，如图 8.4 所示。

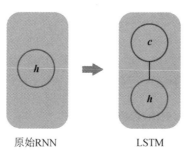

原始RNN　　　　　LSTM

图 8.3　RNN 的改进

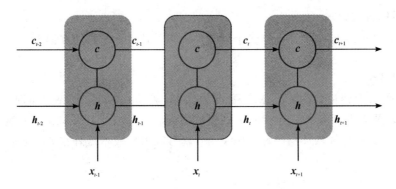

图 8.4　LSTM 示意图

我们可以看出，在 t 时刻，LSTM 的输入有三个：当前时刻网络的输入值 x_t，上一时刻 LSTM 的输出值 h_{t-1} 以及上一时刻的单元状态 c_{t-1}。LSTM 的输出有两个：当前时刻 LSTM 的输出值 h_t 和当前时刻的单元状态 c_t。

LSTM 的关键就是控制长期状态 c。在这里，LSTM 的思路是使用三个控制开关：第一个开关，负责控制继续保存长期状态 c；第二个开关，负责控制把即时状态输入到长期状态 c；第三个开关，负责控制是否把长期状态 c 作为当前的 LSTM 的输出。三个开关的作用如图 8.5 所示。

长期状态c的控制

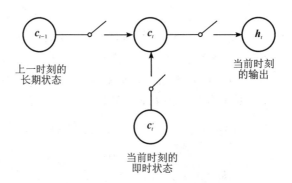

图 8.5　LSTM 中三个开关的作用

8.3.2　双向循环神经网络(BiRNN)

传统的 RNN 状态是从前往后单向传输。但是在某些情况下，当前的输出可能不仅依赖序列中的前一个元素，还依赖后面的元素，如完形填空、机器翻译等。双向循环神经网络（Bidirectional RNN，BiRNN）[8]能够同时接收前向和后向信息，增加了网络所用的输入信息量，且结构较为简单，由两个 RNN 堆叠在一起组成，根据两个 RNN 的隐藏状态计算输出。

图 8.6 所示为沿着时间展开的双向循环神经网络，最下面一层神经元代表输入层，中间一层神经元代表隐藏层，最上面一层神经元代表输出层。BiRNN 有两层隐藏神经元，一层从前向后（正时间方向）传播，另一层从后向前（负时间方向）传播。因此该网络存储权重和偏置参数的量为传统 RNN 的两倍。

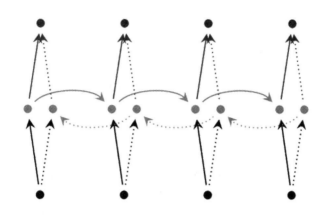

图 8.6　双向循环神经网络模型

双向 RNN 可以表示如下：

$$\text{正向：} \vec{\boldsymbol{h}}_t = f(\vec{\boldsymbol{W}}\boldsymbol{x}_t + \vec{\boldsymbol{V}}\vec{\boldsymbol{h}}_{t-1} + \vec{\boldsymbol{b}}) \tag{8.6}$$

$$\text{反向：} \overleftarrow{\boldsymbol{h}}_t = f(\overleftarrow{\boldsymbol{W}}\boldsymbol{x}_t + \overleftarrow{\boldsymbol{V}}\overleftarrow{\boldsymbol{h}}_{t+1} + \overleftarrow{\boldsymbol{b}}) \tag{8.7}$$

$$\text{输出：} \boldsymbol{y}_t = g(\boldsymbol{U}[\vec{\boldsymbol{h}}_t ; \overleftarrow{\boldsymbol{h}}_t] + \boldsymbol{c}) \tag{8.8}$$

式(8.6)和式(8.7)分别为正向和反向隐藏层的数学表达式，式(8.8)表示输出由过去的信息和未来的信息共同决定，可以是求和或者拼接。

同理，若将双向循环神经网络中的 RNN 换成 LSTM 或者 GRU 结构，就组成了 BiLSTM 和 BiGRU。

8.3.3　深度双向循环神经网络(Deep BiRNN)

深度双向循环神经网络(deep bidirectional RNN，Deep BiRNN)[9]与双向循环神经网络(BiRNN)类似，它是在 BiRNN 的结构基础上增加了多个隐藏层，因此网络结构更加复杂，具有更强大的特征表示能力，但同时也需要更多的学习参数及训练数据，其网络模型如图 8.7 所示，最下面一层神经元代表输入层，中间三层神经元代表隐藏层，最上面一层神经元代表输出层。

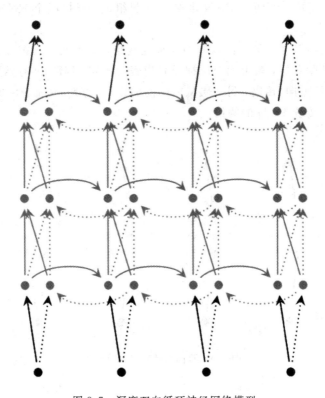

图 8.7　深度双向循环神经网络模型

深度双向 RNN 可以表示如下：

$$正向: \vec{\boldsymbol{h}}_t^{(i)} = f(\vec{\boldsymbol{W}}^{(i)}\boldsymbol{h}_t^{(i-1)} + \vec{\boldsymbol{V}}^{(i)}\vec{\boldsymbol{h}}_{t-1}^{(i)} + \vec{\boldsymbol{b}}^{(i)}) \tag{8.9}$$

$$反向: \overleftarrow{\boldsymbol{h}}_t^{(i)} = f(\overleftarrow{\boldsymbol{W}}^{(i)}\boldsymbol{h}_t^{(i-1)} + \overleftarrow{\boldsymbol{V}}^{(i)}\overleftarrow{\boldsymbol{h}}_{t+1}^{(i)} + \overleftarrow{\boldsymbol{b}}^{(i)}) \tag{8.10}$$

$$输出: \boldsymbol{y}_t = g(\boldsymbol{U}[\vec{\boldsymbol{h}}_t^{(L)}; \overleftarrow{\boldsymbol{h}}_t^{(L)}] + \boldsymbol{c}) \tag{8.11}$$

对于一个 L 层的深度双向 RNN 来说，以正时间方向为例，其第 i 个隐藏层的输入来自两方面：一是当前时刻第 $i-1$ 层的输出，二是下一时刻第 i 层的输出。负时间方向同理，式(8.11)为每一时刻 t 通过所有隐藏层的输出。

8.4　案例与实践

8.4.1　自动问答

自然语言处理中的生成式自动问答系统不仅要对问题进行复杂的推理，还要求同时处理输入与生成输出序列。文献［10］提出了基于 Seq2Seq 模型的轻量级的生成式自动问答模型，Seq2Seq 是一个 encoder-decoder 结构的网络，encoder 将可变长度的信号序列变为固定长度的向量表达，decoder 将固定长度向量变成可变长度的目标的信号序列，该结构最重要的地方在于输入序列和输出序列的长度是可变的。

文献［10］提出的基于 Seq2Seq 的生成式自动问答系统主要包括两部分：编码模块与解码模块。

编码模块由两个编码器组成，每个编码器中包括一个单层的门回复单元(gate recurrent unit，GRU)。GRU 在循环神经网络中添加更新门和重置门，解决了循环神经网络的梯度消失问题[11]。假设在自动问答系统中，输入序列是短文本 w_1^I，w_2^I，$\cdots$，w_N^I 和问题 w_1^Q，w_2^Q，$\cdots$，w_M^Q。在文本编码器和问题编码器中，均采用预训练的词向量 GloVe[12]，将文本中的词 w_t^I 首先转换成词向量 $\boldsymbol{L}(w_t^I)$，然后输入 GRU，将 t 时刻的文本编码器输出记为 $\boldsymbol{c}_t$，则

$$\boldsymbol{c}_t = \text{GRU}(\boldsymbol{L}(w_t^I)，\boldsymbol{c}_{t-1}) \tag{8.12}$$

问题编码器输出记为 $\boldsymbol{q}_t$，则

$$\boldsymbol{q}_t = \text{GRU}(\boldsymbol{L}(w_t^Q)，\boldsymbol{q}_{t-1}) \tag{8.13}$$

编码模块输出为最终时刻文本编码器的短文表达 $\boldsymbol{c}$ 以及问题编码器输出的问题表达 $\boldsymbol{q}$。

解码器由一个单层的 GRU 和 softmax 层组成。除了接收 t 时刻输入的短文表达 $\boldsymbol{c}$ 和问题表达 $\boldsymbol{q}$，同时还要输入 $t-1$ 时刻 softmax 层输出的概率分布 $\boldsymbol{y}$，从而加强了输出的字的关联度，t 时刻输出的概率分布 $\boldsymbol{y}_t$ 为

$$\begin{cases} \boldsymbol{y}_t = \text{softmax}(\boldsymbol{W}^a \boldsymbol{a}_t + \boldsymbol{b}^a) \\ \boldsymbol{a}_t = \text{GRU}([\boldsymbol{c}；\boldsymbol{y}_{t-1}；\boldsymbol{q}]，\boldsymbol{a}_{t-1}) \end{cases} \tag{8.14}$$

式中：$\boldsymbol{a}_t$ 为编码器中 GRU 在 t 时刻的输出，$\boldsymbol{b}^a$ 为可训练参数。

对网络进行训练，优化目标是最小化交叉熵函数，对 20 组的任务进行实验，结果如表 8.1 所示。

表 8.1　基于 Seq2Seq 的生成式自动问答系统在 bAbI-10k 上的结果

任　务	Acc
1：Single Supporting Fact	100
2：Two Supporting Facts	62.7
3：Three Supporting Facts	34.6
4：Two Argument Relations	100
5：Three Argument Relations	98.4

任　务	Acc
6：Yes/No Questions	99.1
7：Counting	98.55
8：Lists/Sets	96.4
9：Simple Negation	91.1
10：Indefinite Knowledge	82.9
11：Basic Coreference	98.1
12：Conjunction	100
13：Compound Coreference	99.6
14：Time Reasoning	71.4
15：Basic Deduction	72.3
16：Basic Induction	47.7
17：Positional Reasoning	92.2
18：Size Reasoning	91.7
19：Path Finding	60.6
20：Agent's Motivations	98.6

由表 8.1 可以看出，基于 Seq2Seq 的生成式自动问答系统在 13 项任务上表现优异，准确率均超过 90%，在其他的推理任务上也表现出了一定的潜力。

8.4.2　文本摘要生成

文本摘要是从自然语言中自动生成摘要的过程，主要分为抽取式和生成式两种。抽取式通过复制部分原文中和主题相关的句子或短语，通过组合形成摘要。生成式在理解原文的基础上，通过改写语义相近的词语或者表述形成文本摘要。

基于循环神经网络的 encoder-decoder 模型能够在短输入和短输出之间建立较好的映射关系，但对于较长的文档，生成的摘要包括重复和不连贯的短语，针对该问题，文献[13]介绍了一种注意力神经网络模型，主要框架为 Seq2Seq 模型，输入原文文本，输出文本摘要，并结合标准有监督的单词预测和强化学习提出了一种新的训练方法，其网络结构如图 8.8 所示，其中 encoder 采用 Bi-LSTM，decoder 采用单层 LSTM。结合 encoder 和 decoder 的上下文向量 c 和当前 decoder 的隐藏状态 h，生成一个新单词并将其添加到输出序列中。

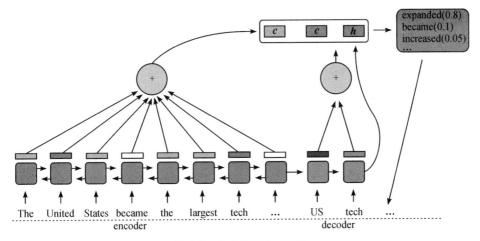

图 8.8　文本摘要生成网络

文献［13］中包括两种 attention 机制：intra-temporal attention 和 intra-decoder attention。

（1）intra-temporal attention：在 encoder 中对输入的每个词计算权重，使得生成的内容覆盖原文，对于所有时刻 t 的 e_{ti} 进行归一化操作，得到对应时刻的归一化时序得分 e'_{ti}：

$$e'_{ti} = \begin{cases} \exp(e_{ti}), & t=1 \\ \dfrac{\exp(e_{ti})}{\displaystyle\sum_{j=1}^{t-1}\exp(e_{ji})} & \text{其他} \end{cases} \tag{8.15}$$

对所有 encoder 的隐藏层状态做归一化得到权重：

$$\alpha_{ti}^{e} = \frac{e'_{ti}}{\displaystyle\sum_{j=1}^{n} e'_{tj}} \tag{8.16}$$

计算输入的上下文向量：

$$c_t^{e} = \sum_{i=1}^{n} \alpha_{ti}^{e} h_i^{e} \tag{8.17}$$

虽然 intra-temporal attention 可确保使用编码输入序列的不同部分，但在生成长序列时，decoder 仍然可以根据其自身的隐藏状态生成重复短语。针对此问题，可在 decoder 中加入更多关于先前解码序列的信息，为此引入了 intra-decoder attention。

（2）intra-decoder attention：在 decoder 中对已经生成的词也计算权重，从而避免生成重复的内容。decoder 输出的词对其输出的下一个词会产生影响，因此首先计算当前 decoder 的隐藏层状态 $\boldsymbol{h}_t$ 与其历史隐藏层状态 $\boldsymbol{h}_{t'}$ 的得分：

$$e_{tt'}^{d} = \boldsymbol{h}_t^{d\mathrm{T}} \boldsymbol{W}_{\mathrm{attn}}^{d} \boldsymbol{h}_{t'}^{d} \tag{8.18}$$

然后归一化得到权重：

$$\alpha_{tt'}^{d} = \frac{\exp(e_{tt'}^{d})}{\sum_{j=1}^{t-1} \exp(e_{tj}^{d})} \tag{8.19}$$

最后加权求和得到 decoder 的上下文输出 c_t^d：

$$c_t^d = \sum_{j=1}^{t-1} \alpha_{tj}^d h_j^d \tag{8.20}$$

结合 encoder 和 decoder 的两个上下文向量和当前 Decoder 的隐藏层状态，生成模式概率为

$$p(u_t = 1) = \sigma(W_u[h_t^d \parallel c_t^e \parallel c_t^d] + b_u) \tag{8.21}$$

文中对循环卷积网络采用 Teacher-Forcing mode 的方法，直接使用训练数据的 ground truth 对应的上一项作为下一个隐藏层状态的输入，从而较快地生成正确的结果，对于文本摘要，进行 word by word 的监督式学习，极大化似然目标函数：

$$L_{ml} = -\sum_{t=1}^{n'} \log p(y_t^* \mid y_1^*, \cdots, y_{t-1}^*, x) \tag{8.22}$$

但这样会使得模型的灵活性不高。文中的做法是模型先生成摘要样本，每步选择概率最大的词 $\hat{y}_t$ 生成摘要词，同时采样得到词 y_t^s，用 $\hat{y}$、y^s 与 y 计算用于评价生成摘要的 ROUGE 指标，将其评测值作为奖励，更新模型参数，即

$$L_{rl} = [r(\hat{y}) - r(y^s)] \sum_{t=1}^{n'} \log p(y_t^s \mid y_1^*, \cdots, y_{t-1}^*, x) \tag{8.23}$$

将两个损失函数进行加权组合，得到最终的损失函数，保证了摘要的生成质量和灵活性：

$$L_{mixed} = \gamma L_{rl} + (1 - \gamma) L_{ml} \tag{8.24}$$

表 8.2 和表 8.3 是文献[13]在 CNN/Daily Mail 数据集与 New York Times 数据集上的表现结果，表中 ML 为最大似然函数 maximum-likelihood（式 8.22），RL 为强化学习 reinforcement learning 损失（式 8.23），可以看出采用文中的损失与注意力机制的不同组合，能够在评价生成摘要的 ROUGE 指标上得到较好的结果。

表 8.2　CNN/Daily Mail 数据集上各种模型的定量结果

模　型	ROUGE-1	ROUGE-2	ROUGE-L
Lead-3（Nallapati et al.，2017）	39.2	15.7	35.5
SummaRuNNer（Nallapati et al.，2017）	39.6	16.2	35.3
words-lvt2k-temp-att（Nallapati et al.，2016）	35.46	13.30	32.65
ML，no Intra-Attention	37.86	14.69	34.99
ML，with Intra-Attention	38.30	14.81	35.49
RL，with Intra-Attention	**41.16**	15.75	**39.08**
ML+RL，with Intra-Attention	39.87	**15.82**	36.90

表 8.3　New York Times 数据集上各种模型的定量结果

模　　型	ROUGE-1	ROUGE-2	ROUGE-L
ML，no Intra-Attention	44.26	27.43	40.41
ML，with Intra-Attention	43.86	27.10	40.11
RL，no Intra-Attention	**47.22**	30.51	**43.27**
ML+RL，no Intra-Attention	47.03	**30.72**	43.10

8.4.3　目标跟踪

　　鲁棒视觉跟踪是计算机视觉中一项具有挑战性的任务。由于估计误差的积累和传播，模型漂移经常发生，从而降低了跟踪性能。为了解决这一问题，文献[14]将 RNN 应用于跟踪任务，提出了一种新的目标跟踪方法——循环目标跟踪（recurrently target-attending tracking，RTT）。RTT 试图识别和利用那些有利于整个跟踪过程的可靠目标部分。为了绕过遮挡发现可靠的目标部分，RTT 采用多向递归神经网络（multi-directional recurrent neural network），通过从多个方向遍历一个候选空间区域来捕获长距离的上下文线索，最终解决预测误差累积和传播导致的跟踪漂移问题，RTT 跟踪流程如图 8.9 所示。

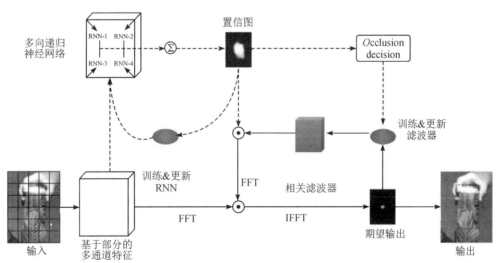

图 8.9　RTT 跟踪流程图

　　如图 8.9 所示，由于连续视频帧之间的运动很细微，因此将每一帧的候选区域进行网格划分。该候选区域是前一帧边界框大小的 2.5 倍，提取候选区域的 HOG 特征，进而相连得到基于块的特征：

$$\boldsymbol{X} \in \mathbf{R}^{h \times w \times d} \tag{8.25}$$

式中：d 为每个候选区域的通道数，h 和 w 分别为特征图的高和宽。

　　为了弥补二维空间中单个 RNN 的不足，文中使用了 4 个空间 RNN 来遍历不同角度的空间候选区域（图 8.9 上半部分），这样能够有效地减轻跟踪过程中局部遮挡或局部外观变化带来的问题。空间 RNN 生成每个分块的置信度分数，这些分数构成了整个候选区域的置信图。置信图中的元素为每个分块作为背景或目标的概率。由于分块之间大范围的空间关联避免了单个方向上遮挡等的影响，增加了可靠目标部分在整个置信图上的影响，因此能够有效地预测遮挡并指导模型进行更新。

　　RTT 通过训练相关滤波器对目标进行跟踪（图 8.9 下半部分）。传统的相关滤波跟踪器对各部分的处理都是相同的，增量学习由于对遮挡区域的噪声比较敏感，往往会产生偏离预期轨迹的结果。而 RNN 生成的置信图在一定程度上反映了候选区域的可靠性。置信图对不同块的滤波器进行加权操作，使得 RTT 更加鲁棒，抑制了背景中的相似物体以减轻模型漂移，从而增强了可靠部分的效果，RTT 与基于相关滤波器的方法类似，学习过程是在频域中进行的。

　　将计算目标区域的置信度与阈值比较，以判断当前跟踪目标是否被遮挡，若低于历史置信度和的移动平均数的一定比例，则认为遮挡发生，此时停止模型更新。

　　图 8.10 所示为 OPE(one-pass evaluation) 的 VOR(pascal VOC overlap ratio) 曲线和 CLE(center location error) 曲线，分别与基于相关滤波器的算法和五种 state-of-the-art 的跟踪算法进行比较，可以看出，RTT 相比其他的算法的跟踪性能有较大的提升。

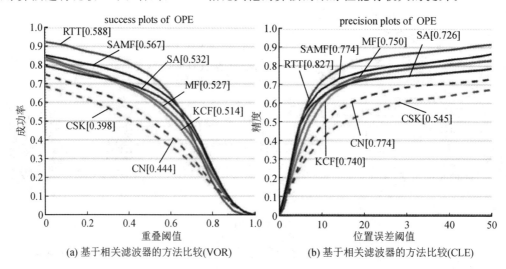

(a) 基于相关滤波器的方法比较(VOR)　　　　(b) 基于相关滤波器的方法比较(CLE)

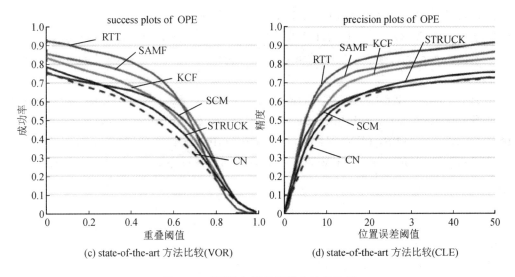

(c) state-of-the-art 方法比较(VOR) (d) state-of-the-art 方法比较(CLE)

图 8.10　RTT 与其他跟踪方法的比较

本章参考文献

[1]　焦李成. 神经网络系统理论[M]. 西安：西安电子科技大学出版社，1990.

[2]　焦李成. 神经网络计算[M]. 西安：西安电子科技大学出版社，1993.

[3]　焦李成. 神经网络的应用与实现[M]. 西安：西安电子科技大学出版社，1993.

[4]　焦李成. 非线性传递函数理论与应用[M]. 西安：西安电子科技大学出版社，1992.

[5]　焦李成，赵进. 深度学习、优化与识别[M]. 北京：清华大学出版社，2017.

[6]　WERBOS P J. Backpropagation through time：what it does and how to do it [J]. Proceedings of the IEEE，1990，78(10)：1550 - 1560.

[7]　GRAVES A. Long short-term memory[M]. Supervised sequence labelling with recurrent neural networks. Berlin：Springer，2012.

[8]　SCHUSTER M，PALIWAL K K. Bidirectional recurrent neural networks[J]. IEEE transactions on signal processing，1997，45(11)：2673 - 2681.

[9]　GRAVES A，MOHAMED A，HINTON G，Speech recognition with deep recurrent neural networks[C]. IEEE International Conference on Acoustics，Speech and Signal Processing，2013：6645 - 6649.

[10]　李武波，张蕾，舒鑫. 基于 Seq2Seq 的生成式自动问答系统应用与研究[J]. 现代计算机(专业版)，2017(36)：57 - 60.

[11]　CHUNG J. Empirical evaluation of gated recurrent neural networks on sequence

modeling[J]. arXiv: neural and evolutionary computing, 2014.

[12] PENNINGTON J, SOCHER R, MANNING C. Glove: global vectors for word representation [C]. Conference on Empirical Methods in Natural Language Processing, 2014.

[13] PAULUS, XIONG C, SOCHER R. A Deep Reinforced Model for Abstractive Summarization[C]. 6th International Conference on Learning Representations, 2018.

[14] CUI Z, XIAO S, FENG J, et al. Recurrently target-attending tracking[C]. IEEE Conference on Computer Vision and Pattern Recognition (CVPR). IEEE Computer Society, 2016:1449-1458.

深度学习简明教程

第9章 残差网络

9.1 结构和原理

9.1.1 残差网络的结构

继 AlexNet、GoogleNet 和 VGG 三个经典卷积网络提出以来，残差网络（residual network，ResNet）于 2015 年 ImageNet 的分类比赛上取得了好成绩，由于其简单、实用等优点，现已在机器视觉的各领域被广泛应用。

残差网络的出现拨开了深度神经网络笼罩已久的"两朵乌云"。一是梯度消失或梯度爆炸现象，且网络越深该现象就越明显，导致网络难以收敛从而效果下降[1]。二是网络退化问题。在神经网络可以收敛的前提下，随着网络层数加深，网络的表现先是逐渐增加至饱和，然后迅速下降[2]。实验表明，20 层以上的深度网络，如果继续增加网络层数，分类的精度反而会降低，且 56 层网络的测试误差率大约是 20 层网络的 2 倍，如图 9.1 所示。

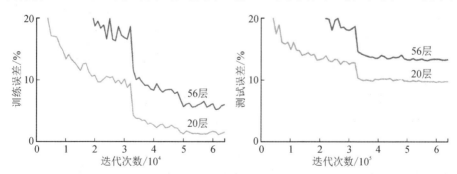

图 9.1 不同网络深度对网络性能的影响

残差网络的出现解决了既要网络层数深，又能解决梯度消失和退化的问题。残差网络的核心在于残差单元。如图 9.2 所示，给定神经网络的输入 x，送入一个标准的 ResNet 的残差学习单元(residual unit),期望输出从以前的完整输出 $F(x)$ 变为新定义的输出和输入的差,即残差 $H(x)-x$,此时完成了学习目标的转换工作。

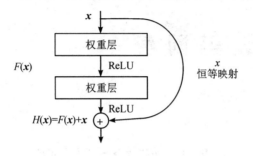

图 9.2　残差单元

残差单元一般分为两层卷积残差单元和三层卷积残差单元,如图 9.3 所示。图 9.3(a)中的残差单元包含两个相同的 $3×3$ 卷积,图 9.3(b)中的残差单元则是由两个 $1×1$ 卷积和一个 $3×3$ 卷积构成的。这种结构有一个形象化的名字——bottleneck。其字面意思为"瓶颈",比较容易理解;在网络结构中表示输入输出维数就像一个瓶颈一样,差距较大,上窄下宽或是上宽下窄,目的就是降低参数数目,其中 $1×1$ 的卷积在网络结构中可以改变输出维数。

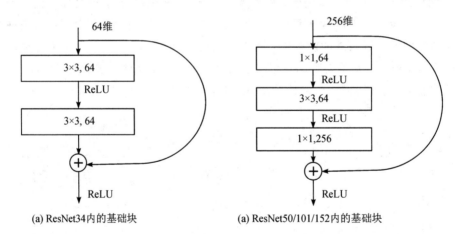

图 9.3　两种 ResNet 残差单元

具体来说,图 9.3(a)中无 bottleneck,若输入维数为 256,则该结构块是两个 $3×3×256$ 的卷积,其参数数目可以计算为

$$3×3×256×256×2=1\ 179\ 648$$

图 9.3(b)中有 bottleneck,可以看到,经过 $1×1$ 卷积,维数从 256 维降到 64 维,中间

层通道维数不变，还是 64 维，最后经过 1×1 卷积，维数从 64 维升至 256 维，整个过程的参数数目为

$$1×1×256×64 ＋ 3×3×64×64 ＋ 1×1×64×256＝69\ 632$$

约为未使用 bottleneck 参数数目的 1/20，从而达到了减少计算和参数量的目的。

表 9.4 所示为不同深度的 ResNet 的网络配置，通过堆叠不同数量和种类的残差单元，可得到不同深度的 ResNet 网络。

表 9.1　不同深度的 ResNet 网络配置

层名称	输出大小	18-层	34-层	50-层	101-层	152-层
conv1	112×112	7×7, 64, 步长 2				
conv2_x	56×56	3×3 最大池化, 步长 2				
		$\begin{bmatrix}3×3,\ 64\\3×3,\ 64\end{bmatrix}×2$	$\begin{bmatrix}3×3,\ 64\\3×3,\ 64\end{bmatrix}×3$	$\begin{bmatrix}1×1,\ 64\\3×3,\ 64\\1×1,\ 256\end{bmatrix}×3$	$\begin{bmatrix}1×1,\ 64\\3×3,\ 64\\1×1,\ 256\end{bmatrix}×3$	$\begin{bmatrix}1×1,\ 64\\3×3,\ 64\\1×1,\ 256\end{bmatrix}×3$
conv3_x	28×28	$\begin{bmatrix}3×3,\ 128\\3×3,\ 128\end{bmatrix}×2$	$\begin{bmatrix}3×3,\ 128\\3×3,\ 128\end{bmatrix}×4$	$\begin{bmatrix}1×1,\ 128\\3×3,\ 128\\1×1,\ 512\end{bmatrix}×4$	$\begin{bmatrix}1×1,\ 128\\3×3,\ 128\\1×1,\ 512\end{bmatrix}×4$	$\begin{bmatrix}1×1,\ 128\\3×3,\ 128\\1×1,\ 512\end{bmatrix}×8$
conv4_x	14×14	$\begin{bmatrix}3×3,\ 256\\3×3,\ 256\end{bmatrix}×2$	$\begin{bmatrix}3×3,\ 256\\3×3,\ 256\end{bmatrix}×6$	$\begin{bmatrix}1×1,\ 256\\3×3,\ 256\\1×1,\ 1024\end{bmatrix}×6$	$\begin{bmatrix}1×1,\ 256\\3×3,\ 256\\1×1,\ 1024\end{bmatrix}×23$	$\begin{bmatrix}1×1,\ 256\\3×3,\ 256\\1×1,\ 1024\end{bmatrix}×36$
conv5_x	7×7	$\begin{bmatrix}3×3,\ 512\\3×3,\ 512\end{bmatrix}×2$	$\begin{bmatrix}3×3,\ 512\\3×3,\ 512\end{bmatrix}×3$	$\begin{bmatrix}1×1,\ 512\\3×3,\ 512\\1×1,\ 2048\end{bmatrix}×3$	$\begin{bmatrix}1×1,\ 512\\3×3,\ 512\\1×1,\ 2048\end{bmatrix}×3$	$\begin{bmatrix}1×1,\ 512\\3×3,\ 512\\1×1,\ 2048\end{bmatrix}×3$
	1×1	平均池化, 1000 维全连接, softmax				
FLOPs		$1.8×10^9$	$3.6×10^9$	$3.8×10^9$	$7.6×10^9$	$11.3×10^9$

9.1.2　残差网络的原理

残差网络是由一系列残差块组成的，一个残差块可以表示为

$$\boldsymbol{x}_{l+1}=\boldsymbol{x}_l + F(\boldsymbol{x}_l,\boldsymbol{W}_l) \tag{9.1}$$

式(9.1)将残差块分成了直接映射 $\boldsymbol{x}_l$ 和残差 $F(\boldsymbol{x}_l,\boldsymbol{W}_l)$ 两部分，其中 $\boldsymbol{W}_l$ 是卷积操作，这里 $\boldsymbol{x}_l$ 和 $\boldsymbol{x}_{l+1}$ 的维度必须相同，也就是通道数必须一样，否则无法进行相加，因此本文使

用线性投影操作改变维数，于是式(9.1)可转换为

$$\boldsymbol{x}_{l+1} = h(\boldsymbol{x}_l) + F(\boldsymbol{x}_l, \boldsymbol{W}_l) \tag{9.2}$$

式中：$h(\boldsymbol{x}_l) = \boldsymbol{W}_l \boldsymbol{x}_l$。

现在我们从公式的角度来分析 ResNet 是怎样缓解网络退化和梯度消失问题的。为了方便讨论，我们将式(9.1)简化为 $\boldsymbol{x}_{l+1} = \boldsymbol{x}_l + F(\boldsymbol{x}_l)$ 且不使用任何激活函数。加入了激活函数的情况请读者参考文献[3]。

对于网络中的任意两层 $l_2 > l_1$，有

$$\boldsymbol{x}_{l_2} = \boldsymbol{x}_{l_2-1} + F(\boldsymbol{x}_{l_2-1}) = [\boldsymbol{x}_{l_2-2} + F(\boldsymbol{x}_{l_2-2})] + F(\boldsymbol{x}_{l_2-1}) = \cdots \tag{9.3}$$

如果将式(9.3)一直嵌套递归下去，可以用式(9.4)进行概括：

$$\boldsymbol{x}_{l_2} = \boldsymbol{x}_{l_1} + \sum_{i=l_1}^{l_2-1} F(\boldsymbol{x}_i) \tag{9.4}$$

可以看出，在前向传播阶段，输入特征能够从低层流向高层，同时包含了一个天然的恒等映射，从而可以缓解网络退化问题。

我们假设最终损失函数输出为 $\boldsymbol{\varepsilon}$，则对网络中 l_1 层输出的梯度可以写为

$$\frac{\partial \boldsymbol{\varepsilon}}{\partial \boldsymbol{x}_{l_1}} = \frac{\partial \boldsymbol{\varepsilon}}{\partial \boldsymbol{x}_{l_2}} + \frac{\partial \boldsymbol{\varepsilon}}{\partial \boldsymbol{x}_{l_2}} \frac{\partial}{\partial \boldsymbol{x}_{l_1}} \sum_{i=l_1}^{l_2-1} F(\boldsymbol{x}_i) \tag{9.5}$$

由式(9.5)可以看出，损失 $\boldsymbol{\varepsilon}$ 对 l_1 层输出的梯度被分解为两项之和，第一项 $\dfrac{\partial \boldsymbol{\varepsilon}}{\partial \boldsymbol{x}_{l_2}}$ 很好地说明了在误差反向传播阶段，误差信号可直接传播到低层，从而缓解了梯度消失的问题。

9.2 几种经典的残差网络

9.2.1 宽剩余网络

ResNet 可在一定程度上解决随着深度增加带来的退化问题，从网络结构来看，ResNet 网络"高"且"瘦"，而 Sergey Zagoruyko 等人认为过深的残差网络并不能带来较大的性能变化，可以采用宽而浅的网络获得更好的效果，于是提出了"矮胖"的宽剩余网络(Wide Residual Networks，WRN)[4]，WRN 不仅训练更快，而且效果仍然显著。

图 9.4 所示为 ResNet 和 WRN 的网络基本结构比较，其中，图 9.4(a)和图 9.4(b)分别是 ResNet 的 basic 结构和 bottleneck 结构；图 9.4(c)和图 9.4(d)分别是 WRN 的 basic-wide 和 wide-dropout 结构。由于增加网络宽度和增加网络层数都会导致网络模型中参数量的激增，因此需要采用一定的正则化手段(dropout)。与以往的 dropout 不同的是，WRN 在两个 3×3 的卷积层之间加入了 dropout，而不是在所有卷积操作之后。

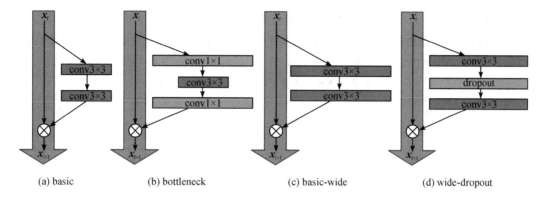

| (a) basic | (b) bottleneck | (c) basic-wide | (d) wide-dropout |

图 9.4　ResNet 和 WRN 的网络基本结构比较

表 9.2 所示为以表格的形式给出 WRN 的网络结构。它由初始卷积层 conv1，残差块 conv2、conv3 和 conv4，以及平均池化层和最终分类层组成；网络宽度由系数 k 决定。当 $k=1$ 时退化为原始的 ResNet 结构。N 是组中的块数，由 conv3 和 conv4 中的第一层执行下采样。块类型 $B(3,3)$ 表示在一个块内包含 2 个 3×3 的卷积层，与图 9.4(a) 的结构一致。另外，本文还对块的不同类型进行了定义，并用实验验证了不同块的特征表示能力。其中：

$B(1,3,1)$ 与图 9.4(b) 的结构一致；

$B(3,1)$ 由 3×3 的卷积层和 1×1 的卷积层构成；

$B(1,3)$ 由 1×1 的卷积层和 3×3 的卷积层构成；

$B(3,1,1)$ 为常见的 Network in Network(NIN) 结构；

$B(3,1,3)$ 由 3×3 的卷积层、1×1 的卷积层和 3×3 的卷积层构成。

表 9.2　WRN 的网络结构

组名	输出大小	块类型 $=B(3,3)$
conv1	32×32	$[3\times3, 16]$
conv2	32×32	$\begin{bmatrix}3\times3, 16\times k\\3\times3, 16\times k\end{bmatrix}\times N$
conv3	16×16	$\begin{bmatrix}3\times3, 32\times k\\3\times3, 32\times k\end{bmatrix}\times N$
conv4	8×8	$\begin{bmatrix}3\times3, 64\times k\\3\times3, 64\times k\end{bmatrix}\times N$
avg-pool	1×1	$[8\times8]$

实验结果如表9.3所示，其中 $k=2$，测试数据集为 CIFAR-10，测试误差（％）取5次运行的中位数，时间指的是一个训练时期。从表中可以看出，不同块类型的参数数量和误差结果差异较小。因此本文在接下来的实验中采用 $B(3，3)$ 的块类型与其他方法进行比较。

表9.3　WRN 中不同块类型的测试误差

块类型	深度	参数量	时间/s	CIFAR-10
$B(1，3，1)$	40	1.4M	85.8	6.06
$B(3，1)$	40	1.2M	67.5	5.78
$B(1，3)$	40	1.3M	72.2	6.42
$B(3，1，1)$	40	1.3M	82.2	5.86
$B(3，3)$	28	1.5M	67.5	5.73
$B(3，1，3)$	22	1.1M	59.9	5.78

为了找到一个最佳宽度和深度的比例，当增加宽度参数 k 时，就必须减少层数。本文对 k 从2到12、层数从16到40的网络结构组合均进行了实验，结果见表9.4。

表9.4　WRN 中不同宽度和深度组合的测试误差

深　度	k	参数量	CIFAR-10	CIFAR-100
40	1	0.6M	6.85	30.89
40	2	2.2M	5.33	26.04
40	4	8.9M	4.97	22.89
40	8	35.7M	4.66	—
28	10	36.5M	**4.17**	20.50
28	12	52.5M	4.33	**20.43**
22	8	17.2M	4.38	21.22
22	10	26.8M	4.44	20.75
16	8	11.0M	4.81	22.07
16	10	17.1M	4.56	21.59

从表9.4中可以看到，当 k 从1增加到12时，所有具有40层、22层和16层的网络效果都有进一步的提升。另一方面，当保持 $k=8$ 或 $k=10$ 不变，深度从16到28变化时，结果也有持续的改善，但当进一步将深度增加到40时，精度降低（如 WRN-40-8 的精度低于WRN-22-8）。

本文还将 WRN 与其他的深度网络进行比较，结果如表 9.5 所示。从表中可以观察到，"宽"的 WRN-40-4 在 CIFAR-10 和 CIFAR-100 上均优于"窄"的 ResNet-1001。

表 9.5　WRN 与其他方法的比较结果

模　型	深度	参数量	CIFAR-10	CIFAR-100
NIN			8.81	35.67
DSN			8.22	34.57
FitNet			8.39	35.04
Highway			7.72	32.39
ELU			6.55	24.28
original-ResNet	110	1.7M	6.43	25.16
	1202	10.2M	7.93	27.82
stoc-depth	110	1.7M	5.23	24.58
	1202	10.2M	4.91	—
pre-act-ResNet	110	1.7M	6.37	—
	164	1.7M	5.46	24.33
	1001	10.2M	4.92(3.64)	22.71
WRN(ours)	40-4	8.9M	4.53	21.18
	16-8	11.0M	4.27	20.43
	28-10	36.5M	**4.00**	**19.25**

上述实验表明，WRN 的"宽度"确实能够提升网络性能，与"深度"网络相比同样有效；而且对于同样的参数量，"宽"的 WRN 具有更快的训练速度。这也启发我们可以从不同的维度去设计神经网络结构。

9.2.2　深度残差金字塔网络

深度残差金字塔网络（deep pyramidal residual networks，PyramidNet）[5] 由韩国科学技术院的 Dongyoon Han，Jiwhan Kim 于 2017 年提出，通过加法金字塔逐步增加维度，使得网络更宽、准确度更高、泛化能力更强。

图 9.5 所示为不同残差单元的结构，可以看到相对于图 9.5(a)所示的基础残差块，图 9.5(d)所示的金字塔残差块的特征通道数逐渐增加。

PyramidNet 的网络结构如表 9.6 所示，其中，α 表示加宽因子，N_n 表示一个组中块的块数。在 conv3_1 和 conv4_1 以 2 的步长执行下采样操作。

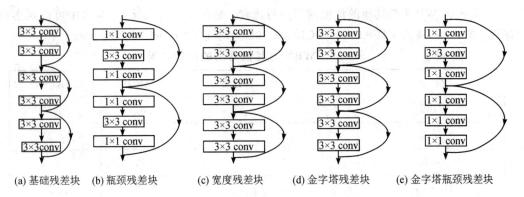

(a) 基础残差块　(b) 瓶颈残差块　　(c) 宽度残差块　　(d) 金字塔残差块　(e) 金字塔瓶颈残差块

图 9.5　不同残差单元的结构示意图

表 9.6　PyramidNet 的网络结构

组	输出尺寸	构　造　块
conv 1	32×32	$[3\times3,\ 16]$
conv 2	32×32	$\begin{bmatrix}3\times3,\ \lfloor 16+\alpha(k-1)/N\rfloor\\ 3\times3,\ \lfloor 16+\alpha(k-1)/N\rfloor\end{bmatrix}\times N_2$
conv 3	16×16	$\begin{bmatrix}3\times3,\ \lfloor 16+\alpha(k-1)/N\rfloor\\ 3\times3,\ \lfloor 16+\alpha(k-1)/N\rfloor\end{bmatrix}\times N_3$
conv 4	8×8	$\begin{bmatrix}3\times3,\ \lfloor 16+\alpha(k-1)/N\rfloor\\ 3\times3,\ \lfloor 16+\alpha(k-1)/N\rfloor\end{bmatrix}\times N_4$
avg pool	1×1	$[8\times8,\ 16+\alpha]$

深度残差金字塔网络每一层的通道数和网络深度有关，通道增长方式包括加法金字塔维度拓宽方法：

$$D_k=\begin{cases}16, & k=1\\ \lfloor D_{k-1}+\dfrac{\alpha}{N}\rfloor, & 2\leqslant k\leqslant N+1\end{cases} \tag{9.6}$$

和乘法金字塔网维度拓宽方法：

$$D_k=\begin{cases}16, & k=1\\ \lfloor D_{k-1}+\alpha^{\frac{1}{N}}\rfloor, & 2\leqslant k\leqslant N+1\end{cases} \tag{9.7}$$

其中，式(9.6)和式(9.7)中的 $N=N_2+N_3+N_4$，当前网络的层数为 k，两种维度增长方式的比较如图 9.6 所示。从图中可以看出，加法金字塔网(additive PyramidNet)和乘法金字塔网(multiplicative PyramidNet)的主要区别在于，加法金字塔网的特征映射维数逐渐线性增加，而乘法金字塔网的特征映射维数则以几何方式增加。也就是说，乘法金字塔网络在输入端层的维数缓慢增加，在输出端层急剧增加。这个过程与最初的深度网络架构（如 VGG[6] 和 ResNet[2]）类似。

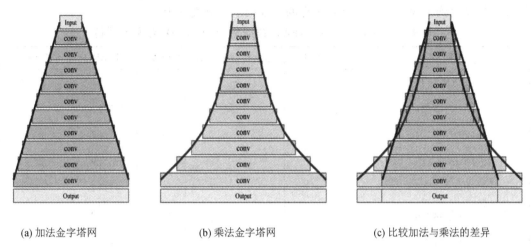

(a) 加法金字塔网   (b) 乘法金字塔网   (c) 比较加法与乘法的差异

图 9.6　不同维度拓宽方法示意图

　　根据不同的参数数量，绘制了加法金字塔网和乘法金字塔网的测试误差曲线，如图 9.7 所示。当参数数量较少时，加法和乘法金字塔网的性能基本持平，因为这两种网络结构在刚开始时没有显著的结构差异（可参考图 9.6(c)）。随着参数数量增加，它们维度增长速度的差异变得显著，加法金字塔网比乘法金字塔网获得了更小的测试误差。

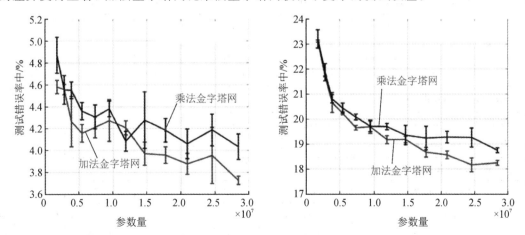

图 9.7　加法金字塔网和乘法金字塔网的对比

由于残差块输入输出的通道维数不同，不能直接使用恒等映射，因此本文提出了零填充的直连恒等映射(zero-padded identitymapping shortcut)。该过程没有引入额外的参数，所以不会导致过拟合，同时还具有显著的泛化能力。表 9.7 所示为加法金字塔网和其他方法在 CIFAR 数据集上的 Top-1 错误率，可以看出，相比于 75% 的 ResNet，本文提出的网络分类精度达到了 80% 以上，具有优秀的特征提取与分类能力。

表 9.7　不同方法在 CIFAR 数据集上的 Top-1 错误率(%)

网络	参数量	输出特征通道数	深度	CIFAR-10	CIFAR-100
NiN[18]	—	—	—	8.81	35.68
All-CNN[27]	—	—	—	7.25	33.71
DSN[17]	—	—	—	7.97	34.57
FitNet[21]	—	—	—	8.39	35.04
Highway[29]	—	—	—	7.72	32.39
Fractional Max-pooling[4]	—	—	—	4.50	27.62
ELU[29]	—	—	—	6.55	24.28
ResNet[7]	1.7M	64	110	6.43	25.16
ResNet[7]	10.2M	64	1001	—	27.82
ResNet[7]	19.4M	64	1202	7.93	—
Pre-activation ResNet[8]	1.7M	64	164	5.46	24.33
Pre-activation ResNet[8]	10.2M	64	1001	4.62	22.71
Stochastic Depth[10]	1.7M	64	110	5.23	24.58
Stochastic Depth[10]	10.2M	64	1202	4.91	—
FractalNet[14]	38.6M	1,024	21	4.60	23.73
SwapOut v2 (width×4)[26]	7.4M	256	32	4.76	22.72
Wide ResNet(width×4)[34]	8.7M	256	40	4.97	22.89
Wide ResNet(width×4)[34]	36.5M	640	28	4.17	20.50
Weighted ResNet[24]	19.1M	64	1192	5.10	—
DenseNet[9]	27.2M	2,320	100	3.74	19.25
PyramidNet ($\alpha=48$)	1.7M	64	110	4.58 ± 0.06	23.12 ± 0.04
PyramidNet ($\alpha=84$)	3.8M	100	110	4.26 ± 0.23	20.66 ± 0.40
PyramidNet ($\alpha=270$)	28.3M	286	110	$\mathbf{3.73\pm0.04}$	$\mathbf{18.25\pm0.10}$
PyramidNet (bottleneck，$\alpha=270$)	27.0M	1,144	164	$\mathbf{3.48\pm0.20}$	$\mathbf{17.01\pm0.39}$

深度学习简明教程

9.2.3 空洞残差网络

空洞残差网络(dilated residual network，DRN)[7]是 2017 年由普林斯顿大学的 Fisher Yu 博士等人提出的，它是由残差网络[2]与空洞卷积[8]结合所得到的。残差网络的介绍详见 9.1 节，空洞卷积的相关知识介绍如下。

卷积神经网络在获取抽象的特征的同时，下采样操作使得空间分辨率下降，导致很多细节信息丢失，不利于后续模式识别任务的完成。若采用较大的卷积核，则扩大感受野的同时也会增加额外的计算量。而空洞卷积能够在扩大感受野的同时，保持图片分辨率且不引入额外参数。

空洞卷积(dilated/atrous convolution)又名膨胀卷积或扩张卷积，可简单理解为在标准的卷积里加入空洞，从而增加感受野的范围。扩张率指的是卷积核的间隔数量，一般的卷积核与空洞卷积核如图 9.8 所示，显然，一般的卷积是空洞卷积扩张率为 1 的特殊情况。

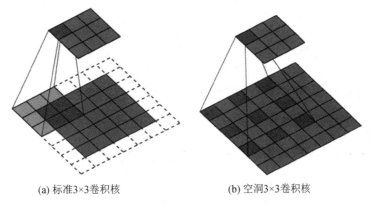

(a) 标准3×3卷积核　　　　　(b) 空洞3×3卷积核

图 9.8　两种卷积核对比

DRN 在 ResNet 结构的基础上，使用空洞卷积替换下采样层，从而维持了特征图的空间分辨率，并提高了输出的准确率。原始 ResNet 有 5 个 conv_stage，进行了 5 次降采样操作，而 DRN 是在 ResNet 的第 4、5 次降采样的基础上改变了网络结构。图 9.9 所示为改变前后的过程，其中图 9.9(a)所示为原始的 ResNet 结构，图 9.9(b)所示为生成的 DRN。

为了更清楚地说明空洞卷积在 DRN 中是如何设置的，引入一个符号$\mathcal{G}_i^l$，代表第 l 个 conv_stage 的第 i 层。那么图 9.9 展示的就是$\mathcal{G}_i^4$和$\mathcal{G}_i^5$的网络结构设置情况。在原始的 ResNet 中，$\mathcal{G}_1^4$和$\mathcal{G}_1^5$的步长为 2，而在 DRN 中第 4 个和第 5 个 conv_stage 第 1 层的步长应该调整为 1。由于空洞卷积的加入，$\mathcal{G}_1^4$后面的卷积核感受野变为之前的一半，特征图尺寸变为之前的 2 倍，那么空洞卷积核的扩张率(rate)应为 2；$\mathcal{G}_1^5$后面的卷积核感受野变为之前的 1/4，输出的特征图尺寸变为之前的 4 倍，空洞卷积核的扩张率(rate)应为 4。

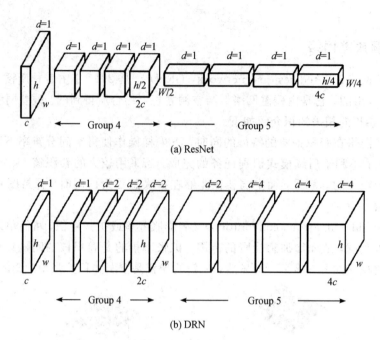

(a) ResNet

(b) DRN

图 9.9　两种卷积核对比

　　以上是特征提取部分，若要将得到的特征用于分类、分割或是定位任务，则还需要将特征进一步变换，变换过程如图 9.10 所示。图 9.10(a)的分类任务首先经过一个全局平均池化层 GAP(global average pooling)，再经过一个全卷积层，最后得到分类的输出。图9.10(b)的分割或定位任务无须 GAP，直接用一个 $1×1$ 卷积改变通道维数即可满足任务所需。

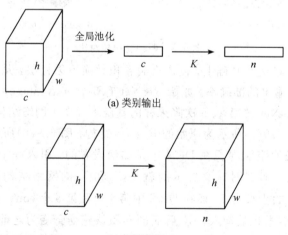

(a) 类别输出

(b) 位置输出

图 9.10　分类和定位的部分网络结构

为了缓解空洞卷积带来的"网格现象"，本文使用卷积来代替池化，并在网络最后加入了新的卷积层以平滑输出。由于残差连接会把底层的"网格"直接传到顶层，因此可删去最后两层的残差连接。

表 9.8 所示为不同模型在 ImageNet 2012 上的分类精度，其中，P 是模型的参数量。从图中可以看出，对于具有相同深度和容量的 ResNet 和 DRN 网络，DRN 的性能相对较优。

表 9.8 不同模型在 ImageNet 2012 上的分类精度（错误率）

模　型	1 crop		10 crops		P
	top-1	top-5	top-1	top-5	
ResNet-18	30.43	10.76	28.22	9.42	11.7M
DRN-A-18	28.00	9.50	25.75	8.25	11.7M
DRN-B-26	25.19	7.91	23.33	6.69	21.1M
DRN-C-26	24.86	7.55	22.93	6.39	21.1M
ResNet-34	27.73	8.74	24.76	7.35	21.8M
DRN-A-34	24.81	7.54	22.64	6.34	21.8M
DRN-C-42	22.94	6.57	21.20	5.60	31.2M
ResNet-50	24.01	7.02	22.24	6.08	25.6M
DRN-A-34	22.94	6.57	21.34	5.74	25.6M
ResNet-101	22.44	6.21	21.08	5.35	44.5M

9.3　案例与实践

9.3.1　图像分类

ResNeXt[9]是一种简单的、高度模块化的图像分类网络架构。它是 ResNet[2] 和 Inception[10] 的结合体，ResNeXt 引入了一个新维度——cardinality（基数），通过变量基数控制组卷积中组的数量。实验也证明了基数比"深度"或"宽度"更有效。

图 9.11 所示为 ResNet 与 ResNeXt 基本块，其中，图 9.11(a)为 ResNet 的基本残差块，而图 9.11(b)是 ResNeXt 基本残差块，其 cardinality＝32，两者的复杂度大致相同。矩形框里显示的格式为（输入特征通道数，卷积核大小，输出特征通道数）。表 9.9 列出了 ResNet-50 和 ResNeXt-50 网络结构设计的细节信息。从表中可以看到，在每个 conv_stage 阶段，ResNeXt-50"看起来"总的通道数要比 ResNet 多，但实际上两者的参数量相同，这是

因为 ResNeXt 引入了 Inception 结构，通过稀疏连接来处理之前的"稠密"连接。感兴趣的读者可以参考文献[9]的图 3，它包括 3 个"看起来"参数量不同、实际参数量相等的网络结构。

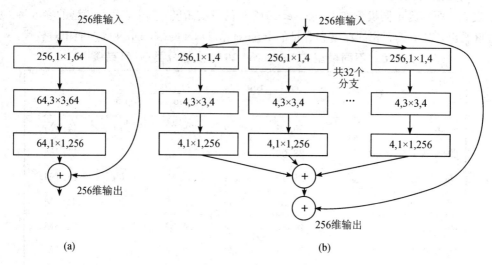

图 9.11   ResNet 与 ResNeXt 基本块

表 9.9   **ResNet 与 ResNeXt 的网络结构设计**

阶段	输出	ResNet-50	**ResNeXt-50(32×4d)**
conv1	112×112	7×7，64，stride 2	7×7，64，stride 2
conv2	56×56	3×3 max pool，stride 2 $\begin{bmatrix}1×1, 64\\3×3, 64\\1×1, 256\end{bmatrix}×3$	3×3 max pool，stride 2 $\begin{bmatrix}1×1, 128\\3×3, 128, C=32\\1×1, 256\end{bmatrix}×3$
conv3	28×28	$\begin{bmatrix}1×1, 128\\3×3, 128\\1×1, 512\end{bmatrix}×4$	$\begin{bmatrix}1×1, 256\\3×3, 256, C=32\\1×1, 512\end{bmatrix}×4$
conv4	14×14	$\begin{bmatrix}1×1, 256\\3×3, 256\\1×1, 1024\end{bmatrix}×6$	$\begin{bmatrix}1×1, 512\\3×3, 512, C=32\\1×1, 1024\end{bmatrix}×6$

阶段	输出	ResNet-50	**ResNeXt-50(32×4d)**
conv5	7×7	$\begin{bmatrix} 1\times1,\ 512 \\ 3\times3,\ 512 \\ 1\times1,\ 2048 \end{bmatrix} \times 3$	$\begin{bmatrix} 1\times1,\ 1024 \\ 3\times3,\ 1024,\ C=32 \\ 1\times1,\ 2048 \end{bmatrix} \times 3$
	1×1	global average pool 1000-d fc, softmax	global average pool 1000-d fc, softmax
参数量		**25.5×10⁶**	**25.0×10⁶**
浮点数		**4.1×10⁹**	**4.2×10⁹**

表 9.10 列出了不同模型在 ImageNet-1K 测试集上的错误率。其中 ResNet 和 ResNeXt 的测试集大小分别为 224×224 与 320×320，Inception 模型的测试集大小是 299×299。与同类模型相比，ResNeXt 具有更小的错误率，从而验证了其模型具有良好的分类性能。

表 9.10　不同模型在 ImageNet-1K 测试集上的错误率

测试集	224×224		320×320/299×299	
	top-1	top-5	top-1	top-5
ResNet-101[14]	22.0	6.0	—	—
ResNet-200[15]	21.7	5.8	20.1	4.8
Inception-v3[39]	—	—	21.2	5.6
Inception-v4[37]	—	—	20.0	5.0
Inception-ResNet-v2[37]	—	—	19.9	4.9
ResNeXt-101(**64×4d**)	20.4	5.3	**19.1**	**4.4**

9.3.2　图像分割

ResUNet[11] 是一种图像分割的网络架构，它是 ResNet[2] 和 UNet[12] 的结合体。首先我们简要回顾一下 UNet 的网络结构，如图 9.12 所示。

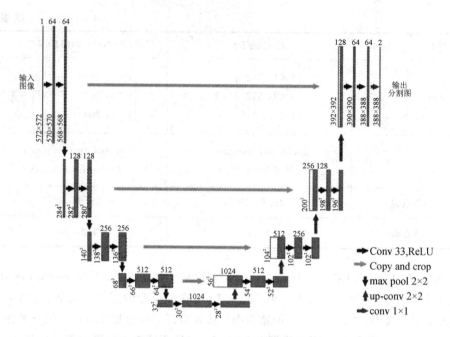

图 9.12　UNet 的网络结构

从图 9.12 中可以看出，UNet 是一个全卷积神经网络，输入和输出都是图像，没有全连接层。较浅的高分辨率层用来解决像素定位的问题，较深的高分辨率层用来解决像素分类的问题。图 9.12 中 3×3 卷积(无 padding 的卷积)进行 ReLU 并与一个 2×2 的最大池操作相结合用于下采样。在每个下采样步骤中，特征图数量加倍，反卷积中的每一步都包含了一个上采样的特征映射；然后进行 2×2 卷积，特征图数量减半；最后与对应下采样的特征图级联，再经过两个 3×3 卷积。整个网络有 23 个卷积层，能量函数为交叉熵函数。

ResUNet 延续了 UNet 基本的"U"结构，将 UNet 里的卷积替换成了残差块。图 9.13 所示为 ResUNet-a d6 的网络结构。这里"-a"中的"a"是指 atrous 卷积，d6 代表深度。ResUNet-a d6 中的编码器部分由六个 ResBlock-a 构建块和一个金字塔场景解析池层 PSP (pyramid scene parsing pooling layer)组成。图 9.13(a)中的左分支为编码器，右分支为解码器，最后一个卷积层的通道数与类别数相同。图 9.13(b)是构建 ResUNet-a 的部件，残差块中的每个单元与所有其他单元具有相同数量的滤波器，图中 $d_1, \cdots, d_n$ 为不同的膨胀率。图 9.13(c)为金字塔场景解析池层(pyramid scene parsing pooling layer)。

图 9.14 所示为 ResUNet-a 在 ISPRS Potsdam 测试块 3 - 14 样本的分割结果。其中，图像分辨率为 6k×6k，地面采样距离为 5 cm。从图中可以看出，预测图与真实图的差异很小，该模型能很好地对图像进行分割。

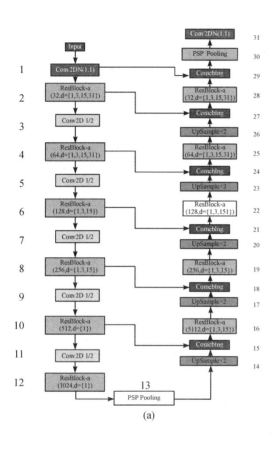
(a)

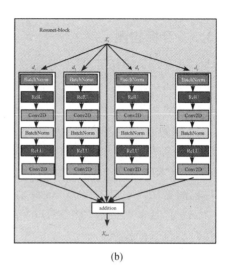
(b)

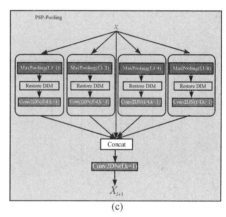
(c)

图 9.13　ResUNet-a d6 的网络结构

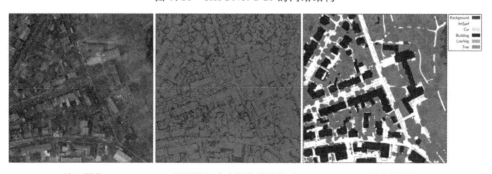

(a) 输入图像　　　　(b) 预测图与真实图的差异比对　　　　(c) 分割结果图

图 9.14　ResUNet-a 的分割结果

9.3.3　目标检测

对于目标检测任务，除了要回答"what"的分类问题，还要回答"where"的定位问题。就是在给定的场景中确定目标的位置和类别。然而尺寸、姿态、光照、遮挡等因素的干扰，给目标检测增加了一定的难度。传统的目标检测采用模板匹配的方法，而基于卷积神经网络的目标检测算法一般可分为两类：one-stage 算法与 two-stage 算法。最具代表性的 one-stage 算法包括 SSD、YOLO 等变体；two-stage 算法主要以 R-CNN、Fast R-CNN、Faster R-CNN 及基于 R-CNN 的变体算法为主，文献[12]提出了一种基于深度学习的仪表目标检测算法，它是在 one-stage 算法的 SSD 框架基础上改进的，其特征提取网络为 ResNet。其基本思想是，将 SSD 的基础网络更换为 ResNet-50，并加入特征金字塔 FPN 以增强对小目标的检测。

SSD(single shot multibox detector)网络由两部分组成，即基础网络 VGG16 加上 6 个卷积层进行特征提取、检测网络进行多尺度的预测。SSD 算法框架如图 9.15 所示。

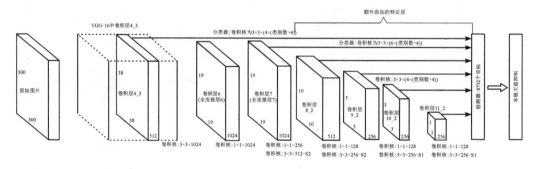

图 9.15　SSD 算法框架图

为了在不降低模型运行速率的前提下提高准确率，本文经过实验选取了速度和精度的折中——ResNet-50 作为基础网络。

不同的特征提取方法如图 9.16 所示。SSD 没有将底层和高层的特征进行融合，导致出现了很大的语义间隔，如图 9.16(a)所示。而特征金字塔构建了自顶向下的通道，如图 9.16(b)所示。充分地将细节信息和语义信息进行融合，可提高分类和定位的准确率。

数字仪表检测的运行结果如图 9.17 所示。首先对输入的仪表图像进行预处理得到灰度图，如图 9.17(a)；再进行二值化，效果如图 9.17(b)所示；接着对其进行开运算，以消除数码管之间的间隙，效果如图 9.17(c)所示；最后对目标数字进行定位，读取仪表示数，如图 9.17(d)所示。文中对 200 张仪表图像中的数字进行了定位识别，共有 763 个数字，最终得到了 98.3% 的识别率。

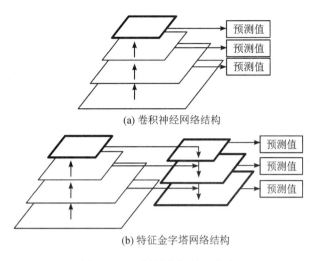

(a) 卷积神经网络结构

(b) 特征金字塔网络结构

图 9.16　不同的特征提取方法

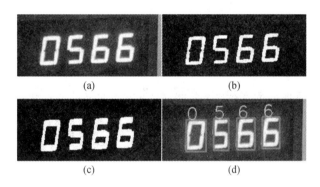

(a)   (b)

(c)   (d)

图 9.17　数字仪表检测的运行结果

本章参考文献

[1]　BENGIO Y，SIMARD P，FRASCONI P. Learning long-term dependencies with gradient descent is difficult[J]. IEEE transactions on neural networks，1994，5(2)：157 - 166.

[2]　HE K，ZHANG X，REN S，et al. Deep residual learning for image recognition[J]. IEEE，2016(1)：770 - 778.

[3]　HE K，ZHANG X，REN S，et al. Identity mappings in deep residual networks[J]. Springer，cham，2016(14)：630 - 645.

[4]　ZAGORUYKO S，KOMODAKIS N. Wide residual networks[J]. arXiv preprint

arXiv：1605.07146，2016.

[5] HAN D, KIM J, KIM J. Deep pyramidal residual networks[J]. arXiv preprint arXiv：1610.02915，2016.

[6] SIMONYAN K, ZISSERMAN A. Very deep convolutional networks for large-scale image recognition[J]. arXiv preprint arXiv：1409.1556，2014.

[7] YU F, KOLTUN V, FUNKHOUSER T. Dilated residual networks[C]// IEEE Computer Society. IEEE Computer Society，2017.

[8] YU F, KOLTUN V. Multi-scale context aggregation by dilated convolutions[J]. arXiv preprint arXiv，2015：1511.07122.

[9] XIE S, GIRSHICK R, DOLLÁR P, et al. Aggregated residual transformations for deep neural networks[C]//Computer Vision and Pattern Recognition（CVPR），2017 IEEE Conference on. IEEE，2017：5987－5995.

[10] SZEGEDY C, LIU W, JIA Y, et al. Going deeper with convolutions[C]. Proceedings of the IEEE conference on computer vision and pattern recognition，2015：1－9.

[11] FID A, FW B, PC A, et al. ResUNet-a：a deep learning framework for semantic segmentation of remotely sensed data-Science Direct[J]. ISPRS journal of photogrammetry and remote sensing，2020，162：94－114.

[12] 孙顺远，杨挺. 基于深度学习的仪表目标检测算法[J]. 仪表技术与传感器，2021（6）：104－108.

第10章 生成式对抗网络

10.1 结构和原理

10.1.1 生成式对抗网络的原理

生成式对抗网络(generative adversarial networks，GAN)是一种深度学习模型，是近年来复杂分布上无监督学习最具前景的方法之一[1]。该网络由 Ian J. Goodfellow 等人于 2014 年 10 月提出的一个通过对抗过程估计生成模型的新框架[2]。框架中同时训练两个模型：捕获数据分布的生成模型 G，估计样本来自训练数据的概率的判别模型 D。G 的训练程序是将 D 错误的概率最大化。例如，生成式网络模型 G 是一个用来生成图片的网络，该模型的输入为一个随机的噪声 z，通过这个噪声来生成相应的图片，该图片记作 $G(z)$。判别模型 D 是一个判断网络，它用来判断输入样本的真假。

假设输入判别模型 D 的样本图片为 x，x 既可能是模型 G 生成的，也可能是真实的样本，$D(x)$ 表示 x 为真实样本的概率，输出为 1 表示 100% 的真实图片，为 0 表示生成的真实图片。生成模型 G 的目的就是尽量生成真实的图片去欺骗判别模型 D，判别模型 D 的目的就是区分出生成模型 G 和真实样本的图片。

简言之，GAN 由生成器和判别器构成。生成器接收一个随机的噪声信号并生成相应的样本。判别器接收生成器生成的样本和真实的样本，给真实样本尽可能大的概率，给生成样本尽可能小的值。同时，生成器不断加强自己的能力，使生成的样本尽可能真，使得判别器越来越分辨不出来样本是不是真实的。通过不断迭代上述过程，直至判别器无法区分接收的样本是真实样本还是生成器的生成样本。

10.1.2 生成式对抗网络的结构

GAN 由两个网络构成：一个生成器(generator，G)和一个判别器(discriminatory，D)。

设真实的样本分布为 x，G 接收一个随机的噪声信号 z，因此由生成器 G 生成的图片可以表示为 $G(z)$。D 接收实际分布的样本和由 G 伪造的样本，并分别对它们进行分类：$D(x)$ 和 $D(G(z))$。GAN 的网络结构如图 10.1 所示。

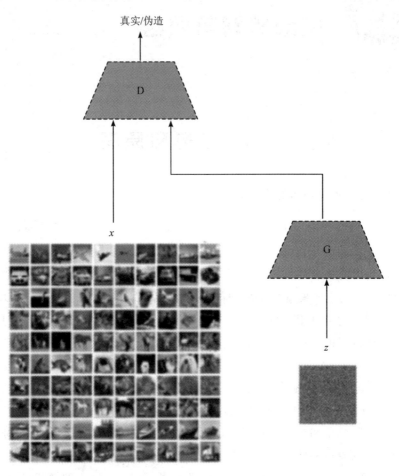

图 10.1　GAN 的网络结构

D 和 G 同时进行对抗学习，并且一旦 G 被训练至知道足够多的关于训练样本的分布，那么它就可以产生新的样本，并与训练样本有着非常相似的属性。

已知真实图片集的分布 $P_{data}(x)$，x 是一个真实图片，可以看成一个向量，这个向量集合的分布为 P_{data}。现在需要生成器 G 生成与真实分布相同的图片，假设生成的分布为 $P_G(x; \theta)$，该分布由参数 θ 控制，如果是高斯混合模型，那么 θ 就是每个高斯分布的平均值和方差。在真实分布中取出 m 个样本 $\{x_1, x_2, \cdots, x_m\}$，并计算似然函数 $P_G(x_i; \theta)$。这

些数据在生成模型中的似然函数可以表示为

$$L = \prod_{i=1}^{m} P_{\mathrm{G}}(x_i ; \theta) \tag{10.1}$$

最大化这个似然函数，等价于让生成器 G 生成图片的真实概率最大。此时，问题就转化为求最大似然估计了，那么需要找到一个 θ^* 来最大化这个似然。

$$
\begin{aligned}
\theta^* &= \underset{\theta}{\arg\max} \prod_{i=1}^{m} P_{\mathrm{G}}(x_i ; \theta) \\
&= \underset{\theta}{\arg\max} \log \prod_{i=1}^{m} P_{\mathrm{G}}(x_i ; \theta) \\
&= \underset{\theta}{\arg\max} \sum_{i=1}^{m} \log P_{\mathrm{G}}(x_i ; \theta) \\
&\approx \underset{\theta}{\arg\max} E_{x \sim P_{\mathrm{data}}} \left[\log P_{\mathrm{G}}(x ; \theta) \right] \\
&= \underset{\theta}{\arg\max} \int_x P_{\mathrm{data}}(x) \log P_{\mathrm{G}}(x ; \theta) \, \mathrm{d}x - \int_x P_{\mathrm{data}}(x) \log P_{\mathrm{data}}(x) \, \mathrm{d}x \\
&= \underset{\theta}{\arg\max} \int_x P_{\mathrm{data}}(x) \left[\log P_{\mathrm{G}}(x ; \theta) - \log P_{\mathrm{data}}(x) \right] \mathrm{d}x \\
&= \underset{\theta}{\arg\min} \int_x P_{\mathrm{data}}(x) \log \frac{P_{\mathrm{data}}(x)}{P_{\mathrm{G}}(x ; \theta)} \, \mathrm{d}x \\
&= \underset{\theta}{\arg\min} KL \left[P_{\mathrm{data}}(x) \parallel P_{\mathrm{G}}(x ; \theta) \right]
\end{aligned} \tag{10.2}
$$

寻找一个 θ^* 来最大化这个似然函数，就是让生成器 G 最大概率地生成真实图片，也就是要找一个 θ 让 P_{G} 更接近 P_{data}。那么如何来寻找这个最合理的 θ 呢？可以假设 $P_{\mathrm{G}}(x ; \theta)$ 是一个神经网络。首先生成一个随机向量 z，通过 $G(z)=x$ 这个网络，生成图片 x，如果取一组样本 z，那么通过网络就可以生成另一个分布 P_{G}，然后来比较与真实分布 P_{data} 是否相似。众所周知，神经网络中的非线性激活函数能够拟合任意函数，同理，可以用正态分布或者高斯分布取样，去训练一个神经网络，学习到一个与真实数据相似的复杂分布。

GAN 能够找到更接近的分布，其公式如下：

$$V(G, D) = E_{x \sim P_{\mathrm{data}}} \left[\log D(x) \right] + E_{x \sim P_{\mathrm{G}}} \left[\log(1 - D(x)) \right] \tag{10.3}$$

可以看出，固定生成器 G，$\max V(G, D)$ 就表示 P_{G} 和 P_{data} 之间的差异，然后要找一个最好的 G，使得两个分布之间的差异最小，即

$$G^* = \arg \min_{G} \max_{D} V(G, D) \tag{10.4}$$

整体来看，D 要让这个式子尽可能大，也就是对于真实分布中的 x，$D(x)$ 要接近 1，对于来自生成分布中的 x，$D(x)$ 要接近 0；然后 G 要让式子尽可能小，对于来自生成分布中

的 x，$D(x)$ 尽可能接近 1。生成器的学习如图 10.2 所示。

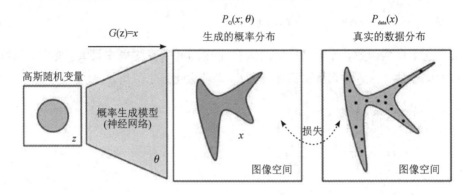

图 10.2　生成器的学习

有了上面推导的基础之后，两个网络交替训练，初始有一个 G_0 和 D_0，先训练 D_0 找到：

$$\max_D V(G_0, D_0) \tag{10.5}$$

然后固定 D_0 开始训练 G_0，训练的过程都可以使用梯度下降法。以此类推，训练 D_1，G_1，D_2，G_2，…，但这里存在一种可能，在 D_0^* 的位置满足：

$$\max_D V(G_0, D_0) = V(G_0, D_0^*) \tag{10.6}$$

更新 G_0 为 G_1，可能有

$$V(G_1, D_0^*) < V(G_0, D_0^*) \tag{10.7}$$

但是并不保证会出现一个新的点 D_1^* 使得

$$V(G_1, D_1^*) > V(G_0, D_0^*) \tag{10.8}$$

这样更新 G 就未达到预期效果，训练过程如图 10.3 所示。

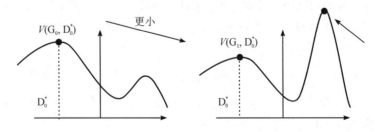

图 10.3　训练过程示意图

避免上述情况的方法就是在更新 G 时不要更新太多。

知道了网络的训练顺序，还需要设定 D 和 G 的损失函数。下面总结了整个 GAN 的具

体训练步骤，如图 10.4 所示。

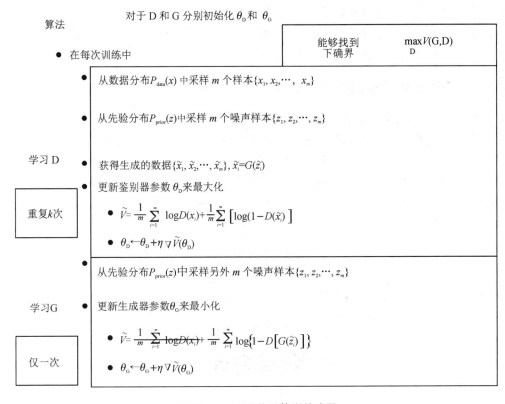

图 10.4　GAN 的具体训练步骤

10.2　几种经典的生成式对抗网络

10.2.1　信息最大化生成对抗网络(InfoGAN)

InfoGAN 是 GAN 模型的一种改进[3]。InfoGAN 针对生成样本的噪声进行了细化，挖掘出一些潜在的信息。模型将噪声分为两类：第一类是不可压缩的噪声 z，第二类是可解释性的信息 c。模型的生成网络会同时使用这两种噪声生成样本。InfoGAN 中最重要的是提出一种假设，认为之间的互信息应该很高，这样模型得到的效果会更好。InfoGAN 所要达到的目标就是通过非监督学习得到可分解的特征表示。实际应用中使用 GAN 以及最大化生成的图片和输入编码之间的互信息，这样做最大的好处就是可以不需要监督学习，而且不需要大量额外的计算花销就能得到可解释的特征。通常，我们学到的特征是混杂在一起的，这些特征在数据空间中以一种复杂的无序的方式进行编码，但是如果这些特征是可分解的，那么这些特征将具有更强的可解释性，我们将更容易利用这些特征进行编码。前人也通过很多监督与非监督的方法学习可分解的特征。在 InfoGAN 中，非监督学习通过使用连续的和离散的隐含因子来学习可分解的特征。

10.2.2　条件生成对抗网络(CGAN)

GAN 中输入的是随机的数据，过于自由化，那么人们很自然地就会想到能否将输入改成一个有意义的数据。最简单的就是数字字体生成，能否输入一个数字，然后输出对应的字体。CGAN 的网络结构可描述为[4]：在 G 网络的输入 z 的基础上连接一个输入 y，然后在 D 网络的输入 x 的基础上也连接一个 y，如图 10.5 所示。

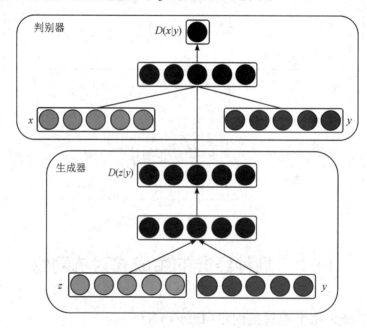

图 10.5　CGAN 网络示意图

改变后的训练方式几乎是不变的，但从 GAN 的无监督变成了有监督。只是这里和传统的图像分类的任务正好相反，图像分类是输入图片，然后对图像进行分类；而这里是输入分类，反过来输出图像。显然后者要比前者难。

10.2.3　深度卷积生成对抗网络(DCGAN)

DCGAN[5]一共做了以下几点改造：

(1) 去掉了 G 网络和 D 网络中的池化层；

（2）在 G 网络和 D 网络中都使用了批归一化操作；

（3）去掉了全连接的隐藏层；

（4）在 G 网络中最后一层使用 tanh 函数，其余使用 ReLU 函数；

（5）在 D 网络中每一层均使用 LeakyReLU。DCGAN 的网络如图 10.6 所示。

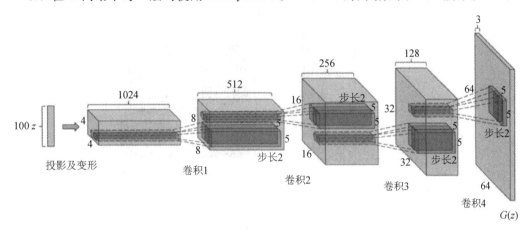

图 10.6 DCGAN 网络示意图

下面描述经过 GAN 训练后的网络学到了怎样的特征表达。

首先用 DCGAN＋SVM 做 cifar-10 的分类实验，从 D 网络的每一层卷积中通过 4×4 网格的最大池化获取特征并连起来得到 28672 的向量然后进行 SVM，由此得到的效果比由 K-means 得到的效果好。然后将 DCGAN 用在 SVHN 门牌号识别中，同样取得了不错的效果。这说明 D 网络确实无监督地学到了很多有效特征信息。

G 可以通过改变 z 向量生成图片。不同的 z 向量生成的图片不同，通过 z 向量的线性加减可以输出新的图片，说明 z 向量确实对应了一些特别的特征，如眼镜、性别等。这也说明了 G 网络通过无监督学习自动学到了很多特征表达。

总的来说，DCGAN 开创了图片生成的先河，让大家看到了一条崭新的研究深度学习的路径，如何更好地生成更逼真的图片，成为大家争相研究的方向，而这一路到边界平衡生成式对抗网络（boundary equilibrium GAN，BEGAN），已经可以生成超级逼真的图片了。

10.2.4 循环一致性生成对抗网络（CycleGAN）

一般的图像翻译需要训练集包括成对的数据（如 pix2pix 模型），但成对的训练数据获取困难。由加州大学伯克利分校研究人员提出的循环一致性生成对抗网络（cycle-consistent generative adversarial networks，CycleGAN）能够利用非成对数据进行训练，打破了模型需要成对图像数据的限制[6]。

上面提到的成对数据与非成对数据如图 10.7 所示，图 10.7(a)所示为成对的训练数据 $\{x_i, y_i\}_{i=1}^N$，其中 x_i 与 y_i 之间具有较好的关联性；而图 10.7(b)所示为非成对的训练数据，其中源数据集为 $\{x_i\}_{i=1}^N$，$x_i \in X$，目标数据集为 $\{y_j\}_{j=1}^N$，$y_j \in Y$，这里并不要求源域与目标域的数据是成对匹配的。

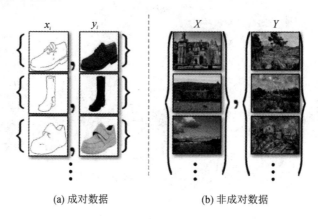

(a) 成对数据　　　　　　　　(b) 非成对数据

图 10.7　训练数据对比

仅使用生成对抗网络的损失是无法进行训练的，因为学习到的映射可以是多对一的，使得损失无效化。而 CycleGAN 使用两个生成模型和两个判别模型构成了一种双向环状结构，如图 10.8(a)所示，该网络能够从源域 X 生成目标域 Y，再从目标域 Y 生成回 X，如此循环往复，CycleGAN 因此而得名。

由图 10.8(a)可以看出，CycleGAN 包括两个映射生成函数：$G: X \to Y$ 和 $F: Y \to X$，分别对应判别器 D_Y 和 D_X。整个网络是一个对偶结构，由于网络生成的图像必须与原始图像具有一定的关联性，因此本文引入两个循环一致性损失，从直觉上讲，从域 A 到域 B 的映射并返回，那么应该映射到域 A。

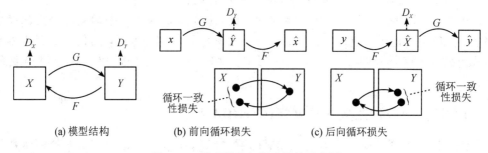

(a) 模型结构　　　　(b) 前向循环损失　　　　(c) 后向循环损失

图 10.8　模型结构与损失计算示意图

CycleGAN 网络的循环损失包括前向循环损失(见图 10.8(b))和后向循环损失(见图 10.8(c))，分别为

$$x \to G(x) \to F(G(x)) \approx x \tag{10.9}$$

$$y \to F(y) \to G(F(y)) \approx y \tag{10.10}$$

总的目标函数为

$$G^*, F^* = \underset{G, F}{\arg\min} \underset{D_X, D_Y}{\max} L(G, F, D_X, D_Y) \tag{10.11}$$

其中：

$$\begin{aligned} L(G, F, D_X, D_Y) = &L_{\text{GAN}}(G, D_Y, X, Y) + \\ &L_{\text{GAN}}(F, D_X, Y, X) + \\ &\lambda L_{\text{cyc}}(G, F) \end{aligned} \tag{10.12}$$

等式右侧函数表示如下：

$$\begin{aligned} L_{\text{GAN}}(G, D_Y, X, Y) = &E_{y \sim P_{\text{data}(y)}} \big[\log D_Y(y) \big] + \\ &E_{x \sim P_{\text{data}(x)}} \big[\log(1 - D_Y(G(x))) \big] \end{aligned} \tag{10.13}$$

$$\begin{aligned} L_{\text{cyc}}(G, F) = &E_{x \sim P_{\text{data}(x)}} \big[\| F(G(x)) - x \|_1 \big] + \\ &E_{y \sim P_{\text{data}(y)}} \big[\| G(F(y)) - y \|_1 \big] \end{aligned} \tag{10.14}$$

式(10.13)为传统的 GAN 的损失函数，它针对的映射是 $G: X \to Y$，而 D_Y 用于区分生成的图像 $G(x)$ 与真实样本 y。同理，式(10.12)中等式右侧第二项针对的映射是 $F: Y \to X$，而 D_X 用于区分生成的图像 $F(y)$ 与真实样本 x；式(10.14)将两个循环一致性损失相加，采用的是 L_1 损失。

如图 10.9 所示，CycleGAN 将一幅风景图片转换成了具有不同艺术家风格（而不是转换成固定的绘画风格）的图片。也就是说，网络可以学习到像梵高那样的绘画风格，而不仅仅是具体的绘画元素（夜晚的星空）。

| 输入图像 | 莫奈 | 梵高 | 塞尚 | 浮世绘 |

  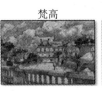 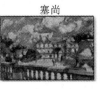 

图 10.9　图像风格转换

10.3　案例与实践

10.3.1　数据增强

GAN 能够学习到真实数据分布的特点，因此可以在分类任务中用于数据增强，减少标签数据的使用，从而使用未标注数据提高辅助分类效果。

文献[7]将 GAN 应用于半监督学习，通过判别器来输出类别标签。传统 GAN 的判别器只需进行二分类的任务：判断接收到的图像是真实的还是生成器生成的。而要让 GAN 输出类别标签，判别器的任务为：对数据分类的同时判别接受到的图像是真实的还是生成器生成的。对 GAN 进行的这样的扩展称为半监督 GAN（semisupervised GAN，SGAN），此时生成器与传统 GAN 一样，只需负责生成图片，最终使用判别器输出类别标签。

训练 SGAN 与训练 GAN 类似，从数据生成分布中提取一半小批量数据使用更高粒度的标签。训练对应的判别器最小化（生成器最大化）给定标签的负对数似然性。实验证明 SGAN 可以显著提高生成样本质量，减少生成器的训练时间，同时提高了分类性能，实验生成结果如图 10.10 所示。

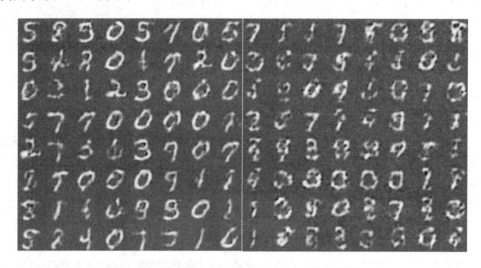

(a) SGAN生成的图像　　　　　　(b) GAN生成的图像

图 10.10　实验生成结果

10.3.2　图像补全(修复)

图像补全的关键在于如何从附近的像素中获得"提示"，从而对缺失区域进行重构，文献[8]通过卷积神经网络学习图像的高层语义特征，并用这些特征指导图像缺失部分的生成，其上下文编码器如图 10.11 所示。

从图 10.11 中可以看出，该网络包括编码器、通道全连接层及解码器三部分。

编码器(encoder)获取缺失块的输入图像，并产生潜在的特征表示。本文采用了 AlexNet 前 5 层的卷积层结构，输入图像大小为 227×227，卷积池化后得到 $6 \times 6 \times 256$ 的特征表示，并随机初始化权重。

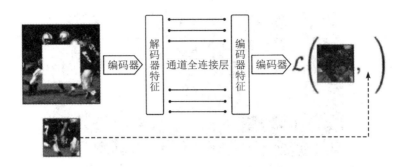

图 10.11　上下文编码器

解码器(decoder)将压缩的特征图逐渐恢复到原始图像大小,采用 5 个 up-convolutional 层,每层后接 ReLU 函数。

连接 encoder 和 decoder 的方式是基于通道的全卷积层(channel-wise fully-connected layer,Channel-Wise FC)。因为普通的卷积操作只有局部语义信息,若要对图像进行修复,则需要四周的语义信息。Channel-Wise FC 在普通全连接层(FC)上取消了特征图之间的信息通路,只保留特征图内部的信息传递,从而减少了参数数量。

为了使补全图像与原图像尽可能相同,文中采用 L_2 loss 对整体进行内容约束,重建损失(reconstruction loss)表达式如下:

$$L_{rec}(x) = \| \hat{M} \odot [x - F((1-\hat{M}) \odot x)] \|_2 \tag{10.15}$$

式中:$\hat{M}$ 为二值掩模,图像丢失区域像素值为 1,未丢失区域像素值为 0;x 是输入图像。通过平均像素误差最小化会导致生成的图像模糊,因此通过增加对抗损失(adversarial loss)来缓解这个问题,使得生成部分更加清晰:

$$L_{adv} = \max_D E_{x \in \chi}[\log(D(x)) + \log(1 - D(F((1-\hat{M}) \odot x)))] \tag{10.16}$$

式(10.16)与传统 GAN 的损失表达相似,但这里只固定 G(G 就是前面的 encoder),仅通过最大化 D 的损失对网络进行训练。

因此网络总的损失函数由 encoder-decoder 的重建损失(reconstruction loss)和 GAN 的对抗损失(adversarial loss)组成:

$$L = \lambda_{rec} L_{rec} + \lambda_{adv} L_{adv} \tag{10.17}$$

重建损失提高了补全部分和周围上下文的相关性;而对抗损失提高了补全部分的真实性,通过引入参数可保持两者的平衡,使得到的图像能够得到较好的补全效果。利用不同方法得到的图像补全效果如图 10.12 所示。

(a) 原图   (b) 画家手工填补

(c) 上下文编码器
(L₂ Loss)

(d) 上下文编码器
(L₂ Loss+对抗损失)

图 10.12　利用不同方法得到的图像补全效果对比

10.3.3　文本翻译成图像

文献[9]通过 GAN 实现了根据句子描述合成图像，其反过程就是看图说话（image caption），即给定一幅图像，自动生成一句话来描述这幅图像，这个过程相对简单些，它可以根据图像内容和上一个词对下一个词进行预测，而根据句子描述合成图像会出现不同种像素的排列方式，因此此过程的关键在于模型是否能够恰当地捕捉到文本描述信息，从而合成比较真实的图像。

对于捕捉文本描述信息，采用文献[10]中的方法处理句子可得到文本特征，基于文本的 DCGAN 结构如图 10.13 所示。从图 10.13 中可以看到，对于得到的文本向量 $\varphi(t)$，经过网络全连接层的压缩得到 128 维向量，将其与输入的随机噪声级联输入生成网络中，得到 $\hat{x}=G(z,\varphi(t))$；对于判别网络，本文通过空间复制加入 $\varphi(t)$，从而能够判别图片是否是按照描述生成的，即本文提出的 GAN-CLS。

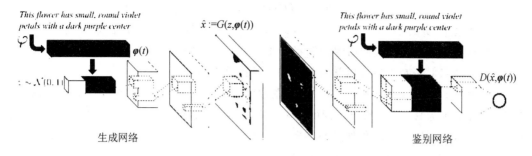

图 10.13　基于文本的 DCGAN 结构

　　传统 GAN 的判别器输入样本包括两种：正确图片和对应描述，合成图片和对应描述。而 GAN-CLS 添加了第三种输入样本：真实图像和错误描述。这样使得判别器不仅能判断图像是否合理，还能判断对应的描述是否匹配，GAN-CLS 训练过程如下：

训练算法：使用小批量 SGD 进行简单训练。

输入：小批量图像 x，对应的匹配文本 t，不匹配 $\hat{t}$，训练批步数 S

for $n=1$ **to** S **do**

　　$h \leftarrow \varphi(t)\{$编码匹配的文本描述$\}$

　　$\hat{h} \leftarrow \varphi(\hat{t})\{$编码不匹配的文本描述$\}$

　　$z \sim N(0,1)^z\{$随机选择噪声向量$\}$

　　$\hat{x} \leftarrow G(z,h)\{$生成器$\}$

　　$s_r \leftarrow D(x,h)\{$正确图片和对应描述$\}$

　　$s_w \leftarrow D(x,\hat{h})\{$正确图片和错误描述$\}$

　　$s_f \leftarrow D(\hat{x},h)\{$合成图片和对应描述$\}$

　　$L_D \leftarrow \log(s_r)+(\log(1-s_w)+\log(1-s_f))/2\{$判别器的损失函数$\}$

　　$D \leftarrow D-\alpha \partial L_D/\partial D\{$更新判别器$\}$

　　$L_G \leftarrow \log(s_f)\{$生成器的损失函数$\}$

　　$G \leftarrow G-\alpha \partial L_G/\partial G\{$更新生成器$\}$

End for

　　对于根据描述生成图像的任务，文本描述数量相对较少，从而限制了合成图像的多样性，本文通过插值生成大量新的文本描述，进行数据增强。但是由这些插值得到的结果并没有标签，想要利用这些数据，只需在生成器优化目标函数中添加一个额外项：

$$E_{t_1, t_2 \sim p_{\mathrm{data}}}\big[\log(1 - D(G(z, \beta t_1 + (1-\beta)t_2)))\big] \tag{10.18}$$

添加上述性质的模型称为 GAN-INT，这里 z 是从噪声分布中抽样得到的，$\beta t_1 + (1-\beta)t_2$ 表示在 t_1 和 t_2 上插值得到的新文本描述。虽然插值后的文本描述并没有对应的图像进行训练，但是判别器可以学习到图像和描述是否匹配。

一般来说输入的文本 $\boldsymbol{\varphi}(t)$ 已经说明了图像里的内容信息，本文假想噪声 z 能够捕捉风格信息，若猜想为真，通过组合不同的噪声 z 和文本，就能够得到不同风格的图像。为了验证该想法，本文训练一个卷积神经网络翻转生成器，使得样本 $\hat{x} \leftarrow G(z, \boldsymbol{\varphi}(t))$ 回归到 z，从而得到一个风格编码器，损失函数如下：

$$L_{\mathrm{style}} = E_{t, z \sim N(0, 1)} \parallel z - S(G(z, \boldsymbol{\varphi}(t))) \parallel_2^2 \tag{10.19}$$

式中：S 为风格编码网络，它是图像到随机向量的映射。有了风格编码网络 S 和训练好的生成器 G，对于给定的图像和描述进行如下风格转换：

$$s \leftarrow S(x), \quad \hat{x} \leftarrow G(s, \boldsymbol{\varphi}(t)) \tag{10.20}$$

式中：$\hat{x}$ 为结果图像，s 是预测的风格。

本文利用插值提高了生成器的生成质量，同时通过学习翻转生成器得到的风格编码网络能够让 z 具有特定的风格，从而生成更加多样和真实的样本。

本章参考文献

[1] 焦李成，赵进. 深度学习、优化与识别[M]. 北京：清华大学出版社，2017.

[2] GOODFELLOW I J, POUGETABADIE J, MIRZA M, et al. Generative adversarial networks [J]. advances in neural information processing systems，2014（3）：2672 - 2680.

[3] CHEN X, DUAN Y, HOUTHOOFT R, et al. infogan：interpretable representation learning by information maximizing generative adversarial nets[J]. NIPS，2016，29：2172 - 2180.

[4] MIRZA M, OSINDERO S. Conditional generative adversarial nets [J]. arXiv preprint arXiv：1411. 1784,2014.

[5] RADFORD A, METZ L, CHINTALA S. Unsupervised representation learning with deep convolutional generative adversarial networks[J]. arXiv preprint arXiv：1511. 06434，2015.

[6] ZHU J Y, PARK T, ISOLA P, et al. Unpaired image-to-image translation using cycle-consistent adversarial networks [C]. IEEE International Conference on Computer Vision. 2017：2242 - 2251.

[7] ODENA A. Semi-supervised learning with generative adversarial networks[J]. arXiv preprint arXiv: 1606. 01583, 2016.

[8] PATHAK D, KRAHENBUHL P, DONAHUE J, et al. Context encoders: feature learning by inpainting[J]. arXiv preprint arXiv: 2016: 2536 - 2544.

[9] REED S, AKATA Z, YAN X, et al. Generative Adversarial Text to Image Synthesis [C]. International Conference on Macine Learing. PMLR, 2016: 1060 - 1069.

[10] REED S, AKATA Z, LEE H, et al. Learning deep representations of fine-grained visual descriptions[C]. 2016 IEEE Conference on Computer Vision and Pattern Recognition (CVPR), Las Vegas, NV, 2016: 49 - 58.

第11章 深度强化学习

11.1 结构和原理

11.1.1 深度强化学习的结构

众所周知，深度学习具有较强的感知能力，但是缺乏一定的决策能力；而强化学习具有决策能力，但对感知问题束手无策。因此将两者结合起来，优势互补的深度强化学习（deep reinforcement learning，DRL）成为近年来人工智能领域最受关注的领域之一。它将深度学习的感知能力和强化学习的决策能力相结合，可以直接根据输入的图像进行控制，是一种更接近人类思维方式的人工智能方法，为复杂系统的感知决策问题提供了解决思路[1]。

在实际应用中，深度强化学习在游戏博弈与机器控制等领域得到了成功应用。在游戏领域，需要根据双方的英雄属性以及技能点数、走位等复杂的信息来判断接下来的动作。例如，腾讯 AI Lab 开发的绝悟 AI 在《王者荣耀》游戏中击败了人类顶尖选手；Open AI 的 AlphaStar 在《星际争霸 2》游戏中以 5∶0 的战绩击败了职业选手等。Google 的 DeepMind 团队于 2016 年设计的 AlphaGo 就基于深度强化学习方法，以 4∶1 战胜了世界围棋顶级选手李世石（Lee Sedol），成为人工智能历史上一个新的里程碑。

AlphaGo 围棋系统包括以下几个方面：

（1）策略网络：给定当前局面，预测并采样下一步的走棋。

（2）快速走子：目标和策略网络一样，在适当牺牲走棋质量的条件下，速度要比策略网络快 1000 倍。

（3）价值网络：给定当前局面，估计出白胜概率大还是黑胜概率大。

（4）蒙特卡洛树搜索：将（1）~（3）连起来形成一个完整的系统。

深度强化学习关系如图 11.1 所示。从图中可以看到，强化学习、有监督学习和无监督学习均属于机器学习的分支，而机器学习是人工智能的首要范畴。其中，有监督学习和无监督学习在训练时用的是静态数据，无须与环境交互。有监督学习用于预测新数据的标签，无监督学习更善于挖掘数据中隐含的规律。

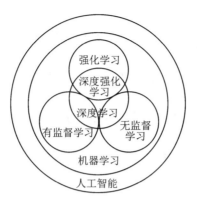

图 11.1　深度强化学习关系图

深度强化学习是一种端对端（end-to-end）的感知与控制系统（其原理框架见图 11.2），具有很强的通用性。其学习过程可以描述如下：

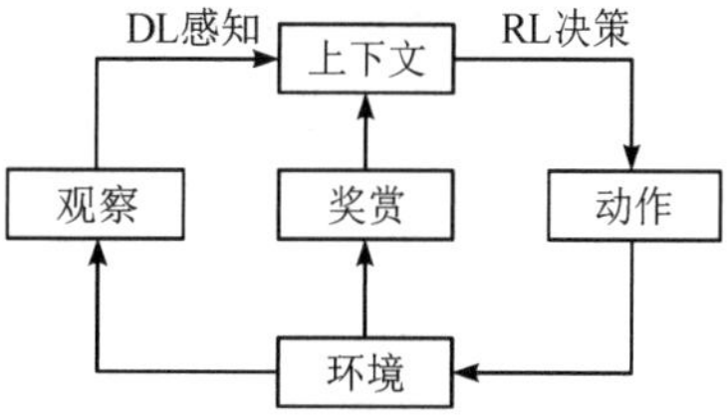

（1）在每个时刻智能体（agent）与环境交互得到一个高维度的观察结果，并利用 DL 方法来感知观察结果，以得到具体的状态特征表示。

（2）基于预期回报来评价各动作的价值函数，并通过某种策略（RL 决策）将当前状态映射为相应的动作。

图 11.2　深度强化学习原理框架

（3）环境对此动作做出反应，并得到下一个观察。

通过不断循环以上过程，最终可以得到实现目标的最优策略。

11.1.2　深度强化学习的原理

强化学习可以分为基于值函数的强化学习和基于策略的强化学习。在基于值函数的强化学习中，最常用的学习算法为 Q 学习算法（Q learning）[2]，其框架如图 11.3 所示。

图 11.3　Q 学习算法框架

在图 11.3 中，智能体（agent）也称为"代理"；被控对象可被泛化为"环境"。Q 学习算法的核心是智能体与环境进行交互，在不断的交互过程中迭代更新智能体的输出策略。首先，智能体从环境中获取状态 s 和奖励值 r；然后，更新状态 s 下的矩阵 $\boldsymbol{Q}$ 和对应的概率值矩阵 $\boldsymbol{P}$；最后，根据概率值矩阵输出动作 a。

矩阵 $\boldsymbol{Q}$ 的更新公式如下：

$$\boldsymbol{Q}(s,a) \leftarrow \boldsymbol{Q}(s,a) + \alpha(R(s,s',a) + \gamma \max_{a \in A} Q(s',a) - \boldsymbol{Q}(s,a)) \qquad (11.1)$$

式中：s 为当前环境所处状态，s' 为下一时刻状态，α 是智能体的学习率，γ 为折扣因子，$R(s,s',a)$ 为给出动作 a 后由当前环境状态 s 转移到下一时刻状态 s' 的回报集合。

概率值矩阵 P 的更新公式如下：

$$P(s, a) \leftarrow \begin{cases} P(s, a) - \beta(1 - P(s, a)) & a' = a \\ P(s, a)(1 - \beta), & a' \neq a \end{cases} \quad (11.2)$$

式中：概率值矩阵 $P(s, a)$ 的取值范围为 $[0, 1]$，初始化为 $1/|A|$，其中 $|A|$ 为动作集 A 中的动作数量；β 为概率分布因子。

由于不断迭代更新了 Q 值矩阵，并且折扣因子 γ 和学习率 α 对历史 Q 值进行了积累，因此上述过程称为强化学习。

Q 学习算法的流程可表示如下：

步骤一：初始化 $Q(s, a)$，$\forall s \in S$，$a \in A$。

步骤二：对每个回合（episode）循环：

（1）初始化状态 s；

（2）对回合每步（step）循环：

① 根据状态 s 选择的动作 a，可采用 ε-greedy 贪心算法：

$$a = \begin{cases} \text{random}, & \text{以 } \varepsilon \text{ 的概率} \\ \underset{a}{\arg\max} Q(s, a), & \text{以 } 1 - \varepsilon \text{ 的概率} \end{cases} \quad (11.3)$$

② 采取动作 a，观察奖赏值 r 和下一时刻的状态 s'；

③ 根据 $\underset{a}{\arg\max} Q(s, a)$ 选择 a'，令 $s = s'$，$a = a'$。

（3）结束每步循环。

步骤三：结束每个回合循环。

接下来我们用一个例子来讲解 Q 学习算法的算法逻辑。

假设一层楼的房间布局如图 11.4 所示，共有 0、1、2、3、4 五个房间，5 是外部的大厅，同样也被看作一个房间。房间之间有门，可双向互通。

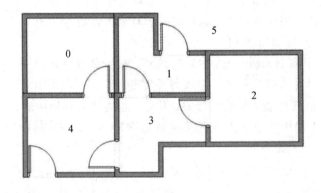

图 11.4　房间布局

将每个房间看作一个节点，门代表双向的连线，抽象后的关系如图 11.5 所示。

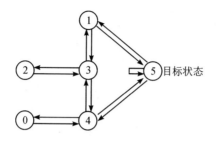

图 11.5　房间布局关系抽象图

初始状态会随机设置一个房间，目标房间状态是 5 号，也就是说从初始房间节点出发到达五号房间即为实现目标。门是双向的，因此有向图中互通的门之间由双向箭头连接。通过部分特定的门可以获得 100 的奖励值，其他门的奖励值为 0。将所有的奖励值标注在有向关系图中，结果如图 11.6 所示。

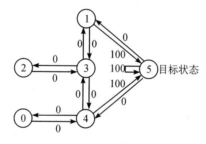

图 11.6　用奖励值标注的有向关系图

Q 学习算法的目标就是达到最大奖励的状态。由于初始状态下智能体并不知道哪条路径能够获得奖励，也不知道该如何到达目标房间，因此它会随机地选择接下来的动作，在一遍遍的随机行动和奖励中学到路径。

智能体每次从出发到找到目标位置的过程为一次迭代，每一次迭代都是一次完整的训练。在训练过程中智能体对所处环境（通常由矩阵表示）进行一次探索学习，得到奖励和最终的目标状态。算法训练的目的就是提高智能体的"智能"，让智能体从初始状态下对环境未知到能够找到到达目标的最佳路径。

我们这里可以把房间抽象为不同的状态节点，当前所处的房间为当下的状态（state），下一步要进入的房间为动作（action），把状态、动作以及相应获得的奖励都放在一个矩阵中，称为"回报矩阵"*R*，如图 11.7 所示（其中 0 值代表没有奖励，100 代表奖励为 100，−1 代表两种状态间无法通过一步动作达到，是没有连接的）。

$$
R = \begin{array}{c} \\ \\ \\ \\ \\ \\ \\ \end{array}
\begin{array}{c}
\text{状态} \\ 0 \\ 1 \\ 2 \\ 3 \\ 4 \\ 5
\end{array}
\begin{array}{c}
\qquad\qquad\qquad \text{动作} \\
\begin{array}{cccccc}
0 & 1 & 2 & 3 & 4 & 5
\end{array} \\
\begin{bmatrix}
-1 & -1 & -1 & -1 & 0 & -1 \\
-1 & -1 & -1 & 0 & -1 & -100 \\
-1 & -1 & -1 & 0 & -1 & -1 \\
-1 & 0 & 0 & -1 & 0 & -1 \\
0 & -1 & -1 & 0 & -1 & 100 \\
-1 & 0 & -1 & -1 & 0 & 100
\end{bmatrix}
\end{array}
$$

图 11.7 回报矩阵

现在这个矩阵 R 就是我们根据之前的经验学到的关于动作奖励的记忆矩阵。矩阵 R 的行代表 state，也就是智能体当前所处的状态，矩阵 R 的列表示下一步会做出的动作。

接下来我们需要构建矩阵 Q。矩阵 Q 和矩阵 R 是同阶的，同样是行表示状态，列表示动作。智能体最初应该是什么信息是都不知道的，因此矩阵 Q 一开始为零矩阵，在选择动作的过程中不断添加行和列。采用式(11.1)的规则对矩阵 Q 进行更新。整体过程结束后就得到了从初始状态到目标状态的累计奖励值最大的最终路径。Q 学习算法过程中是将训练和评估分开的，对动作进行训练后得到的经验先存到经验池中，方便在后期进行判断。

Q 学习算法是一种离线学习法，它能学习当前的经历和过去的经历，甚至学习别人的经历。因此当 DQN 更新时，可以随机抽取一些之前的经历进行学习。随机抽取这种做法打乱了经历之间的相关性，也使得神经网络的更新更有效率。通过一种打乱相关性机理(fixed Q-targets)，DQN 中会得到两个结构相同但参数不同的神经网络：预测 Q 估计的神经网络具备最新的参数，预测 Q 现实的神经网络使用的参数则是很久以前的。有了这两种提升手段，DQN 才能在一些游戏中超越人类。

11.2 几种经典的深度强化学习网络

11.2.1 基于卷积神经网络的深度强化学习

由于卷积神经网络对图像处理拥有天然的优势，将卷积神经网络与强化学习结合起来处理图像数据的感知决策任务成了很多学者的研究方向。他们将 CNN 与 Q 学习算法结合，形成深度 Q 网络(deep Q network，DQN)。DQN 是在 Q 学习算法基础上改进的一种基于值函数逼近的强化学习方法，利用 CNN 逼近行为值函数，并通过均匀采样对强化学习进行训练，实现数据的历史回放，保证值函数能够稳定收敛。

深度强化学习(deep reinforcement learning，DRL)是深度学习(deep learning)与强化学习(reinforcement learning)的结合，构建了感知到决策的端到端架构，最早由 DeepMind

发表在 NIPS 2013 上。

深度 Q 网络采用时间上相邻的 4 帧游戏画面作为原始图像输入，经过深度卷积神经网络和全连接神经网络，输出状态动作 Q 函数，实现了端到端的学习控制。其结构如图 11.8 所示。图中，左侧的蛇形线表示每个滤波器在输入图像上的滑动，神经网络由卷积层和全连接层组成，每个隐藏层都在后面接线性整流函数（rectified linear unit，ReLU），输入是棋盘图像，输出是动作对应的概率。

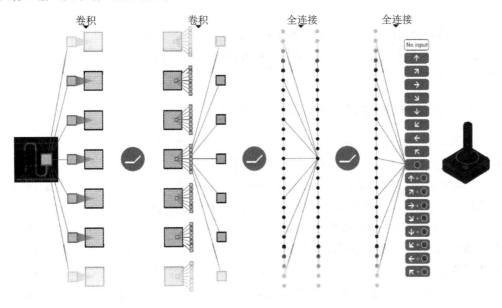

图 11.8　DQN 网络结构

深度 Q 网络使用带有参数 θ 的 Q 函数 $Q(s, a; \theta)$ 去逼近值函数。当迭代次数为 i 时，损失函数如式（11.4）所示：

$$L_i(\theta_i) = E_{(s, a, r, s')} \left[(y_i^{\text{DQN}} - Q(s, a; \theta_i))^2 \right] \tag{11.4}$$

式中：

$$y_i^{\text{DQN}} = r + \gamma \max_{a'} Q(s', a'; \theta^-) \tag{11.5}$$

其中 θ_i 代表学习过程中的网络参数。经过一段时间的学习后，新的 θ_i 更新 θ^-。具体的学习过程根据下式进行：

$$\nabla_{\theta_i} L_i(\theta_i) = E_{(s, a, r, s')} \left[(r + \gamma \max_{a'} Q(s', a'; \theta^-) - Q(s, a; \theta_i)) \nabla_{\theta_i} Q(s, a; \theta_i) \right]$$

$$\tag{11.6}$$

DQN 是强化学习概念被提出后第一个将深度学习和强化学习成功结合在一起的算法。它的主要贡献如下：

（1）解决了高维连续任务下强化学习计算量大等问题。

（2）算法通用性强，可以嵌入到各种任务中。

（3）属于端到端的训练方式，训练过程简单快速。

（4）可以在训练过程中得到大量样本提供给有监督学习。

同时，DQN 也存在着一些问题与挑战：

（1）深度学习中假设的数据通常是独立同分布的，而强化学习中采样的数据都是强相关的。

（2）只能处理短时记忆的任务，暂时无法处理长期记忆问题。

（3）容易产生过估计的问题，使估计的值函数比真正的值函数要大，导致值函数不准确。

11.2.2　基于递归神经网络的深度强化学习

深度强化学习面临的问题往往具有很强的时间依赖性，而递归神经网络适合处理和时间序列相关的问题。强化学习与递归神经网络的结合也是深度强化学习的主要形式。

对于时间序列信息，深度 Q 网络的处理方法是加入经验回放机制。但是经验回放机制的记忆能力有限，每个决策点都需要获取整个输入画面进行感知记忆。可将长短时记忆网络与深度 Q 网络结合，得到深度递归 Q 网络（deep recurrent Q network，DRQN）[4]，这在部分可观测马尔科夫决策过程（partially observable Markov decision process，POMDP）中表现出了更好的鲁棒性，同时在缺失若干帧画面的情况下也能获得很好的实验结果。

受此启发的深度注意力递归 Q 网络（deep attention recurrent Q network，DARQN）能够选择性地重点关注相关信息区域，减少深度神经网络的参数数量和计算开销。

图 11.9 所示为深度强化学习的算法对比图，各算法包括 DQN、DDQN、Prioritized DDQN、Dueling DDQN、A3C、Distributional DQN、Noisy DQN、Rainbow。横轴为训练帧数，纵轴表示不同 DQN 变体算法在 Atari 游戏上的"人类标准中位得分"，即智能体得分占人类中等水平的百分比。

DDQN 在 DQN 的基础上，可通过解耦目标 Q 值动作的选择和目标 Q 值的计算消除过度估计问题；Prioritized DDQN 对能学到更多的过渡进行重播，从而提高数据效率；Dueling DDQN 通过分别呈现状态值和行为优势，有利于不同行为之间泛化；A3C 的多步引导目标能够将新观察到的奖励传播到早先访问的状态；Distributional DQN 能够学习折扣返回的类别分布，而不是估计平均值；Noisy DQN 使用随机网络层进行探索；Rainbow 在 DQN 的变体上没有新的改动，而是将前面所述的 6 种变体进行整合，成为单独的智能体。由图 11.9 的结果可以看出，Rainbow 算法要优于其他变体。

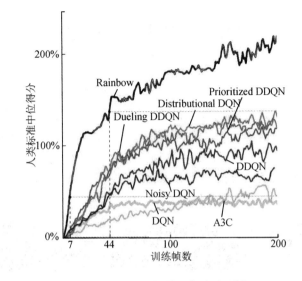

图 11.9　深度强化学习算法对比图

除了和其他变体比较，DeepMind 团队还通过实验证明了 Rainbow 中各算法组件的作用。Rainbow 去除某部分算法组件对比如图 11.10 所示，从图中可以清楚地看到去除某部分算法组件对性能的影响。

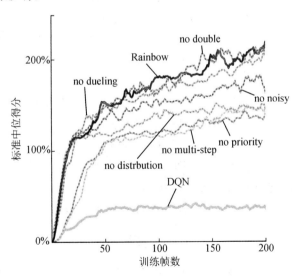

图 11.10　Rainbow 去除某部分算法组件对比图

11.3　案例与实践

11.3.1　玩 Atari 游戏

文献[5]利用强化学习的方法，在 Atari 2600 游戏（见图 11.11）中获得了很好的成绩。在 7 个来自街机学习环境的游戏中，文献[5]的模型不需要调整架构或学习算法，在六场比赛中胜过了所有以前的方法，并且在其中三场比赛中超过了人类玩家水平。文献[5]的模型直接从高维感官输入中成功学习控制策略，该模型是一个卷积神经网络，利用 Q 学习算法的一个变种来进行训练，输入为原始像素，输出是预测将来的值函数。

图 11.11　5 种 Atari 2600 游戏截图

智能体与环境 ε（在本例中是 Atari 模拟器）交互的任务以一系列动作、观察和奖励的方式进行。在每个时间步骤中，智能体从合法的游戏操作集合中选择一个操作，将该操作传递给模拟器，并修改其内部状态和游戏分数。一般来说 ε 是随机的。智能体看不到模拟器的中间状态，但它可通过观察来自模拟器的图像 $x_t \in \mathbf{R}^d$ 得到当前屏幕的原始像素值的向量。此外，它还接收表示游戏分数变化的奖励 r_t。一般情况下，游戏分数取决于之前的整个动作序列和观察结果；只有经过数千个时间步骤后，才能接收到有关动作的反馈。

由于智能体只能观察到当前的屏幕图像，因此仅能观察到整个任务的部分情况，也就是说，仅从当前屏幕 x_t 不可能完全了解当前情况。因此考虑动作和观察序列 $s_t = x_1, a_1, x_2, \cdots, a_{t-1}, x_t$，并依赖这些序列对游戏策略进行学习。所有序列在模拟器中都会在有限的时间步骤内终止。文献[5]中采用标准的强化学习（reinforcement learning，RL）方法来处理马尔可夫决策过程（Markov decision process，MDPs），利用完整的序列 s_t 作为时刻 t 的状态表示。

智能体的目标是通过选择动作与模拟器交互，从而最大化未来的奖励。假设奖励按每个时间步骤的 γ 因子进行折扣，定义时刻 t 折扣后的返回值为

$$R_t = \sum_{t'=t}^{T} \gamma^{t'-t} r_{t'}$$

其中：T 是游戏终止的时间步骤数。文献[5]中定义了最优的动作-值函数 $Q^*(s, a)$：

$$Q^*(s, a) = \max_\pi E[R_t \mid s_t = s, a_t = a, \pi] \tag{11.7}$$

式中：π 是从序列映射到动作的策略。

通常使用函数逼近器来估计动作-值函数，即 $Q(s, a; \theta) \approx Q^*(s, a)$。在强化学习中，

深度学习简明教程

动作-值函数通常是一个线性函数。有时也可以使用非线性函数近似动作-值函数，如将权重为 θ 的神经网络函数称为 Q 网络，Q 网络通过迭代 i 最小化序列损失函数 $L_i(\theta_i)$：

$$L_i(\theta_i) = E_{s, a \sim \rho(\cdot)} \left[(y_i - Q(s, a ; \theta_i))^2 \right] \tag{11.8}$$

式中：$y_i = E_{s' \sim \varepsilon}[r + \gamma \max a' Q(s', a'; \theta_{i-1}) | s, a]$ 是第 i 次迭代的标签，$\rho(s, a)$ 是序列 s 和动作 a 的概率分布。通常采用随机梯度下降算法来优化损失函数 $L_i(\theta_i)$，在优化时，上一次迭代的参数 θ_{i-1} 保持不变。在监督学习中标签在训练开始前就固定了，而这里目标 y_i 依赖网络权重。损失函数关于网络权重的梯度为

$$\nabla_{\theta_i} L_i(\theta_i) = E_{s, a \sim \rho(\cdot); s' \sim \varepsilon} \left[\left(r + \gamma \max_{a'} Q(s', a'; \theta_{i-1}) - Q(s, a; \theta_i) \right) \nabla_{\theta_i} Q(s, a; \theta_i) \right]$$

$$\tag{11.9}$$

11.3.2　目标检测

文献[6]将深度强化学习用于目标检测，关键点在于将注意力集中在图像中包含丰富信息的区域，然后放大这些区域。本文训练了一个智能体，在给定图像窗口的情况下，智能体能够决定将注意力集中在预定义的五个区域的位置。这个过程是迭代的，并且提供了一个层次化的图像分析。

本文将目标检测问题定义为智能体与图像视觉环境交互的序列决策过程。在每个时间步骤中，智能体都应该决定将注意力集中在图像的哪个区域，这样就可以在有限步骤中找到对象。本文将问题看作马尔可夫决策过程，并提供了一个框架对决策进行建模。

针对目标检测任务的模型，本文定义了如何参数化马尔可夫决策过程：

（1）**状态（state）**：由当前区域的描述符和记忆向量组成。描述符类型定义了文中用于比较的两个模型：图像缩放模型和池化 45-裁切模型。对于图像缩放模型，每个区域的大小调整为 224×224，其视觉描述符对应于 VGG-16 的 Pool5 层的特征图；对于池化 45-裁切模型，图像是以全分辨率传给 VGG-16 的 Pool5 层的。状态的记忆向量能够捕获智能体在搜索目标时已执行的最后 4 个动作，因为智能体能够学习边界框微调，通过编码该微调过程的状态记忆向量可以稳定搜索轨迹。最后的 4 个动作可编码为一个 one-shot 矢量。本文定义了 6 个不同的动作，因此记忆向量有 24 个维度。

（2）**动作（actions）**：包括转移动作和终止动作两种。转移动作表示当前观察区域发生变化，终止动作表示找到目标并结束搜索。每个转移动作只能从一个预先定义的层次结构里自上而下地在区域之间转移注意力。通过在每个观察到的边界框上定义五个子区域可构建层次结构。

（3）**奖励（rewards）**：使用的奖励函数是由 Caicedo 和 Lazebnik 提出的[7]。当智能体选定动作从状态 s 移动到 s' 时，每一个状态 s 与其相关的框 b 对应。转移动作的奖励函数为

$$R_m(s, s') = \operatorname{sgn}[\operatorname{IOU}(b', g) - \operatorname{IOU}(b, g)] \tag{11.10}$$

这里，奖励函数 R 和选定一个特定区域后定位物体的提升程度成正比。奖励函数根据一个状态到另一个状态的 IOU 的不同进行预测。若观测区域的框为 b，目标物体的真实框为 g，则 b 和 g 之间的 IOU 可定义为

$$IOU(b, g) = \frac{area(b \bigcap g)}{area(b \bigcup g)} \tag{11.11}$$

由式(11.10)可以看到，从状态 s 到 s'，若 IOU 得以改善，则奖励为正；反之则为负。这样可使智能体对于偏移真实框的动作进行惩罚，对于接近真实框的动作进行奖励，直到没有其余的动作能够更好地进行定位，此时需采用 trigger 操作，即终止动作。其奖励函数为

$$R_t(s, s') = \begin{cases} +\eta, & IOU(b, g) \geqslant \tau \\ -\eta, & 其他 \end{cases} \tag{11.12}$$

式中：η 为 trigger 奖励，此处可取 η 为 3，τ 为 0.5。

图 11.12 所示为层次目标检测模型，如文献[8]所述，该模型通过 ROI Pooling 可得到感兴趣区域的特征。与文献[9]中的 SSD 一样，应根据感兴趣区域的大小选择特征图。对于较大的物体，可选择颜色较深的特征图；而对于较小的物体，可选择颜色较浅的特征图。从图 11.12 中可以看出，特征提取的两个模型可生成一个 7×7 的特征图，该特征图被送入网络的公共块。区域描述符和记忆向量被输入深度 Q 网络，该网络由两个全连接层组成，每个层有 1024 个神经元。每个全连接层后跟 ReLU 函数，训练中用到了 dropout 操作。输出层输出智能体对应的可能动作，即本文定义的 6 个动作。

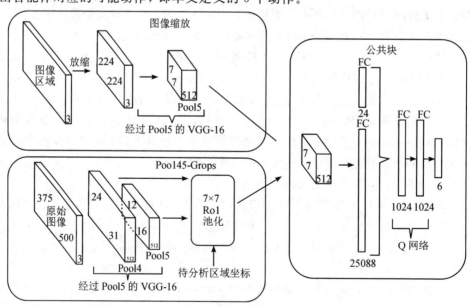

图 11.12　层次目标检测模型

图 11.13 所示为智能体在测试图像上的结果。这些结果是由图像缩放模型得到的。从第二行、第三行和第四行可以看出，智能体只需两到三步就可以找到目标周围的边界框，模型能够成功地对大多数图像中的目标进行缩放。从第一行和最后一行可以看出，当目标较小时，智能体也能准确地找到目标。

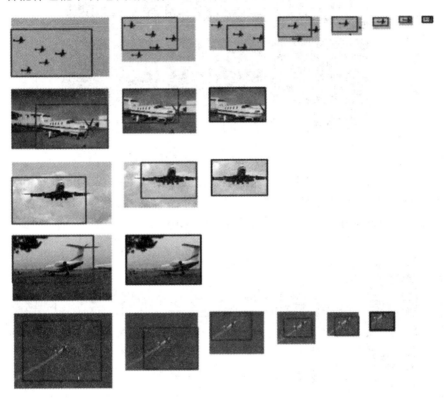

图 11.13　智能体在测试图像上的结果

11.3.3　目标跟踪

文献[10]提出用强化学习进行目标跟踪，与现有的跟踪网络相比，这样既能进行轻量级的计算，又能在跟踪位置和尺度上获得令人满意的精度。控制动作的深层网络通过训练序列进行预训练，并在跟踪过程中进行微调，以便在线适应目标和背景变化。预训练通过深度强化学习和监督学习进行。跟踪器在 OTB 数据集上的速度是当前基于深度网络跟踪器速度的 3 倍，并且该方法的快速版本能够达到 GPU 上的实时运行速度。

上述方法的跟踪过程如图 11.14 所示，它是用一系列连续动作来实现视觉跟踪的。图 11.14 中的第一列显示目标的初始位置，第二列和第三列显示查找目标框的迭代动作。利用上述方法选择的序列动作能够控制跟踪器迭代地将初始框移动到每帧中的目标框。

图 11.14　跟踪示意图

文献[10]的网络架构如图 11.15 所示。通过动作决策网络（action-decision networks，ADNet）控制的顺序动作动态跟踪目标，虚线表示状态转换。文献[10]选择"右移"操作来捕获目标对象。重复此动作决策过程，直到跟踪过程结束。

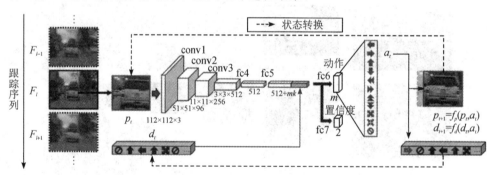

图 11.15　网络架构图

强化学习中包括以下组成部分：

（1）**动作（actions）**。动作空间 A 由 11 种动作组成，包括平移、尺度变化和停止三大类，如图 11.16 所示。平移动作包括 4 个方向，即上、下、左、右以及 4 个方向上 2 倍大的平移。尺度变化定义为向上缩放和向下缩放两种类型，在缩放过程中保持跟踪目标的纵横比。每一个动作都由 11 维的 one-hot 编码组成。

平移　　　　　　尺度变化　停止

图 11.16　定义的动作类型

（2）**状态（state）**。状态 s_t 分为 $\boldsymbol{p}_t$ 和 $\boldsymbol{d}_t$ 两部分。其中：$\boldsymbol{p}_t$ 代表跟踪过程中 bbox 里的像素信息；$\boldsymbol{d}_t$ 则是动作向量，包括 10 个动作，每个动作由 11 维的 one-hot 编码组成。$\boldsymbol{p}_t$ 可用 4 维的向量 $\boldsymbol{b}_t = [x^{(t)}, y^{(t)}, w^{(t)}, h^{(t)}]$ 表示，$(x^{(t)}, y^{(t)})$ 是 $\boldsymbol{p}_t$ 中心点坐标，$w^{(t)}$ 和 $h^{(t)}$ 是 $\boldsymbol{p}_t$ 的宽和高。在视频帧 F 中，第 t 次迭代的 $\boldsymbol{p}_t$ 定义为

$$\boldsymbol{p}_t = \phi(\boldsymbol{b}_t, F) \tag{11.13}$$

式中：ϕ 代表预处理函数，表示从帧 F 裁剪出 $\boldsymbol{p}_t$ 并将其缩放到网络输入尺寸的过程。

（3）**状态转移函数（state transition function）**。在状态 s_t 下执行动作 a_t 后通过状态转移函数 $f_p(\cdot)$ 和动作函数 $f_d(\cdot)$ 得到下一个状态 s_{t+1}。patch（边界框内的图像块）转移函数（对边界框内的图像块进行转换）定义为：$b_{t+1} = f_p(b_t, a_t)$，离散运动量定义为

$$\begin{cases} \Delta x^{(t)} = \alpha w^{(t)} \\ \Delta y^{(t)} = \alpha h^{(t)} \end{cases} \tag{11.14}$$

式中：α 为 0.03。如果选择了"左"动作，则 b_{t+1} 的位置移动到 $[x^{(t)} - \Delta x^{(t)}, y^{(t)}, w^{(t)}, h^{(t)}]$，"放大"动作将大小更改为 $[x^{(t)}, y^{(t)}, w^{(t)} + \Delta x^{(t)}, h^{(t)} + \Delta y^{(t)}]$。其他动作以类似的方式定义。当选择"停止"动作时，智能体获得奖励，然后将结果状态转移到下一帧的初始状态。

（4）**奖励（rewards）**。对于一个动作序列，中间的那些动作都不产生奖励，只有动作终止了才会获得奖励。若动作序列长度为 T，则奖励定义如下：

$$r(s_T) = \begin{cases} 1, & \text{IOU}(b_T, G) > 0.7 \\ -1, & \text{其他} \end{cases} \tag{11.15}$$

式中：$\text{IOU}(b_T, G)$ 为图像块的位置 $\boldsymbol{b}_T$ 和标签 G 的交并比，跟踪得分 z_t 定义为最终的奖励 $z_t = r(s_T)$，并将用于强化学习模型的更新。

ADNet 的训练部分包括监督学习、强化学习、在线自适应三部分。

在监督学习阶段，网络参数为 W_{SL}，$\{w_1, \cdots, w_7\}$ 为训练样本，并包括图像块 $\{p_j\}$、动作标签 $\{o_j^{(\text{act})}\}$ 和类标签 $\{o_j^{(\text{cls})}\}$，它们的定义如下：

$$o_j^{(\text{act})} = \underset{a}{\arg\max} \text{IOU}[\bar{f}(p_j, a), G] \tag{11.16}$$

式中：$\bar{f}(p_j, a)$ 为 p 通过动作 a 移动后的图像块。

$$o_j^{(\text{cls})} = \begin{cases} 1, & \text{IOU}(p_j, G) > 0.7 \\ 0, & \text{其他} \end{cases} \tag{11.17}$$

ADNet 通过随机梯度下降法最小化多任务损失函数，其中损失函数 L_{SL} 如下：

$$L_{SL} = \frac{1}{m} \sum_{j=1}^{m} L(o_j^{(\text{act})}, \hat{o}_j^{(\text{act})}) + \frac{1}{m} \sum_{i=j}^{m} L(o_j^{(\text{cls})}, \hat{o}_j^{(\text{cls})}) \tag{11.18}$$

式中：m 表示 batchsize 的大小，L 表示交叉熵损失，$\hat{o}_j^{(\text{act})}$ 和 $\hat{o}_j^{(\text{cls})}$ 分别表示 ADNet 预测的动作和类别。

在强化学习中，训练 $\{w_1, \cdots, w_6\}$，通过监督学习阶段得到了当前训练的初始参数

W_{RL}，通过随机梯度下降算法更新参数 W_{RL}：

$$\Delta W_{RL} \propto \sum_{l}^{L} \sum_{t}^{T_l} \frac{\partial \log p(a_{t,l} \mid s_{t,l}; W_{RL})}{\partial W_{RL}} z_{t,l} \qquad (11.19)$$

式中：$l=1, \cdots, L$，时间步数 $t=1, \cdots, T_l$，$a_{t,l}$ 和 $s_{t,l}$ 是对应的动作与状态。

在对 ADNet 进行预训练后，网络参数在跟踪过程中以在线方式更新，从而对目标的外观变化或变形更加鲁棒。

在线更新阶段，训练 $\{w_4, \cdots, w_7\}$，每过 I 帧，使用前面 J 帧中置信度大于 0.5 的样本进行微调。若置信度小于 -0.5，则说明目标跟丢了，需要进行重检测，将当前目标位置周围加上随机高斯噪声得到的位置 $\tilde{b}_i$ 作为候选，选择置信度最大的位置 b^* 作为重检测的目标位置：

$$b^* = \underset{\tilde{b}_i}{\operatorname{argmax}} c(\tilde{b}_i) \qquad (11.20)$$

在文献[10]的实验部分，将该方法与其他的跟踪算法在 OTB-100 数据集上进行测评，其结果如表 11.1 所示。从表中可以看出 ADNet 的计算效率较高，其速度是 MDNet 和 C-COT 的 3 倍左右，而 ADNet 的快速版本 ADNet-fast 比 ADNet 的性能下降了 3%，但能够实时进行跟踪(15 f/s)。

表 11.1　OTB－100 数据集上的实验结果

	算法	Prec. (20px)	IOU(AUC)	f/s	GPU
	ADNet	88.0%	0.646	2.9	O
	ADNet-fast	85.1%	0.635	15.0	O
非实时	MDNet	90.9%	0.678	<1	O
	C-COT	90.3%	0.673	<1	O
	DeepSRDCF	85.1%	0.635	<1	O
	HDT	84.8%	0.564	5.8	O
	MUSTer	76.7%	0.528	3.9	X
实时	MEEM[42]	77.1%	0.528	19.5	X
	SCT[5]	76.8%	0.533	40.0	X
	KCF[13]	69.7%	0.479	223	X
	DSST[7]	69.3%	0.520	25.4	X
	GOTURN[12]	56.5%	0.425	125	O

本章参考文献

［1］ 焦李成，赵进. 深度学习、优化与识别［M］. 北京：清华大学出版社，2017.

［2］ WATKINS C J，DAYAN P. Q-learning［J］. Machine learning，1992，8(3－4)：279－292.

［3］ OSBAND I，BLUNDELL C，PRITZEL A，et al. Deep exploration via bootstrapped DQN［C］. Advances in Neural Information Processing Systems 29：Annual Conference on Neural Information Processing Systems，2016：4026－4034.

［4］ HAUSKNECHT M，STONE P. Deep recurrent Q-Learning for partially observable MDPs［C］. 2015 AAAI Fall Symposium Series，2015：29－37.

［5］ MNIH V，KAVUKCUOGLU K，SILVER D，et al. Playing atari with deep reinforcement learning［J］. arXiv preprint arXiv：1312. 5602，2013.

［6］ BELLVER M，GIRO-I-NIETO X，MARQUES F，et al. Hierarchical object detection with deep reinforcement learning［J］. Advances in parallel computing，2017，31(164)：3.

［7］ CAICEDO J C，LAZEBNIK S. Active object localization with deep reinforcement learning［C］. In Proceedings of the IEEE International Conference on Computer Vision，2015：2488－2496.

［8］ GIRSHICK R. Fast r-cnn［C］. In Proceedings of the IEEE International Conference on Computer Vision，2015：1440－1448.

［9］ LIU W，ANGUELOV D，ERHAN D，et al. Ssd：single shot multibox detector［J］. arXiv preprint arXiv：1512. 2015：02325.

［10］ YUN S，CHOI J，YOO Y，et al. Action-decision networks for visual tracking with deep reinforcement learning［C］. IEEE Conference on Computer Vision & Pattern Recognition. 2017：1349－1358.

第12章 图神经网络

12.1 结构和原理

12.1.1 图神经网络的结构

卷积神经网络能够处理的是规则的欧几里得数据，典型的欧几里得数据为图像数据，如图 12.1 所示。一张数字图像可以表示为规则的栅格形式，即二维的图像矩阵，将这些规则的欧几里得数据作为输入，能够十分高效地通过卷积神经网络进行处理。

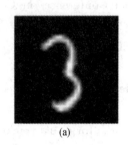
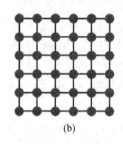
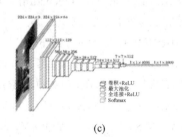

(a)　　　　　　　　(b)　　　　　　　　(c)

图 12.1　欧几里得数据

然而，不具备规则的空间结构的非欧几里得数据，如社交多媒体网络数据、化学成分结构数据、知识图谱数据等，都属于图结构的数据（graph-structured data），

图分析是一种独特的非欧几里得的机器学习数据结构，其中图是一种数据结构，它对一组对象（节点）及其关系（边）进行建模。一个图 G 可以用它包含的顶点 N 和边 E 的集合来描述：

$$G = (N, E) \tag{12.1}$$

这里的"顶点"与"节点"指的是同一个对象，根据顶点之间是否存在方向依赖关系，图可以分为有向图和无向图，如图 12.2 所示。

深度学习简明教程

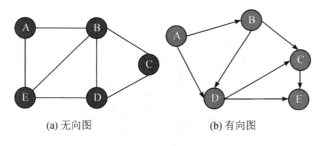

(a) 无向图   (b) 有向图

图 12.2　有向图与无向图

我们知道图神经网络(graph neural networks，GNN)能够很好地对非欧几里得数据进行建模[1-8]。除此之外，GNN 的另一个动机为图嵌入(graph embedding)，它能够学习到图节点、边或子图的低维向量表示。在图分析领域，传统的机器学习方法通常依赖人工特征设计，灵活性较差且计算成本高。随着表示学习与词嵌入思想的成功应用，DeepWalk[9]是第一个基于表示学习的图嵌入方法。类似的方法如 node2vec[10]、LINE[11] 和 TADW[12]也取得了突破。然而这些方法有两个缺点：(1)编码器中的节点之间参数不共享，使得参数数量随着节点的数量线性增长，从而导致计算效率低下；(2)直接嵌入的方法缺乏泛化能力，不能处理动态图。

GNN 旨在解决上述问题。基于 CNN 和图嵌入，GNN 对图结构中由元素及其依赖组成的输入与输出进行建模。此外，GNN 可以同时建模基于 RNN 核的图扩散过程。

12.1.2　图神经网络的原理

图神经网络的概念首先由 Gori 等人[13]提出，Scarselli 等人[2]提出了最原始的图神经网络架构，它扩展了现有的神经网络，针对图域中的数据进行处理，图中每个节点都是由其特性和相关节点定义的，节点 1 及其邻域如图 12.3 所示。

从图 12.3 中可以看出，节点 1 的状态 x_1 与其本身的标签及其邻节点的状态和标签有关。图中 l_n 是节点 n 的标签(label)，$l_{(n1,n2)}$ 是边 $(n1, n2)$ 的标签，x_n 是节点 n 的状态(state)，$l_{co[n]}$、$x_{ne[n]}$、$l_{ne[n]}$ 分别是节点 n 对应的边缘标签、节点 n 的邻域状态及其对应的标签。f_w 是一个包含参数的方程，称为局部过渡函数(local transition function)，表示节点对其邻域的依赖性，设 g_w 为局部输出函数(local output function)，用于描述输出是如何产生的，因此，节点 n 的状态 x_n 和其对应的输出 o_n 可以定义如下：

$$\begin{cases} x_n = f_w(l_n, l_{co[n]}, x_{ne[n]}, l_{ne[n]}) \\ o_n = g_w(x_n, l_n) \end{cases} \tag{12.2}$$

令 x、o、l 和 l_N 分别是通过堆叠所有状态、所有输出、所有标签和所有节点标签构建的向量。此时式(12.2)的紧凑形式可表示为

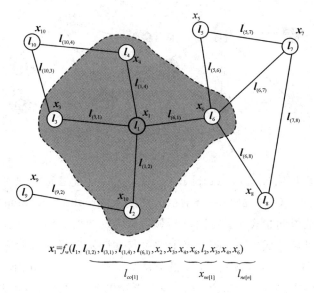

$$x_1 = f_w(l_1, l_{(1,2)}, l_{(3,1)}, l_{(1,4)}, l_{(6,1)}, \underbrace{x_2, x_3, x_4, x_6}_{}, \underbrace{l_2, x_3, x_4, x_6}_{})$$
$$\underbrace{\qquad\qquad}_{l_{co[1]}} \quad \underbrace{\qquad}_{x_{ne[1]}} \quad \underbrace{\qquad}_{l_{ne[n]}}$$

图 12.3 节点 1 及其邻域

$$\begin{cases} \boldsymbol{x} = F_w(\boldsymbol{x}, \boldsymbol{l}) \\ \boldsymbol{o} = G_w(\boldsymbol{x}, \boldsymbol{l}_N) \end{cases} \tag{12.3}$$

式中：F_w 和 G_w 分别为全局过渡函数（global transition function）和全局输出函数（global output function），它们分别由 $|N|$ 个 f_w 和 g_w 堆叠而成。

根据 Banach 不动点定理[14]，式(12.3)有唯一解的条件是 F_w 是一个压缩映射（contraction map），并且存在 $\mu(0 \leqslant \mu < 1)$，对于图结构数据中任意的两个节点 $\boldsymbol{x}$、$\boldsymbol{y}$，满足：

$$\| F_w(\boldsymbol{x}, \boldsymbol{l}) - F_w(\boldsymbol{y}, \boldsymbol{l}) \| \leqslant \mu \| \boldsymbol{x} - \boldsymbol{y} \| \tag{12.4}$$

式中：$\| \cdot \|$ 表示向量范数。

Banach 不动点定理[14]不仅保证了解的存在性和唯一性，而且提出了以下经典的状态计算迭代框架：

$$x(t+1) = F_w(x(t), l) \tag{12.5}$$

可以看出，状态 $x(t)$ 通过全局过渡函数 F_w 进行更新，这里 $x(t)$ 为 x 的第 t 次迭代，对于任意的初始值 $x(0)$，式(12.5)表示的动态系统能够以指数级快速收敛至式(12.3)，其求解过程通过非线性方程组的雅可比迭代法（Jacobi iterative method）实现，因此可以迭代计算状态和输出：

$$\begin{cases} x_n(t+1) = f_w(l_n, l_{co[n]}, x_{ne[n]}(t), l_{ne[n]}) \\ o_n(t) = g_w(x_n(t), l_n), \quad n \in \mathbf{N} \end{cases} \tag{12.6}$$

式(12.6)中的 f_w 和 g_w 可以通过网络表示，该网络被称为编码网络。下面我们以循环神经网络（RNN）作为编码网络说明 f_w 和 g_w 怎样通过网络表示的。

由 f_w 和 g_w 组成的编码网络如图 12.4 所示。其中，图 12.4(a)所示为一个具有 4 个节点 4 条边的无向图；图 12.4(b)所示为对应的编码网络，在该网络中，图的节点(圆)由方框里的 f_w 和 g_w 的计算单元代替，f_w 和 g_w 通过前馈神经网络实现，编码网络是 RNN；图 12.4(c)所示为按时间展开的编码网络，每一层对应一个时间，并包含之前编码网络所有单元的状态。层之间的连接取决于编码网络之间的连接情况。

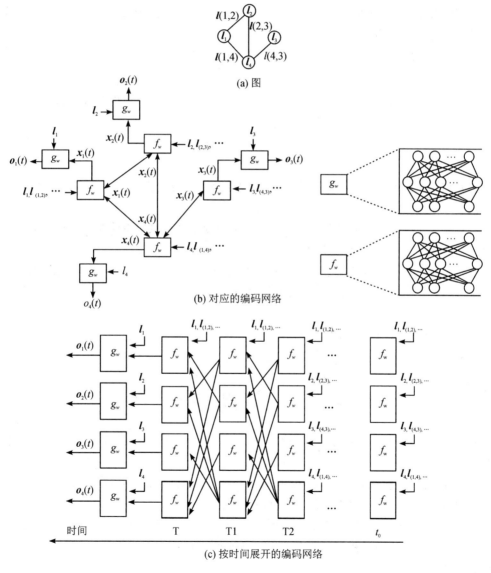

(a) 图

(b) 对应的编码网络

(c) 按时间展开的编码网络

图 12.4　由 f_w 和 g_w 组成的编码网络

为了建立编码网络，图 12.4 中的每个节点都被计算函数 f_w 单元所取代。每个单元存储节点 n 的当前状态 $x_n(t)$，当该节点被激活后，它使用节点标签和存储的邻域信息计算状态 $x_n(t+1)$，如式(12.6)所述。节点的输出由另一个实现单元 g_w 生成。

神经元之间的连接可以分为内部连接和外部连接。内部连接由用于实现该单元的神经网络结构决定。外部连接取决于图结构的边。

图可以表示为 $G=(N, E)$，即顶点集 N 与边 E 的集合，在训练过程中，关于图的监督学习框架可以表示为

$$L=\{(G_i, n_{i,j}, t_{i,j}) \mid G_i=(N_i, E_i) \in G;$$
$$n_{i,j} \in N_i; t_{i,j} \in \mathbf{R}^m, 1 \leqslant i \leqslant p, 1 \leqslant j \leqslant q_i\} \quad (12.7)$$

式中：$n_{i,j} \in N_i$ 代表在集合 N_i 中的第 j 个顶点，$t_{i,j}$ 为 $n_{i,j}$ 对应的期望目标，q_i 是 G_i 中的节点数目。训练通过梯度下降策略最小化代价函数：

$$e_w = \sum_{i=1}^{p} \sum_{j=1}^{q_i} [t_{i,j} - \varphi_w(G_i, n_{i,j})]^2 \quad (12.8)$$

实验结果表明 GNN 是一种强大的结构数据建模网络，但原始 GNN 仍然存在一些局限性：

(1) 对固定点迭代地更新节点的隐藏状态，使得效率较低。如果放宽不动点的假设，可以设计一个多层 GNN，能够更加稳定地表示节点及其邻域信息。

(2) 图结构中的边信息在原始 GNN 中无法有效建模。比如知识图谱中的边具有不同的关系类型，使得通过不同边的信息传播方法不同。此外，如何学习边的隐藏状态也很重要。

(3) 如果把注意力集中在节点的表示上，就不适合使用不动点，因为不动点的表示分布很平滑，所以区分每个节点的信息量很少。

12.2　几种经典的图神经网络

关于图神经网络的变体较多，不能一一列举，本章选择具有代表性的三个变体进行简单介绍：

(1) 图卷积神经网络(graph convolutional networks，GCN)的空间域卷积：将图中的节点在空间域中相连、达成层级结构，进而进行卷积。

(2) 图卷积神经网络的谱卷积(spectral convolution)：将卷积神经网络的滤波器与图信号同时在傅里叶域进行处理，能够有效直接地对图进行操作，是一种可扩展的基于图数据结构的半监督学习方法。

(3) 图注意力网络(graph attention networks，GAT)：将注意力机制应用到图卷积网

络中，考虑不同样本点之间的关系并完成分类、预测等问题。

12.2.1 基于空间域的图卷积神经网络

Niepert 等人[16]提出了空间域上的图卷积网络，它能够学习任意的图，可以是无向图，也可以是有向图，或者具有离散或连续的节点和边属性的图。与基于图像的卷积网络类似，该网络从图中提取局部连接的区域特征，同时具有很高的计算效率。

图 12.5 所示为传统 CNN 在图像上进行步长为 1 的 3×3 卷积过程，我们可以将图像看作规则的图，其节点表示像素。其中图 12.5(a)所示为滤波器从左到右、从上到下在图像上移动进行卷积操作。图 12.5(b)所示为经过卷积后的特征在层中的表现形式，其中上层的 1 个节点拥有下层 9 个节点序列代表的感受野，即图 12.5(b)表示的是图 12.5(a)中 1 个节点的邻域。

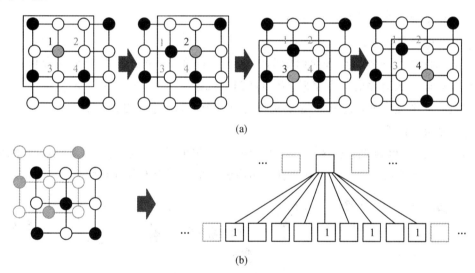

(a)

(b)

图 12.5　传统卷积神经网络

由于图像数据的结构是规则的，因此能够直接进行卷积操作。然而对于不规则的图结构，则需要一个额外的预处理过程：从图到向量空间的映射。因此本文提出针对任意图的卷积神经网络框架做下述操作：PATCHY-SAN(select-assemble-normalize)，具体流程如图 12.6 所示，主要分为以下四步。

（1）节点序列选择：针对每个输入图，选择一个固定长度的节点序列(及其顺序)。

（2）邻域图构造：对所选序列中的每个节点，产生由 k 个节点组成的局部邻域图。

（3）图规范化：规范化提取的邻域图，并唯一映射到具有固定线性顺序的空间。

（4）卷积结构：使用卷积神经网络学习邻域表示。

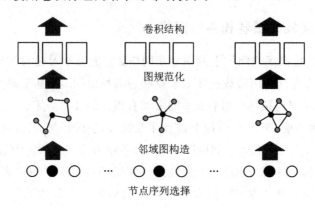

图 12.6　PATCHY-SAN 流程图

下面将对每一步进行详细的介绍。

（1）节点序列选择。

首先，将输入图的顶点按照给定的图标签进行排序。将图中的节点集合根据中心性（centrality）映射为有序的节点序列。从该序列中根据一定的间隔 s（stride）隔段选取 w 个节点构成最终的节点序列，这里 w 是要选择的节点个数，即感受野的个数。

（2）邻域图构造。

通过步骤（1）得到的节点序列，假设为图 12.7 里的节点①～⑥，针对该序列中的每个节点，搜索扩展邻居节点，并和原节点一起构成大小至少为 k 的邻域集合。

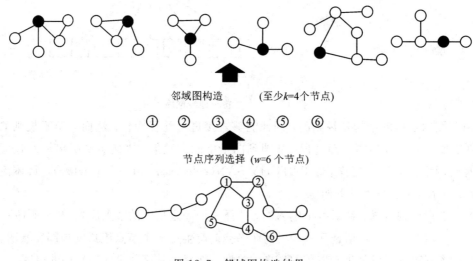

图 12.7　邻域图构造结果

具体来说，对于上述 6 个节点，分别找到与每个节点直接相邻的节点，以节点①为例，找到与其距离为 1 的邻居节点②③⑤和其左侧的未标记节点；如果节点个数比 k 少，再增加间接相邻的节点。以节点⑤为例，找到与其距离为 1 的邻居节点①④，还有与其距离为 2 的节点②③⑥以及其左上方的未标记节点；在步骤(3)中通过规范化操作对它们进行排序选择及映射。

（3）图规范化。

由于由步骤(2)中得到的各节点的邻域节点个数可能不相等，因此需要对它们进行规范化。简单来说，就是在邻域图的节点上施加一个顺序，以便从无序图空间映射到具有线性顺序的向量空间，同时裁剪多余的节点并填充虚拟节点。

对于图 12.7 所示的邻域图构造结果，进一步确定邻域中的节点顺序。对其进行规范化，得到 $k=4$ 的规范化结果，如图 12.8 所示。

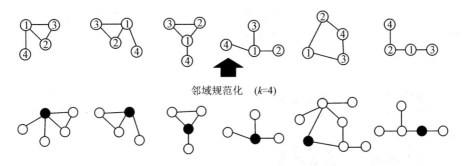

图 12.8　图规范化示意图

图 12.9 所示为求解节点的感受野，黑色节点为当前节点，节点颜色表示到当前节点的距离，灰色节点表示与当前节点距离为 1 的邻居节点，白色节点表示与当前节点距离为 2 的邻居节点，首先对邻域图的节点进行排序并得到规范化的感受野，对于得到的大小为 k（此处 $k=9$）的邻域，边的属性可表示为 $k \times k$ 大小。然后裁剪多余的节点，最后得到每个节点(边)属性对应于具有相应感受野的输入。

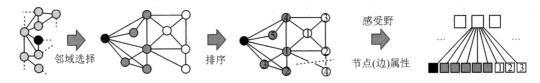

图 12.9　求解节点的感受野

图 12.9 表示对一个节点求解感受野的过程。卷积核的大小为 9，因此选出包括该节点本身的 9 个节点。一种标记算法对同构图是最优的，但有可能对相似但不同构的图表现较差，因此本文利用两种距离进行约束，为得到最好的节点标记(labeling)方式，随机从集合

中选择两个图，分别计算这两个图在向量空间的距离（邻接矩阵的距离）与图空间的距离，得到两个距离差异的期望值，使该期望越小越好：

$$\hat{l} = \underset{l}{\arg\min} E\{g[|d_A(\boldsymbol{A}^l(G), \boldsymbol{A}^l(G')) - d_G(G, G')|]\} \qquad (12.9)$$

式中：l 为标记方法，如之前提到的中心性（centrality）；g 是具有 k 个节点的未标记图的集合；$\boldsymbol{A}^l$ 为邻接矩阵；d_A 为两个图标记后的 $k \times k$ 大小的邻接矩阵距离；d_G 是两个具有 k 个节点的图的距离。

得到最佳的标签后，按顺序将节点映射到一个有序的向量空间，形成了这个节点的感受野，如图 12.9 最后一步所示。

（4）卷积结构。

PATCHY-SAN 能够处理顶点和边缘属性（离散和连续），设 a_n 是顶点属性数目（维度），a_m 是边属性数目，则顶点和边可以表示为 $k \times a_n$ 和 $k \times k \times a_m$ 大小（这里 $k = 4$），如图 12.10 所示，a_n 和 a_m 是输入通道的数量，因此可以用 k 大小的卷积核与 k^2 大小的卷积核分别对顶点和边进行卷积，再将其送入卷积神经网络的结构中。

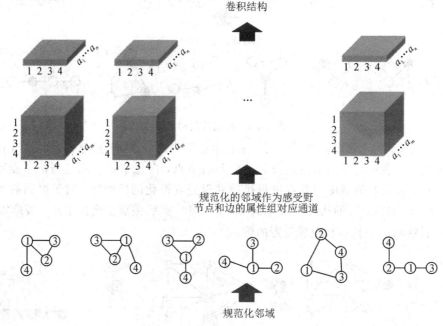

图 12.10　节点（边）对应的通道

这里我们以顶点为例，说明其卷积操作，流程如图 12.11 所示，底层的灰色块（代表顶点）为网络的输入，每块均表示一个节点的感受野，图中感受野大小为 4 个节点。其中 a_n 为每个节点数据的维度，中间的块表示大小为 4 的卷积核，其宽度与节点维度相同，步长（stride）为 4 正好可以满足一次卷积后刚好跳到下个节点进行卷积，总共有 M 个卷积核，因此卷积后得到特征图的通道数为 M。

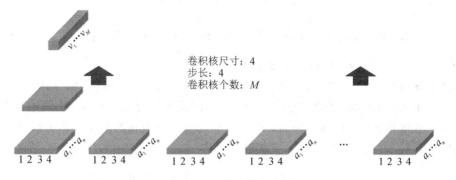

卷积核尺寸：4
步长：4
卷积核个数：M

图 12.11　卷积操作流程

得到图的特征表示后。可以根据具体问题对其添加相关层完成特定的模式识别任务，例如可以后接 softmax 层完成图的分类任务。

12.2.2　基于谱域的图卷积神经网络

Thomas Kpif 等人[17]提出了谱域上的图卷积网络，不同于空间域上的卷积，该方法通过光谱图卷积的局部一阶近似确定卷积结构的选择，它是一种可扩展的基于图数据结构的半监督学习方法，通过图中部分有标签的节点对 CNN 进行训练，使网络对其他无标签的数据也能够进一步分类。学习到的隐藏层表示既能够编码局部图结构，也能够编码节点的特征。

谱域的卷积运算可以定义为输入信号 $x \in \mathbf{R}^N$ 与经过傅里叶域参数化的滤波器 $g_\theta = \mathrm{diag}(\theta)$ 相乘，定义为

$$g_\theta \bigstar x = U g_\theta(\boldsymbol{\Lambda}) U^{\mathrm{T}} x \tag{12.10}$$

其中：U 为归一化的图拉普拉斯矩阵 L 的特征向量矩阵，其中图拉普拉斯矩阵 $\boldsymbol{L} = \boldsymbol{I}_N - \boldsymbol{D}^{-\frac{1}{2}} \boldsymbol{A} \boldsymbol{D}^{-\frac{1}{2}} = \boldsymbol{U} \boldsymbol{\Lambda} \boldsymbol{U}^{\mathrm{T}}$，$\boldsymbol{\Lambda}$ 是特征值对角矩阵，$\boldsymbol{D}$ 是度数矩阵，$\boldsymbol{A}$ 是图的邻接矩阵。采用此种卷积方法开销会很大，因为特征向量矩阵 U 的相乘运算时间复杂度为 N^2，且 L 的特征分解对于数据量大的图结构复杂度很高，为此 Hammond 等人[18]利用切比雪夫多项式 $T_k(x)$ 直到第 K 阶的截断展开来近似 $g_\theta(\boldsymbol{\Lambda})$。切比雪夫多项式的定义如下：

$$\begin{aligned} T_k(x) &= 2x T_{k-1}(x) - T_{k-2}(x) \\ T_0(x) &= 1 \\ T_1(x) &= x \end{aligned} \tag{12.11}$$

因此 $g_\theta(\boldsymbol{\Lambda})$ 可近似为

$$g_{\theta'}(\boldsymbol{\Lambda}) \approx \sum_{k=0}^{K} \boldsymbol{\theta}'_k T_k(\widetilde{\boldsymbol{\Lambda}}) \tag{12.12}$$

则式(12.10)可近似为

$$g_{\theta'} \star x \approx \sum_{k=0}^{K} \theta'_k T_k(\tilde{L})x \qquad (12.13)$$

式中：$\tilde{L} = \dfrac{2}{\lambda_{\max}}L - I_N$，$\lambda_{\max}$ 是 L 的最大特征值，θ'_k 是切比雪夫系数向量，该式的计算复杂度为 $O(|\varepsilon|)$，不用进行特征分解，因此降低了计算成本。

得到了卷积的定义，那么基于图卷积的神经网络模型可以通过叠加等式(12.13)的多个卷积层来建立，将卷积操作限制为 $K=1$，即为图拉普拉斯频谱上的一个线性函数，通过多层堆叠来恢复其非线性的映射能力，以缓解节点度分布很宽的图在局部邻域结构上的过拟合问题。令 $\lambda_{\max} \approx 2$，则式(12.13)就能够简化为

$$g_{\theta'} \star x \approx \theta'_0 x + \theta'_1(L - I_N)x = \theta'_0 x - \theta'_1 D^{-\frac{1}{2}} A D^{-\frac{1}{2}} x \qquad (12.14)$$

在实际中，进一步限制参数数量有利于解决过度拟合问题，并减少运算量，这里令 $\theta = \theta'_0 = -\theta'_1$，式(12.14)能进一步简化为

$$g_\theta \star x \approx \theta(I_N + D^{-\frac{1}{2}} A D^{-\frac{1}{2}})x \qquad (12.15)$$

这里要注意的是，叠加此运算符可能导致数值不稳定性或梯度爆炸/消失，为解决这个问题，文中采用"再归一化"方法：

$$I_N + D^{-\frac{1}{2}} A D^{-\frac{1}{2}} \rightarrow \tilde{D}^{-\frac{1}{2}} \tilde{A} \tilde{D}^{-\frac{1}{2}}$$

其中 $\tilde{A} = A + I_N$ 且 $\tilde{D}_{ii} = \sum_j \tilde{A}_{ij}$，将该定义推广到具有 C 个通道的输入信号 $X \in \mathbf{R}^{N \times C}$（即每个节点的具有 C 维的特征向量）和 F 个滤波器，则特征映射如下：

$$Z = \tilde{D}^{-\frac{1}{2}} \tilde{A} \tilde{D}^{-\frac{1}{2}} X\Theta \qquad (12.16)$$

式中：$\Theta \in \mathbf{R}^{C \times F}$ 为滤波器参数的矩阵，$Z \in \mathbf{R}^{N \times F}$ 是卷积后的信号矩阵，这个滤波操作的复杂度为 $O(|\varepsilon|FC)$，$\tilde{A}X$ 可以通过一个稀疏矩阵和密集矩阵的乘积实现。

有了模型 $Z = f(X, A)$，将其应用于半监督节点分类问题中。实验表明在数据集 Citeseer、Cora、Pubmed 和 NELL 上与其他方法的分类精度进行对比，所提出的谱域图卷积网络具有很高的分类精度。

12.2.3　图注意力网络

Veličković 等人[19] 提出了图注意力网络（graph attention networks，GAT），通过注意力机制赋予邻域节点不同的重要性，不需要任何密集型的矩阵操作（如求逆），也无须依赖预先的图结构知识，该模型解决了基于谱域的图神经网络的几个关键难题，适用于归纳和转导问题。

注意力机制具有以下三个特性：

(1) 操作高效，因为它可以并行计算节点和其邻居节点。

（2）通过向邻域指定任意权重，可应用于不同"度"的图节点，这里"度"表示每个节点连接其他节点的数目。

（3）该模型直接适用于归纳学习问题，包括将模型推广到完全未知的图任务中。

首先描述单个的图注意力层（graph attentional layer），其思想与 2015 年 Bahdanau 等人[20]所提出的相似。

单个图注意力层的输入为一组节点特征向量：$\boldsymbol{h} = \{\vec{h}_1, \vec{h}_2, \cdots, \vec{h}_N\}$，$\vec{h}_i \in \mathbf{R}^F$。这里 N 为顶点个数，F 是每个节点的特征数，该层生成一组新的节点特征 $\boldsymbol{h}' = \{\vec{h}'_1, \vec{h}'_2, \cdots, \vec{h}'_N\}$，$\vec{h}'_i \in \mathbf{R}^{F'}$。

为了使特征表达能力更强，使用一个可学习的线性变换将输入特征转换为更高层次的特征。为了达到这个目的，每个顶点共享一个线性变换矩阵：$\boldsymbol{W} \in \mathbf{R}^{F' \times F}$，再为每个节点进行自注意力（self-attention）操作——一个共享的注意力机制 $a: \mathbf{R}^{F'} \times \mathbf{R}^{F'} \rightarrow \mathbf{R}$ 用于计算注意力系数：

$$e_{ij} = a(\boldsymbol{W}\vec{h}_i, \boldsymbol{W}\vec{h}_j) \tag{12.17}$$

这说明了节点 j 的特征对节点 i 的重要性。在一般的公式中，该模型允许每个节点注意其他的节点，但这样丢失了图所有的结构信息。通过掩膜注意力将图结构注入注意力机制中，仅计算节点 $j \in N_i$ 的 e_{ij}，其中 N_i 是图中节点 i 的邻域。为了使不同节点之间的系数便于比较，对所有的 j 采用 softmax 函数进行归一化：

$$\alpha_{ij} = \text{softmax}_j(e_{ij}) = \frac{\exp(e_{ij})}{\sum_{k \in N_i} \exp(e_{ik})} \tag{12.18}$$

在实际应用中，注意力机制 a 为一个单层的前馈神经网络，参数为权重向量 $\boldsymbol{a} \in \mathbf{R}^{2F'}$，使用 LeakyReLU 作为激活函数，注意力机制计算的系数（如图 12.12(a) 所示）可表示为

$$\vec{\alpha}_{ij} = \frac{\exp(\text{LeakyReLU}(\vec{\boldsymbol{a}}^{\text{T}}[\boldsymbol{W}\vec{h}_i \| \boldsymbol{W}\vec{h}_j]))}{\sum_{k \in N_i} \exp(\text{LeakyReLU}(\vec{\boldsymbol{a}}^{\text{T}}[\boldsymbol{W}\vec{h}_i \| \boldsymbol{W}\vec{h}_k]))} \tag{12.19}$$

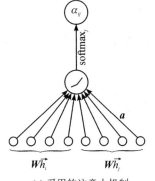

(a) 采用的注意力机制

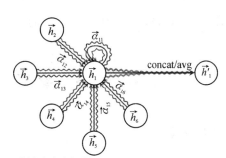

(b) 多端注意力机制(multi-head attention)

图 12.12 注意力机制

其中，符号"∥"表示级联操作。

使用归一化的注意力系数计算与之对应的特征的线性组合，通过非线性激活函数 σ，得到每个节点的最终输出特征：

$$\vec{h}_i' = \sigma\left(\sum_{j \in N_i} \alpha_{ij} \boldsymbol{W}\vec{h}_j\right) \tag{12.20}$$

为了稳定自注意力（self-attention）的学习过程，文中采用多端注意力机制（multi-head attention）对现有机制进行扩展，将 k 个独立注意力机制分别通过式（12.20）计算得到特征，然后将 k 个特征级联，输出的特征表示为

$$\vec{h}_i' = \prod_{k=1}^{K} \sigma\left(\sum_{j \in N_i} \alpha_{ij}^k \boldsymbol{W}^k \vec{h}_j\right) \tag{12.21}$$

式中：α_{ij}^k 是由第 k 个注意力机制（a^k）计算的归一化注意力系数，$\boldsymbol{W}^k$ 是相应的输入线性变换的权重矩阵。对于每个节点而言，最终输出 kF' 个特征。

在网络的最终（预测）层上采用多端注意力机制（multi-head attention），这里并不使用结果的级联操作，而是使用平均值：

$$\vec{h}_i' = \sigma\left(\frac{1}{K}\sum_{k=1}^{K}\sum_{j \in N_i} \alpha_{ij}^k \boldsymbol{W}^k \vec{h}_j\right) \tag{12.22}$$

以节点 1 为例，图 12.12(b) 描述了多端注意力机制（$k=3$）在更新节点特征向量时的聚合过程。不同形式的箭头代表独立的注意力计算，通过级联或平均每个头部的特征得到 $\vec{h}_1'$。

图注意力机制直接解决了之前用神经网络建模图数据存在的几个问题：

（1）计算高效，在图中所有边上可以并行地计算注意力系数，输出特征也可以在所有节点上并行计算。

（2）与 GCN 不同，该模型允许（隐式地）将不同的重要性分配给同一个邻居的节点，从而增加模型的容量。此外，与机器翻译领域一样，分析所学的注意力权重可能有助于提高解释性。

（3）注意力机制对图中所有边是共享的，因此它不依赖全局图的结构及所有节点的特征。

12.3 案例与实践

12.3.1 图像分类

文献[21]研究了结构化先验知识在知识图谱中的应用，同时利用该知识可以提高图像分类的性能。在基于图的端到端学习的基础上，引入了图搜索神经网络（graph search neural network，GSNN)作为一种将大知识图谱合并到视觉分类中的有效方法。GSNN 能够选择输入图结构的相关子集，并预测表示视觉概念节点的输出。使用这些输出状态能够对图像中的对象进行分类。实验表明该方法在多标签分类上的表现要优于标准的神经网络。

GSNN 并未一次对图的所有节点进行循环更新，而是根据输入从一些初始的节点开始，只选择扩展对最终输出有用的节点。因此仅对图子集进行更新。在训练和测试期间，我们根据对象检测器或分类器确定的概念存在的可能性来确定图中的初始节点。

一旦确定了初始节点，就将与初始节点相邻的节点添加到活动集。首先将关于初始节点的信念(beliefs)传播到所有相邻节点。然后决定要扩展的节点，文中学习了每个节点的评分函数，它可以估计该节点的重要性。在每个传播步骤之后，对于当前图中的每个节点，预测一个重要性得分：

$$i_v^{(t)} = g_i(h_v, x_v) \tag{12.23}$$

式中：g_i 是重要性网络(importance network)。

一旦有了 i_v 的值，我们就把从未扩展过的前 P 个评分节点添加到扩展集，并将这些节点附近的所有节点添加到活动集，图 12.13 说明了这种扩展。在 $t=1$ 时，仅扩展检测到的节点。在 $t=2$ 时，根据重要性扩展所选节点，并将它们的邻居节点添加到图中。在最后的步骤 T 中，计算每个节点的输出，并对其进行重新排序(re-order)和零填充(zero-pad)，最终送入分类网络中。

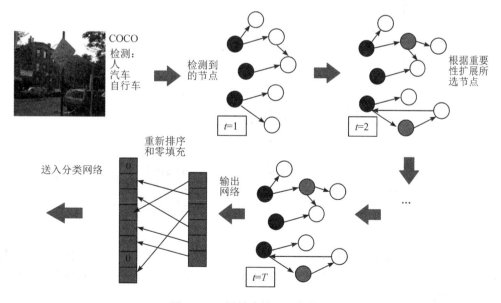

图 12.13　图搜索神经网络扩展

为了训练重要性网络，我们为给定图像的每个节点分配重要性值。图像中对应于 ground-truth 的节点被赋予 1 的重要性值。它们的邻居节点被赋予值 γ，隔一个的节点的值为 γ^2。其思想是最接近最终输出的节点是最重要的扩展。

有了一个端到端的网络，它将一组初始节点和注释作为输入，并输出图中的每个活动节点的输出。它由三组网络组成：传播网络、重要性网络和输出网络。参见图 12.14 所示的 GSNN 架构。图中显示了隐藏状态的初始化，在图扩展时添加的新节点，以及包含输出、传播和重要性网络的损失传递过程。

x_{init}、$h^{(1)}_{\text{init}}$ 分别为初始检测节点的置信度和隐藏状态，$h^{(1)}_{\text{adj1}}$ 是初始化邻居节点的隐藏状态，然后使用传播网络更新隐藏状态。用 $h^{(2)}$ 来预测重要性得分 $i^{(1)}$，该得分用于选择哪些节点添加进 adj2 中，这些节点初始化为 $h^{(2)}_{\text{adj2}}=0$，通过传播网络再次更新隐藏状态。经过 T 步之后，我们就得到了所有累积的隐藏状态 $h^{(T)}$，用于预测所有活动节点的 GSNN 输出。在反向传播过程中，二元交叉熵（BCE）损失通过输出层反馈，重要损失通过重要网络反馈以更新网络参数。

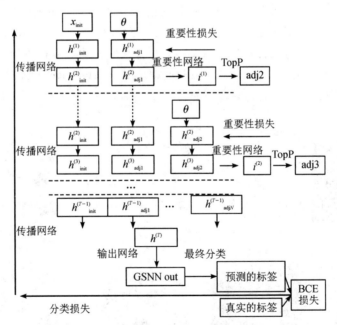

图 12.14　GSNN 架构

引入节点偏置项到 GSNN 中，对于图中的每个节点都有一些学习的值。输出方程为 $g(h^{(T)}_v, x_v, n_v)$，其中 n_v 是与整个图中的特定节点 v 相联系的偏置项。其值存储在表中并通过反向传播来更新。

对于图像分类问题，将得到的取图网络的输出进行重新排序（re-order），保证了节点总是以相同的顺序出现在最终网络中，并且零填充(zero-pad)任何未扩展的节点。因此，如果有一个具有 316 个节点输出的图，并且每个节点预测一个 5 维隐藏变量，那么就可从图中创建 316×5＝1580 维特征向量。将该特征向量与微调后的 VGG-16 网络的 FC7 层(4096维)、Faster R-CNN(80 维)预测的每个 COCO 类别的最高得分连接起来。这个 5756 维特征向量可输入到一层最终分类网络中，并采用 dropout 训练。

表 12.1 所示为多标签分类方法的平均精度，从表中可以看出，结合 VG(visual genome)和 WN(wordnet)图的效果最好，从 WN 得到外部语义知识，并在知识图谱上进行显式推理，可以使本文所提出的模型(GSNN)比其他模型学习更好的表示。

表 12.1　多标签分类方法的平均精度

方　法	平均精度
VGG	30.57
VGG＋Det	31.4
GSNN-VG	32.83
GSNN-VG＋WN	**33**

12.3.2　目标检测

传统的卷积神经网络检测目标都是独立地检测图像中的每个目标，文献[22]将图神经网络用于目标检测，提出了一种关系模块(relation module)，引入了目标之间的关联信息，丰富特征的同时不改变特征的维数，从而优化检测效果，文献[22]还提出了一种能代替NMS 的去重模块，避免了 NMS 设置参数的问题。

目标检测如图 12.15 所示，目前常用的目标检测流程分为四步：图像特征生成、区域特征提取、实例识别、去重模块。本文的对象关系模块(如虚线框)可以方便地用于改进实

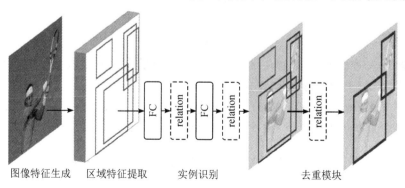

图 12.15　目标检测示意图

例识别和去重模块，从而形成端到端的目标检测器。

对象关系模块如图 12.16 所示，对应的等式如式(12.24)，该模块聚合了 N_r 个关系特征，类似于神经网络中的通道数，这里 f_A^n、f_G^n 分别为第 n 个目标的外观特征(目标尺寸、颜色等信息)与位置特征，每个关系模块 f_R^n 由目标的两个特征组成，将不同的关系特征级联(concat)，并加上目标本身的特征信息作为物体的最终特征。

$$f_A^n = f_A^n + \text{concat}[f_R^1(n), \cdots, f_R^{N_r}(n)], \text{对所有的 } n \qquad (12.24)$$

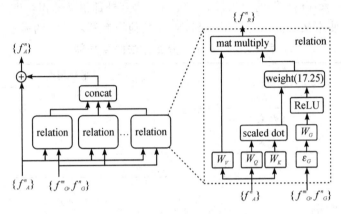

图 12.16 对象关系模块

图 12.16 右侧的权重计算公式为

$$w^{mn} = \frac{w_G^{mn} \cdot \exp(w_A^{mn})}{\sum_k w_G^{kn} \cdot \exp(w_A^{kn})} \qquad (12.25)$$

其中第 m 个目标对于当前第 n 个物体的权重为 w^{mn}，分母是归一化的项，w_A^{mn} 及 w_G^{mn} 分别为

$$w_A^{mn} = \frac{\text{dot}(\boldsymbol{W}_K f_A^m, \boldsymbol{W}_Q f_A^n)}{\sqrt{d_k}} \qquad (12.26)$$

$$w_G^{mn} = \max\{0, \boldsymbol{W}_G \cdot \boldsymbol{\varepsilon}_G(f_G^m, f_G^n)\} \qquad (12.27)$$

式中：矩阵 $\boldsymbol{W}_K$、$\boldsymbol{W}_Q$ 及 $\boldsymbol{W}_G$ 能够使维数发生改变，dot 为点乘操作，$\boldsymbol{\varepsilon}_G$ 为低维到高维的映射操作，具体方法读者可参考文献[23]。

给定第 n 个 proposal 的 ROI 特征，应用维数为 1024 的两个全连接层，然后通过线性层执行实例分类和边界框回归。这个过程可概括如下：

$$\text{ROI\_Feat}_n \xrightarrow{\text{FC}} 1024$$

$$\xrightarrow{\text{FC}} 1024$$

$$\xrightarrow{\text{LINEAR}} (\text{score}_n, \text{bbox}_n) \qquad (12.28)$$

对象关系模块(relation module，RM)可以在不改变特征维数的情况下对所有 proposal 的 1024 维特征进行转换，如图 12.17(a)所示，其过程如下：

$$\{\text{ROL\_Feat}_n\}_{n=1}^N \xrightarrow{\text{FC}} 1024 \cdot N \xrightarrow{\{\text{RM}\}^{r_1}} 1024 \cdot N$$

$$\xrightarrow{\text{FC}} 1024 \cdot N \xrightarrow{\{\text{RM}\}^{r_2}} 1024 \cdot N$$

$$\xrightarrow{\text{LINEAR}} \{(\text{score}_n，\text{bbox}_n)\}_{n=1}^N \qquad (12.29)$$

式中：r_1、r_2 代表关系模块的重复次数。

每个目标有其对应的 1024 维特征、分类分数 s_0 和对应的边界框，在去重模块，网络为每个目标输出一个二进制分类概率 $s_1 \in [0, 1]$(1 表示正确，0 表示重复)。这种分类是通过网络进行的，如图 12.17(b)所示。两个分数的相乘 $s_0 s_1$ 是最终的分类分数。因此对于一个好的检测，这两个分数都应该高。

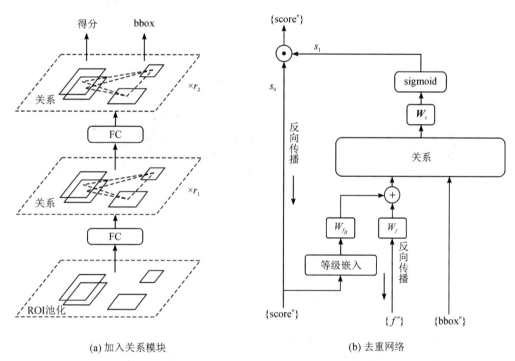

(a) 加入关系模块　　　　　　　(b) 去重网络

图 12.17　模块说明

根据阈值 η 判断目标是正确的还是重复的，IOU 超过阈值认为正确，反之认为是重复的，对于 s_1 的计算，将检测目标的分数(scores)转换成等级(rank)而不使用其本身的值。再使用文献[23]中的方法将 rank 嵌入到更高维度的特征中。

在训练过程中，采用二元交叉熵损失。对所有目标类别检测框中的损失进行平均。同时本文进行了消融对比试验，在 COCO 数据集上将关系模块加入网络，引入了目标之间的关联信息，从而优化了检测效果。

12.3.3 语义分割

点云是一种重要的几何数据结构类型。由于其格式不规则，通常将这些数据转换为规则的三维体素网格进行处理。但是这会导致数据数量激增，文献[24]很好地利用了点云数据的随机排列不变性，设计了网络 PointNet 对点云数据（无序的点集）进行语义分割。该网络对于输入扰动和损坏具有很强的鲁棒性。

PointNet 网络结构如图 12.18 所示，分类网络以 n 个点的三维点云（$n\times3$）作为输入，通过 T-Net 进行特征转换，得到 3×3 的变换矩阵并作用在原始数据上，实现数据对齐。然后通过共享参数的双层感知器进行特征（64 维）提取，通过 T-Net 进行特征转换，通过最大池化（max pooling）聚合点特征。输出为 k 类的分类分数，分割网络是分类网络的扩展。它将全局特征（1024 维）和局部特征（64 维）以及每点得分的输出连接起来，利用 MLP（多层感知器）进行融合，采用批归一化和 dropout 策略训练分类器，达到逐点分类的目的。

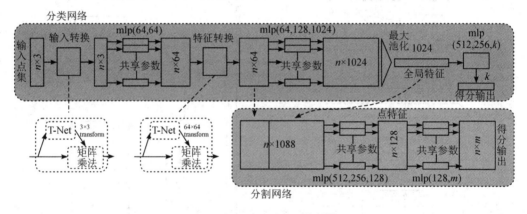

图 12.18　PointNet 网络结构

为了使模型对于输入顺序具有不变性，可采用以下三种策略：

（1）对输入进行排序（canonical order）。

（2）将输入作为序列训练 RNN，并通过各种排列增强训练数据。

（3）使用简单的对称函数来整合每个点的信息。这里对称函数取 n 个向量作为输入，并输出对于输入顺序不变的新向量。例如，"＋"和"＊"运算符是对称函数。

本文的思想是应用对称函数来逼近变换后的点集合，这个定义在点集上的一般函数为

$$f(\{x_1, \cdots, x_n\}) \approx g(h(x_1), \cdots, h(x_n)) \tag{12.30}$$

其中：$f: 2^{\mathbf{R}^N} \to \mathbf{R}$，$h: \mathbf{R}^N \to \mathbf{R}^K$，对称函数 $g: \underbrace{\mathbf{R}^K \times \cdots \times \mathbf{R}^K}_{n} \to \mathbf{R}$。

用多层感知器网络近似 h，g 由一个单变量函数和最大池化函数组成，通过不同的 h 函数可以学习到很多函数 f，以捕获数据集合不同的属性。

利用全局特征向量 $[f_1, \cdots, f_k]$，采用 SVM 或多层感知器能够对点云进行分类，然而点分割需要局部和全局信息的组合，通过将全局特征与每个点特征串接起来，如图 12.18 的分割网络所示，基于组合点的新特征完成语义分割任务。

点云的语义标签应对某些几何变换（如刚体变换）具有不变性。因此所学的点集表示对于这些变换也应具有不变性。本文通过一个微型网络（图 12.18 中的 T-Net）学习一个仿射变换矩阵，并直接将此变换应用于输入点云坐标。关于 T-Net 的更多细节请读者参见文献 [24] 的补充材料。

同样的思想还可以进一步扩展到特征空间，在点特征上插入另一个对齐网络，并预测一个特征变换矩阵，用于对齐来自不同输入点云的特征。然而，特征空间中的变换矩阵比空间变换矩阵的维数要高，这大大增加了优化的难度。因此，本文在 softmax 训练损失的基础上增加了正则项，将特征变换矩阵约束为接近正交矩阵：

$$L_{\text{reg}} = \| \boldsymbol{I} - \boldsymbol{A}\boldsymbol{A}^{\mathrm{T}} \|_F^2 \tag{12.31}$$

式中：$\boldsymbol{A}$ 是由微型网络预测的特征对齐矩阵。正交变换不会丢失输入中的信息，通过加入正则化项，优化更加稳定。

表 12.2 所示为 ShapeNet 部分数据集的分割结果。采用的评价标准是点的 mIOU(%)，显示了每个类别和平均 IOU(%) 分数，本文将两种传统方法（文献 [25] 和文献 [26]）和 3D 全卷积网络（文中提出的基线）进行了比较，可以看出 PointNet 的 IOU 较基线有平均 2.3% 的提升，在多数类别的分割任务上表现突出。

表 12.2　ShapeNet 部分数据集的分割结果

	均值	aero	bag	cap	car	chair	ear phone	guitar	knife	lamp	laptop	motor	mug	pistol	rocket	skate board	table
形状		2690	76	55	898	3758	69	787	392	1547	451	202	184	283	66	152	5271
Wu	—	63.2	—	—	—	73.5	—	—	—	74.4	—	—	—	—	—	—	74.8
Yi	81.4	81.0	78.4	77.7	**75.7**	87.6	61.9	**92.0**	85.4	**82.5**	**95.7**	**70.6**	91.9	**85.9**	53.1	69.8	75.3
3DCNN	79.4	75.1	72.8	73.3	70.0	87.2	63.5	88.4	79.6	74.4	93.9	58.7	91.8	76.4	51.2	65.3	77.1
Ours	**83.7**	**83.4**	**78.7**	**82.5**	74.9	**89.6**	**73.0**	91.5	**85.0**	80.8	95.3	65.2	**93.0**	81.2	**57.9**	**72.8**	**80.6**

本章参考文献

[1]　ZHOU J, CUI G, ZHANG Z, et al. Graph neural networks: a review of methods

and applications[J]. AIOpen, 2018(1): 57 – 81.

[2] SCARSELLI F, GORI M, TSOI A C, et al. The graph neural network model[J]. IEEE transactions on neural networks, 2009, 20(1): 61 – 80.

[3] BRONSTEIN M M, BRUNA J, LECUN Y, et al. Geometric deep learning: going beyond euclidean data[J]. IEEE signal processing magazine, 2017, 34(4): 18 – 42.

[4] SHUMAN D I, NARANG S K, FROSSARD P, et al. The emerging field of signal processing on graphs: extending high-dimensional data analysis to networks and other irregular domains[J]. IEEE signal processing magazine, 2012, 30(3): 83 – 98.

[5] HAMILTON W L, YING R, LESKOVEC J. Inductive representation learning on large graphs[J]. Advances in neural information processing systems, 2017.

[6] HAMILTON W L, YING R, LESKOVEC J . Representation Learning on graphs: methods and applications[J]. IEEE data(base) engineering bulletin, 2017: 52 – 74.

[7] XU K, HU W, LESKOVEC J, et al. How powerful are graph neural networks? [C]. 7th International Conference on Learning Representations, 2019.

[8] SCARSELLI F, GORI M, TSOI A C, et al. Computational capabilities of graph neural networks[J]. IEEE transactions on neural networks, 2009, 20(1): 81 – 102.

[9] PEROZZI B, AL-RFOU R, SKIENA S, Deepwalk: online learning of social representations[C]. SIGKDD 2014. ACM, 2014: 701 – 710.

[10] GROVER A, LESKOVEC J. Node2vec: scalable feature learning for networks[J]. SIGKDD. ACM, 2016: 855 – 864.

[11] TANG J, QU M, WANG M, et al. Line: large-scale information network embedding[C]. International World Wide Web Conferences 2015: 1067 – 1077.

[12] YANG C, LIU Z, ZHAO D, et al. Network representation learning with rich text information[C]. IJCAI 2015: 2111 – 2117.

[13] GORI M, MONFARDINI G, SCARSELLI F. A new model for learning in graph domains[J]. Proceedings of the international joint conference on neural networks, 2005(2): 729 – 734.

[14] KHAMSI M A, KIRK W A. An introduction to metric spaces and fixed point theory[M]. New jersy: john wiley & sons, 2011.

[15] ZHANG Z, CUI P, ZHU W. Deep learning on graphs: a survey[J]. IEEE transactions on knowledge and data engineering, 2020, 34(1): 249 – 270.

[16] NIEPERT M, AHMED M, KUTZKOV K. Learning convolutional neural networks for graphs[C]. Proceedings of the 33nd International Conference on Machine Learning, 2016, 48: 2014 – 2023.

深度学习简明教程

[17] KIPF T N, WELLING M. Semi-supervised classification with graph convolutional networks[C]. 5th International Conference on Learning Representations, 2017.

[18] HAMMOND D K, VANDERGHEYNST P, GRIBONVAL R. Wavelets on graphs via spectral graph theory[J]. Applied and computational harmonic analysis, 2011, 30(2): 129 – 150.

[19] VELIČKOVIĆ P, CUCURULL G, CASANOVA A, et al. Graph attention networks[C]. International Conference on Learning Representations, 2018.

[20] BAHDANAU D, CHO K, BENGIO Y. Neural machine translation by jointly learning to align and translate [C]. International Conference on Learning Representations (ICLR), 2015.

[21] MARINO K, SALAKHUTDINOV R, GUPTA A. The more you know: using knowledge graphs for image classification [C]. IEEE Conference on Computer Vision & Pattern Recognition. IEEE Computer Society, 2017: 20 – 28.

[22] HU H, GU J, ZHANG Z, et al. Relation networks for object detection [C]. 2018 IEEE/CVF Conference on Computer Vision and Pattern Recognition, Salt Lake City, UT, 2018: 3588 – 3597.

[23] VASWANI A, SHAZEER N, PARMAR N, et al. Attention is all you need [C]. Annual Conference on Neural Information Processing Systems, 2017: 5998 – 6008.

[24] QI C R, SU H, MO K, et al. PointNet: deep learning on point sets for 3d classification and segmentation [C]. Conference on Computer Vision and Pattern Recognition 2017: 77 – 85.

[25] WU Z, SHOU R, WANG Y, et al. Interactive shape co-segmentation via label propagation[J]. Computers & Graphics, 2014, 38: 248 – 254.

[26] YI L, KIM V G, CEYLAN D, et al. A scalable active framework for region annotation in 3D shape collections[J]. ACM transactions on graphics, 2016, 35 (6cd): 210. 1 – 210. 12.

[27] LI Q, HAN Z, WU X M. Deeper Insights into graph convolutional networks for semi-supervised learning [C]. Proceedings of the Thirty-Second Conference on Artificial Intelligence, 2018: 3538 – 3545.

[28] LI Y, TARLOW D, BROCKSCHMIDT M, et al. Gated graph sequence neural networks [C]. 4th International Conference on Learning Representations, 2016.

第13章 多尺度深度几何网络

13.1 多尺度分析

子波分析理论带给人们很多启示，其中最重要的启示之一就是信号的多尺度分析，又称多分辨分析[1-3]。对信号进行多尺度分析指的是：将待处理的某个原始信号在不同的尺度上进行分解，然后根据信号处理的要求，由信号的各个分量可以更好地分析信号，并且能够无失真地重建原始信号。这样，某一个分辨度检测不到的现象，可能在另一个分辨度却很容易观察处理。尺度类似人的视野，多尺度分析就是可以既见森林又见树木，甚至树叶。利用多尺度分析的概念方便地统一了各种具体子波基的构造方法，并成功地建立了快速子波分解和重构算法。下面首先给出最常用的二进多尺度分析的定义。

定义 13.1[4]　空间 $L^2(R)$ 的二进多尺度分析是指构造该空间内一个子空间列 $\{V_j\}_{j\in \mathbf{z}}$，使其具有以下性质：

(1) 单调性(包容性)：

$$\cdots \subset V_2 \subset V_1 \subset V_0 \subset V_{-1} \subset V_{-2} \subset \cdots \tag{13.1}$$

(2) 逼近性：

$$\text{close}\{\bigcup_{j=-\infty}^{\infty} V_j\} = L^2(R) \ , \quad \bigcap_{j=-\infty}^{\infty} V_j = \{0\} \tag{13.2}$$

(3) 伸缩性：

$$\phi(t) \in V_j \Leftrightarrow \phi(2t) \in V_{j-1} \tag{13.3}$$

(4) 平移不变性：

$$\phi(t) \in V_j \Leftrightarrow \phi(t - 2^{j-1}k) \in V_j , \ \forall k \in \mathbf{Z} \tag{13.4}$$

(5) Riesz 基存在性：

存在 $\varphi(t) \in V_0$，使得 $\{\varphi(2^{-j}t - k)\}_{k\in \mathbf{z}}$ 构成 V_j 的 Riesz 基

利用子波的上述多尺度分析特性可以把函数表示成不同尺度上的近似，记 V 为尺度空间，则 V_j 对应于 2^{-j} 上的分辨率。这样就可以将信号在感兴趣的区域中进行局部细化，而

不必对整个问题进行重新剖分。

由于 $V_j \subset V_{j-1}$，记 W_j 是 V_j 在 V_{j-1} 中的正交补，即

$$V_{j-1} = V_j \oplus W_j, W_j \perp V_j \tag{13.5}$$

记 W 为子波空间，重复使用式(13.5)得

$$L^2(R) = \bigoplus_{j \in \mathbf{Z}} W_j \tag{13.6}$$

正如尺度函数 $\phi(t)$ 生成空间 V_0 一样，存在一个函数 $\psi(t)$ 生成闭子空间 W_0，称 $\psi(t)$ 为子波函数。

令 $\psi_{j,k} = 2^{-j/2} \psi(2^{-j}t - k)(j, k \in \mathbf{Z})$，根据多尺度分析的定义，对于函数 $f(x) \in L^2(R)$，则有如下展开式：

$$\hat{f}(x) = \sum_{j, k \in \mathbf{Z}} \langle f, \psi_{j,k} \rangle \psi_{j,k}(x) \tag{13.7}$$

视觉现象被普遍认为是一个具有上述特点的固有的多尺度现象，视觉现象在数学上的多尺度表示已经成为人们理解视觉如何工作的关键[5,6]。生物学家们指出：人类视网膜上的视觉神经元具有很好的多尺度特性，利用这种多尺度特性，我们可以感知目标的形状、位置和大小，它曾经激发了子波早期工作的灵感，将视觉皮层的 V1 区域中神经元的响应性质与子波函数作比较，可以得到许多重要的结果[7,8]。首先，V1 区域中包含有一族具有不同位置和尺度的神经元；第二，对于激励响应最好的单个神经元来说，它具有一个确定的位置和尺度；第三，视觉系统中 V1 细胞的输出符合一个明确的非线性阈值函数。为了获得景物的稀疏表示，所有这些事实都支持这样一个结论，即 V1 区域可以实现将一幅图像进行子波变换，以及对变换系数进行阈值处理的操作。也就是说：子波函数可以很好地模拟视觉这种多尺度特性[9,10]，它也是子波多尺度理论建立的生物学基础。

13.1.1 小波神经网络

小波神经网络在早期就已开始被研究，大约开始于 1992 年，为小波研究做出突出贡献的有 Q. Zhang、H. S. Harold 和焦李成等。其中，焦李成教授在《神经网络的应用与实现》中对小波神经网络的理论推导进行了详细论述。最近几年来，研究者们又不断对小波神经网络开展出了很多新的研究及理论推导工作。

小波神经网络(wavelet neural network，WNN)是在小波分析研究获得突破的基础上提出的一种人工神经网络。它是基于小波分析理论以及小波变换所构造的一种分层的、多分辨率的人工神经网络模型，小波神经网络结构如图 13.1 所示。

小波神经网络具有很多明显优势：首先，小波基元和整个网络结构的确定具有可靠的理论基础，可以避免 BP 神经网络等在结构设计中的盲目性；其次，网络权系数线性分布和学习目标函数的凸性使得网络训练过程在根本上避免了局部最优等的非线性优化问题；第三，小波神经网络具有较强的学习能力和泛化能力。

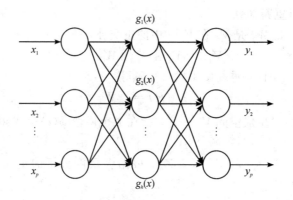

图 13.1　小波神经网络结构图

小波分析具有多分辨分析的良好优点，可以被当作一种窗口大小固定不变但是形状可改变的分析方法，也可以被理解为信号的显微镜。

小波分析的多种分类为：Haar 小波规范正交基、Morlet 小波、Mallat 算法、多分辨分析、多尺度分析、紧支撑小波基、时频分析等。

小波神经网络（WNN）能有效地集人工神经网络与小波分析的优点于一身，可以使得网络的收敛速度快、避免落入局部最优，同时具备时频局部分析的良好特点，应用前景广阔。

小波神经网络（WNN）用非线性小波基取代通常的 Sigmoid 函数，它的信号表述过程通过将所选取的小波基进行线性叠加实现。相应的输入层到隐含层的权值以及隐含层的阈值可以分别被小波函数的尺度伸缩因子以及时间平移因子来替代。

小波神经网络的应用如下：

（1）在图像处理方面，可用于图像压缩、分类、识别诊断、去污等。在医学成像方面，可减少 B 超、CT、核磁共振成像的时间，提高分辨率。

（2）它也被广泛地应用于信号分析，以及边界处理与滤波、时频分析、微弱信号的信噪分离与提取、分形指数、信号识别与诊断、多尺度边缘检测等。

（3）在工程技术等方面也可以被加以应用，包括计算机视觉、计算机图形学、生物医学等方面。

13.1.2　多小波网络

小波分析是应用数学和工程科学中一个新兴的研究领域。小波由于其在时域、频域、尺度变化和方向等方面的优良特性，在许多领域得到了广泛的应用。多小波受到了人们的广泛关注，涌现出一系列新的研究热点：小波理论及结构、小波变换的实现、预过滤器设计和信号处理的问题边界。为了使得小波在图像处理方面得以逐步应用，人们目前积极探索，在静态图像编码和图像去噪等方面也取得了一些成果。1994 年，Geronimo、Hardin 和 Massopus 构造了著名的 GHM 多小波。同时，在信号处理领域，将传统滤波器组扩展到矢量滤波器组和块滤波器组，初步形成了矢量滤波器组的理论体系，建立了矢量滤波器组与多小波变换的关系。

焦李成教授在 2001 年发表于 IEEE tnn 的论文中提出了一种基于多小波的神经网络模型[11]，证明了它的通用性和近似性以及相合性，并估计了与这些性质相关的收敛速度。该网络的结构与小波网络相似，只是将这里的标准正交尺度函数替换为标准正交多尺度函数。理论分析表明，多小波网络比小波网络收敛更快，特别是对于光滑函数。小波神经网络结构如图 13.2 所示。

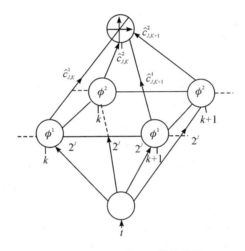

图 13.2　小波神经网络结构图

在图像处理的实际使用中，正交性能保持了能量；对称（线性相位）既适合人眼的视觉系统，又能够使得信号在边界处变得易于处理，因此分析工具同时具备这两种特性是很重要的。然而，实数域中却不存在紧支持、对称、正交的非平凡小波，这使得人们必须在正交性和对称性之间妥协。如果存在多个尺度函数和多个小波函数，称之为多小波。多小波可以被认为是单小波的扩展，它保持了单小波已有的良好的时域和频域局部化特性，并克服了单小波的缺点，多小波变换相对于单小波变换的优点如下：

（1）多小波变换具有对称性、正交性、平滑性和紧支持性，这些都是图像处理中非常重要的特性。对称意味着存在线性相位。对人类视觉和心理学的研究表明，人类视觉对对称错误的敏感度远低于对不对称错误的敏感度；正交性能足以维持能量；紧支持性意味着多小波滤波器组具有有限长度等。

（2）多小波滤波器组并不具备严格的低通和高通划分。我们可以通过多小波预滤波，将高频能量转移到低频，有利于提高压缩比。

将正交单小波中分解与重构的 Mallat 算法推广至正交多小波，可得多小波分解：

$$C_{j-1, k} = \sqrt{2} \sum_{n \in \mathbf{Z}} \boldsymbol{h}_{n-2k} \boldsymbol{C}_{j, n}, \quad j, k \in \mathbf{Z}$$

$$D_{j-1, k} = \sqrt{2} \sum_{n \in \mathbf{Z}} \boldsymbol{g}_{n-2k} \boldsymbol{D}_{j, n}, \quad j, k \in \mathbf{Z} \tag{13.8}$$

多小波重构：

$$C_{j, k} = \sqrt{2} \sum_{n \in \mathbf{Z}} \overset{*}{\boldsymbol{h}}_{k-2n} \boldsymbol{C}_{j-1, n} + \overset{*}{\boldsymbol{g}}_{k-2n} \boldsymbol{D}_{j-1, n} \tag{13.9}$$

其中，$\boldsymbol{C}_{j, k} = [c_{0, j, k} c_{1, j, k}, \cdots, c_{r-1, j, k}]^{\mathrm{T}}$，$\boldsymbol{D}_{j, k} = [d_{0, j, k} d_{1, j, k}, \cdots, d_{r-1, j, k}]^{\mathrm{T}}$，$\overset{*}{\boldsymbol{h}}_n$、$\overset{*}{\boldsymbol{g}}_n$ 分别是 $\boldsymbol{h}_n$、$\boldsymbol{g}_n$ 的共轭转置。

表面看来，子波似乎已经挖掘了所有可能的多尺度表示的现象，然而随着研究的深入，最近有新的证据表明：至少有两种对立论点同这种将视觉系统看作一种子波变换加阈值化处理的简单观点相矛盾。

第一种论点与视觉系统可由子波函数来构造的基本概念相矛盾。首先，研究表明皮层细胞的响应性质不仅对外部激励的位置和尺度敏感，而且对激励的方向和形状也相当敏感；其次，研究自然图像的数据库发现，能够稀疏化表示自然景物的最佳基元素类型具有高度明确的方向性[12-14]，这是子波函数所不具有的；再次，由于边缘是图像的重要特征，因此可以从基于边缘的图像的数学模型来寻求对图像的最优稀疏表示[15]，这样就要求我们找到具有高度方向化特征的基函数。简言之，由于人类视觉皮层细胞的反应特性与自然图像统计结构的编码方式是类似的，因此存在一种数学方法或者编码方式可以模拟人类的视觉效应。来自生物学的研究已经证明了视觉系统是用最少的视觉神经元"捕获"自然场景中的关键信息的，这种效应对应的是对自然场景的"最稀疏"的表示（或变换）方式，这种表示方式的直接结果是对景物的"最稀疏"编码[12]。

第二种论点与视觉系统是简单的基于单层分析元素的输出的观点相矛盾。最近的大脑图像试验证明：目标图像包含长的直线和曲线，可以被看作 fMRI（functional Magnetic Resonance Imaging）神经响应[16, 17]。同时，文献[16，17]指出当 V3 区域对这样的激励做出反应时，就会显示出潜在的神经行为，这一行为分布于整个区域中，执行着一个复杂的整体化工作而非简单的逐点处理。Gestalt 使用所谓的好的连续的原则证明了这种整体化工作的类型。他认为：与人们对于一个系统的一般认识，即一个独立的分析元素产生一个独立输出的观点正好相反，V3 区域表现出的是一种整体性或全局性的行为。或者说，这种整体性的行为是一种非线性的行为。

以上两种论点表明，如果视觉信息处理系统中存在多尺度特性，那么子波函数还远不能描述它，因为这种多尺度特性至少应具有如下特点：

（1）多分辨特性；

（2）局域性；

（3）方向性；

（4）空间各相异性。

前两个性质是子波函数或传统的多尺度分析系统所具备的，而后两个性质是子波函数所不能够描述的。在高维空间中子波能提供的方向是有限的，例如，二维的可分离张量积子波只具有水平、垂直和对角线三个方向。由于子波函数只显示出较少数目且固定的可选方向，它常被称为是空间等方向性的，因此它不能满足空间各相异性的要求。既然子波函数不能满足上述要求，为了分析与视觉系统类似的高维复杂系统，并且高效地描述高维信息的几何特性，需要一个新的多尺度系统，这就是调和分析中新近发展起来的多尺度几何分析系统。

自从 20 世纪末脊波分析的理论框架成功地建立之后，具有各种不同几何特征的分析处理工具也相继产生。它们给高维信号处理与图像处理带来了许多实用的新工具，如脊波（Ridgelet）、曲线波（Curvelet）、轮廓波（Contourlet）、Brushlet、Beamlet、Bandelet、Wedgelet、Platelet、Directionlet 等方法。这些具有不同分析元素的新的多尺度系统为空间几何信息的检测提供了有效的工具，我们统称之为多尺度几何分析工具。

多尺度几何分析方法致力于发展一种新的高维函数的最优表示方法。它的理论框架最初是由曾经推动子波分析发展的一批先驱者 Daubechies、Mallat、Donoho、Vetterli 和 Starck 等人构建的。按照时间顺序，目前已经建立起来的多尺度几何分析工具主要有：Francois G. Meyer 和 Ronald R. Coifman 构造的 Brushlet(1997 年)、David L. Donoho 提出的 Wedgelet(1997 年)、Emmanuel J Candès 和 David Donoho 提出的脊波变换（Ridgelet transform)(1998 年)、单尺度脊波变换（Monoscale ridgelet transform)(1999 年)、基于局部脊波变换的曲线波变换（Curvelet transform)(1999 年)、E Le Pennec 和 Stéphane Mallat 提出的 Bandelet 变换(2000 年)、David L. Donoho 和 Xiaoming Huo 给出的 Beamlet 变换(2001 年)、M. N. Donoho 和 Martin Vetterli 提出的 Contourlet 变换(2002 年)以及 R. M. Willett 提出的 Platelet 变换(2002 年)等。最近 Vladan Velisavljevic 和 Martin Vetterli 等人又提出了 Directionlet 的概念(2004 年)，并且证明了使用 Directionlet 系统的最佳意义下的 N 项逼近可给出阶数为 $O(N^{-1.55})$ 的 L^2 误差。

作为一个前沿的研究领域，几何多尺度分析理论在近年来吸引了数学、计算机科学、信号和图像处理等多个领域的学者们的注意。由于它的建立和发展时间还很短，目前关于它的理论和算法都处于不断丰富和完善中，它在各个领域的应用也正在逐步展开。

由于几何多尺度分析本身就是一门跨越多个学科领域的交叉学科，自它诞生之日起，它的理论和应用的发展一直受到来自不同领域的科研工作者们的共同关注。随着它的快速发展以及相关应用的深入，几何多尺度分析和其他领域的结合也逐渐增多。最近，借鉴自适应理论的几何多尺度分析方法得到了国内外学者们更多的关注。在多尺度几何分析理论的建立和应用过程中，各种机器学习方法如神经网络、进化计算和统计学习等理论和方法都被用来对其进行完善和发展，进而开发出更加灵活有效的多尺度几何分析工具。

众所周知，神经网络具有自学习、自适应、鲁棒性、容错性和推广能力，是应用最广泛的机器学习方法之一。将神经网络和多尺度几何分析两者的优势结合起来的必要性，正逐渐地被人们所认识。一种结合方法是用上述几何多尺度工具对数据进行预处理，即在信息处理的特征空间里用多尺度几何工具中的变换方法来实现特征提取，然后将提取出的特征向量送入神经网络进行后续的分类、识别、分割等处理；另一种是在神经网络中直接采用方向基的并行几何多尺度神经网络模型（multiscale geometrical neural network，MGNN）。

神经元是神经网络中基本的信息处理单元，神经网络通过对神经元的建模和联结模拟人脑的神经系统功能，并建立一种具有学习、联想、记忆和模式识别等智能信息处理功能的人工系统模型。在前馈神经网络中，神经元的激励函数决定了神经元的性质，反映了网络单元的输入输出特性，是影响网络性能和效率的一个重要因素。虽然神经网络是受到生物学习系统的启发而发展起来的，但由于大脑神经元的复杂性和人类关于脑科学认识的局限性，神经网络模型对生物神经系统的模拟是非常简单和高度近似的，它仍未能模拟生物学习系统中许多复杂的方面。实质上我们所讨论的神经网络的许多性质与生物系统并不一致。例如，神经网络每个元件的输出是单个的常数值，而生物神经元的输出是复杂的尖锋状时间序列；另外，从模拟人脑神经元的激励函数看，人脑神经元具有非常复杂的特性，而并非人们最初认识到的简单的阈值函数。生物神经元受到传入的刺激，其反应又从输出端传到相联的其他神经元，输入和输出之间一般是一个非常复杂的非线性变换。

子波函数是一种性能良好的激活函数，由于它在时间域和频率域同时具有良好的局部化性质，子波网络在逼近光滑函数时表现良好。对于具有奇异性的一维函数，子波网络也能较好地重构出原函数的形状及变化情况。然而当输入的维数 d 大于 1 时，在 $\mathbf{R}^d$ 中的单位圆 Ω_d 里，如果再要表示阶梯函数，阶数为 $O(\varepsilon^{-2(d-1)})$ 的子波必须给出一个阶数为 ε 的重构误差（使用子波函数的 M 项展开以 $O(M^{-1/2(d-1)})$ 的阶数收敛），换句话说，虽然子波函数是低维空间中好的基函数，但在处理高维非点状奇异性时是"失败"的。另外，张量积子波是一种主要的高维子波函数形式，但是它构造复杂，并且不能有效地分析高维空间中的数据。因此使得高维子波网络训练困难，难以达到真正实用。

方向性是高维空间的一个重要特征。以视觉系统为例，根据 1996 年 D. J. Field 的实验结果：当观看一幅立体的自然景物图片时，人类的视觉系统会根据目标的方向信息自动寻找最少数目的神经元来对景物的信息进行最有效的表示。这种有效的表示不仅依赖神经元在尺度和位置上的多分辨特性，还有方向上的多分辨特性，即多尺度几何特性。受视觉系统多尺度几何特性的启发，如果我们选择能表征空间几何信息的方向基函数作为神经元的激励函数，将能更有效地处理高维信息，同时和生物神经系统更为一致。几何多尺度网络就是在此基础上发展起来的一种新的神经网络模型。下面将对它的几个模型和构造进行详细的描述。

13.2　多尺度几何网络

在机器学习领域，很多问题都可以归结为多维函数的回归问题，其数值方法的研究一直是数学和计算机科学的热点[15]。逼近多变量函数可以采用基于固定变换的方法和自适应的方法。典型的基于固定变换的逼近方法有傅里叶变换[16]、子波变换[17]等，它们将信号在一组固定的基函数下进行分解，优点是实现方式简单，缺点是随着维数的增加它们的计算复杂度剧增，即会出现"维数灾难"的问题。投影跟踪回归（project pursuit regression，PPR）[18]和神经网络[19]都是能够克服"维数灾难"的自适应逼近方法，但它们在逼近方式和性能上却有所差别。PPR 是一种统计估计方法，它使用一组脊函数的和来逼近未知的函数 f：

$$\hat{f}_m(\boldsymbol{x}) = \sum_{j=1}^{m} g_j(\boldsymbol{u}_j \cdot \boldsymbol{x}) \tag{13.10}$$

式中：$\|\boldsymbol{u}_j\| = 1$。在第 m 步，PPR 以增加一个脊函数 $g_j(\boldsymbol{u}_j \cdot \boldsymbol{x})$ 的方式来扩充拟合 f_{m-1}，其中新的基函数 $g_j(\boldsymbol{u}_j \cdot \boldsymbol{x})$ 按照如下的方法获得：

（1）计算第 $m-1$ 步逼近的余量 $r_i = Y_i - \sum_{j=1}^{m-1} g_j(\boldsymbol{u}_j \cdot \boldsymbol{x}_i)$；

（2）沿一个固定的方向 $\boldsymbol{u}$ 绘制余量 r_i 随 $\boldsymbol{u} \cdot \boldsymbol{x}_i$ 的变化；

（3）拟合曲线 g 并选择最好的方向 $\boldsymbol{u}$，使得余量的平方和 $\sum_i [r_i - g(\boldsymbol{u} \cdot \boldsymbol{x}_i)]^2$ 最小，当余量变化不大时算法停止。

PPR 的优点是它在每一步都能自由地选择不同的脊函数，较好地利用了投影；其缺点是由于它是按照范数收敛的，收敛速率非常慢，并且它没有自学习、自组织的功能，也不具备大规模并行处理的能力。

神经网络是一种非参数化函数逼近方法，三层前向神经网络能够逼近一个未知映射，如前面提到的多层感知器、径向基网络、子波神经网络等。传统的神经网络通常通过一系列 Sigmoid 函数 $\rho(t) = \dfrac{\mathrm{e}^t}{1 + \mathrm{e}^t}$ 的叠加来逼近未知函数 f[20]：

$$\hat{f}(x) = \sum_j \alpha_j \times \rho(\boldsymbol{k}_j \cdot \boldsymbol{x} - \boldsymbol{b}_j) \tag{13.11}$$

它和投影跟踪回归方法之间的一个主要差别就是当函数 ρ 中权值的范数 $\|\boldsymbol{k}\|$ 较大时，由于 $\rho(\boldsymbol{k} \cdot \boldsymbol{x} - \boldsymbol{b})$ 非常接近阶梯函数，因此神经网络允许非光滑的拟合。将满足容许性条件

的子波函数代替 Sigmoid 函数作为激活函数，就得到了子波网络（WNN）的各种模型[13, 21-23]。在使用子波网络逼近高维奇异性函数的目标函数时，虽然网络的训练和学习过程能补偿奇异性所带来的失真，但子波本身处理高维非点状奇异性的"失败"，导致子波函数逼近这类目标函数的结果出现了奇异性扩散的迹象；另一方面，和其他神经网络一样，子波网络对高维样本的处理能力缺乏有效的方法，在高维时也需要大量增加节点的数目，从而增大了网络的复杂度。因此，研究一种能类似子波在一维时的效果的数学工具，并且解决神经网络训练中的"维数灾难"问题是相当有意义的。

多尺度几何网络是建立在多尺度几何分析、神经网络和统计学等多门学科基础上的一种网络模型。新的调和分析工具为它带来了更多类型的神经元激励函数，同时神经网络固有的学习性和并行性又克服了固定变换的一些缺点，因此多尺度几何网络具有更强大的处理能力。

13.2.1 方向多分辨脊波网络

任何多变量函数 f 均能被分解成一组连续脊波函数 ψ_γ 的叠加形式，即 f 能用连续的脊波系数 $\langle f, \psi_\gamma \rangle$ 的集合完全重构。类似地，函数 f 的分解也对应着一个离散的框架表达式。框架系统是一种能获得高质量非线性逼近的有效方法，这在框架理论[4, 5]和子波分析[6]中均得到了充分的验证。根据 Littlewood-Paley 理论和框架理论，首先建立脊波的框架性条件，在此基础上，就可以构造一个完备的离散化脊波框架，进而得到一组具有离散参数的脊波函数[7]。

脊波神经元参数空间 Γ 可以记为如下形式：

$$\Gamma = \{\gamma = (a, u, b), a, b \in \mathbf{R}, a > 0, u \in S^{d-1}\} \tag{13.12}$$

将此参数空间进行离散化，选择的离散化尺度参数 a 为 $\{a_0^j\}_{j \geqslant j_0}$（$a_0 > 1$，$j_0$ 是最粗的尺度）；位置参数 b 为 $\{kb_0 a_0^{-j}\}_{k, j \geqslant j_0}$。记 S^{d-1} 为 d 维空间中的单位球，在尺度 a_0^j 上，对球的离散化集合用 Σ_j 表示，它是 S^{d-1} 上的一个 ε_j 网（对于 $\varepsilon_0 > 0$，$\varepsilon_j = \varepsilon_0 a_0^{-(j-j_0)}$）。可以看出，对球的离散化是依赖尺度的：尺度越精细，S^{d-1} 上的抽样也就越精细。这样，就得到了脊波参数 $\gamma = (a, u, b)$ 的离散化表示：

$$\gamma \in \Gamma = \{(a_0^j, u, kb_0 a_0^j), j \geqslant j_0, u \in \Sigma_j, k \in \mathbf{Z}\} \tag{13.13}$$

这里采用框架理论中常用的标记方式，可以得到如下脊波离散集[7]：

$$\psi_\gamma(x) = a_0^{j/2} \psi(a_0^j u \cdot x - kb_0) \tag{13.14}$$

由于方向向量要满足归一化的条件，d 维的方向向量 $\boldsymbol{u} = [u_1, u_2, \cdots, u_d]$ 为[8]

$$\begin{cases} u_1 = \cos\theta_1 \\ u_2 = \sin\theta_1 \cos\theta_2 \\ \vdots \\ u_d = \sin\theta_1 \sin\theta_2 \cdots \sin\theta_d \end{cases} \tag{13.15}$$

式中：$0 \leqslant \theta_1, \cdots, \theta_{d-2} \leqslant \pi$，$0 \leqslant \theta_{d-1} < 2\pi$。

经证明：离散化 Γ 后，$\{\psi_\gamma(x) = a_0^{j/2}\psi(a_0^j \boldsymbol{u} \cdot \boldsymbol{x} - kb_0), \gamma \in \Gamma\}$ 构成 L^2 的一个框架[7]。

对于脊波参数的离散化，一种标准的选择就是 $a_0 = 2$、$b_0 = 1$、$j_0 = 0$ 时的二进制脊波框架。同子波的框架分析相对应，存在一个函数 φ，当 φ 和 ψ 具有某些正则度、ψ 具有某些消失矩时，就可以构成 L^2 的一个框架：

$$\{\varphi(\boldsymbol{u}_i \cdot \boldsymbol{x} - kb_0), \; 2^{j/2}\psi(2^j \boldsymbol{u}_i^j \cdot \boldsymbol{x} - kb_0), \; j \geqslant 0, \; u_i^j \in \Sigma_j, \; k \in \boldsymbol{Z}\} \quad (13.16)$$

式中：Σ_j 是球面上一些等分布点的集合，分辨率为 $\theta_0^{-1}2^j$。考虑一种更特殊的情况——二维时的二进制脊波框架：

$$\begin{aligned} \{\varphi(x_1\cos\theta_i + x_2\sin\theta_i - k), \; 2^{j/2}\psi[2^j(x_1\cos\theta_i^j + x_2\sin\theta_i^j) - k], \\ j \geqslant 0, \; \theta_i^j = 2\pi\theta_0 2^{-j}i, \; k \in \boldsymbol{Z}, \; i = 0, 1, \cdots, 2^j - 1\} \end{aligned} \quad (13.17)$$

在尺度 j 上，θ_i^j 是圆上跨度为 $2\pi\theta_0 2^{-j}$ 的等空间点（θ_0^{-1} 为一个整数）。取二进制框架中的尺度函数 φ 和相应的脊波函数 ψ 作为三层前向神经网络中隐藏层神经元的激励函数，分别构成函数 f 和 g，系数 c，d 为对应的连接权值，则可得到如下方向多分辨脊波网络对应的网络方程：

$$\hat{y} = f_0(\boldsymbol{x}) + \sum_{j=0}^{J} g_j(\boldsymbol{x}) = \sum_{i=0}^{\theta_0^{-1}/2} \sum_k c_{i,0,k}\varphi_{i,0,k}(\boldsymbol{x}) + \sum_{j=0}^{J} \sum_{i=0}^{\theta_0^{-1}2^j} \sum_k d_{i,j,k}\psi_{i,j,k}(\boldsymbol{x})$$

$$(13.18)$$

基于脊波网络方程(13.18)，可得到如图 13.3 所示的方向多分辨离散脊波网络模型。它具有两个子网络 Ⅰ 和 Ⅱ，分别由脊波框架中的尺度函数 $\varphi_{i,0,k}$ 和脊波函数 $\psi_{i,j,k}$ 组成，为方便识别，分别记为 $\boldsymbol{\varphi}_0$（其中 Support($\boldsymbol{\varphi}_0$) $= [0, M]$）和 $\boldsymbol{\psi}_j$（其中 Support($\boldsymbol{\psi}_j$) $= [0, N_j]$）。设待逼近 d 维函数 f 的紧支撑为 Support(f) $= [0, L_1] \times [0, L_2] \times \cdots \times [0, L_d]$，并且令 $\sum_{i}^{d} L_i = K$，则网络方程(13.18)可重新写为

$$\hat{y} = \sum_{i=0}^{\theta_0^{-1}/2} \sum_{k=-M+1}^{K-1} c_{i,0,k}\varphi_{i,0,k}(\boldsymbol{x}) + \sum_{j=0}^{J} \sum_{i=0}^{\theta_0^{-1}2^j} \sum_{k=-2^j N_j+1}^{2^j K-1} d_{i,j,k}\psi_{i,j,k}(\boldsymbol{x}) \quad (13.19)$$

式(13.19)给出了离散化神经元参数空间 Γ 后构造的网络方程，其中脊波网络对尺度和位置的离散化和离散子波网络类似，这里重点讨论方向的离散化。

可以证明：离散化后的脊波方向所对应的点的集合中，每相邻两个点的空间距离的大小所具有的阶为 2^{-j}。[13,14] 如果对任意的 $j \geqslant 0$，集合 Σ_j 满足等分布性质，则可以保证 Σ_j 是球 S^{d-1} 上 L_j 个近似等空间距离点的一个集合，其中 L_j 的阶数为 $2^{j(d-1)}$。由 L_j 的阶 $2^{j(d-1)}$ 通过简单的计算可得到：每一个尺度上的等空间点的个数比上一层尺度上的等空

间点的个数要多 $O[2^{j(d-1)}(2^{d-1}-1)]$ 个。 这是一个与上一层尺度上的等空间点的个数有关、而且是它的倍数的量。 既然满足等分布性质，那么只要确定了尺度 j 上的脊波方向的个数，则尺度 $j+1$ 上的脊波方向可以用这样的方法来近似确定：保留尺度 j 上的方向不变，把尺度 j 上每两个相邻方向所对应的点的连线等分为 $2^{(d-1)}$ 份，然后除去两个端点，在其他等分点对应的位置插入新的方向，连同尺度 j 上的方向一起构成尺度 $j+1$ 上的脊波方向。

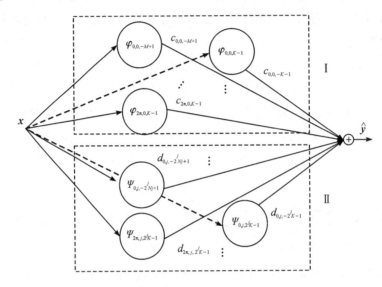

图 13.3　方向多分辨离散脊波网络模型

特殊地，当 $d=2$，并且 $a_0=2$，$b_0=1$，$j_0=0$ 时，脊波方向的离散化是对单位圆而言的。不同尺度 j 上的方向为单位向量 $\boldsymbol{u}_i^j=(\cos\theta_i^j,\ \sin\theta_i^j)$，此时 $L_j=2^j$ 个等空间点精确地构成了对单位圆的二进划分，并且有

$$\theta_i^j=2\pi\theta_0 2^{-j}i(i=0,\cdots,2^j-1,\theta_0^{-1}\text{为整数}) \tag{13.20}$$

$$\Gamma_j=\{(2^j,\theta_i^j,2^jk),j\geqslant 0,k\in\mathbf{Z},i=0,1,\cdots,2^j-1\} \tag{13.21}$$

令脊波变换 $R(f)(\gamma)=\langle R_u f,\psi_{a,b}\rangle$，则当方向固定后，将函数 f 沿直线 $\{tu:t\in\mathbf{R}\}$ 积分后作离散子波变换就可以实现离散的脊波变换。

下面考察脊波对于二维频域平面的剖分。脊波函数把频域划分成二进段，即把同心的圆环 $\{\xi:2^j\leqslant|\xi|\leqslant 2^{j+1}\}$ 按照脊波方向进行分割，每一块就是脊波的局部化区域，随着尺度的增加，这样的区域将越来越多。在上述特殊条件下，脊波函数则把频域划分成二进段的结构，如图 13.4 所示。这里选择 $a_0=2$，圆代表着尺度 2^j，不同的线段相应于不同的函数的支撑。在越精细的尺度上有越多的线段。

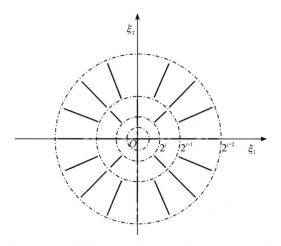

图 13.4 二维情况下离散脊波将频域平面剖分示意图

设输入 P 组训练样本 $\{(X_1, Y_1), \cdots, (X_P, Y_P)\}$，$\hat{Y}_p$ 是网络对于第 p 个训练样本 X_p 的实际输出，对应的期望输出是 Y_p。首先定义误差函数 E：

$$E = \| e \|^2 = \sum_p (\hat{Y}_p - Y_p)^2$$

$$= \sum_p \left[\sum_{l=0}^{\theta_0^{-1}/2} \sum_{m=-M+1}^{K-1} c_{i,0,k} \varphi_{i,0,k}(X_p) + \sum_{j=0}^{J} \sum_{i=0}^{\theta_0^{-1}2^j} \sum_{k=-2^j N_j+1}^{2^j K-1} d_{i,j,k} \psi_{i,j,k}(X_p) - Y_p \right]^2$$

(13.22)

训练网络的过程就是最小化 E 的过程，这是一个优化问题，可用多种方法求解。这里采用经典的最陡梯度下降法，由式(13.22)可以得到如式(13.23)和式(13.24)所示的关于系数 c 和 d 的梯度形式。

$$\frac{\partial E}{\partial c_{i,0,k}} = 2 \sum_p \left[\sum_{l=0}^{\theta_0^{-1}/2} \sum_{m=-M+1}^{K-1} c_{l,0,m} \varphi_{l,0,m}(X_p) - Y_p \right] \varphi_{i,0,k}(X_p)$$

(13.23)

$$\frac{\partial E}{\partial d_{i,j,k}} = 2 \sum_p \left[\sum_{l=0}^{\theta_0^{-1}/2} \sum_{m=-M+1}^{K-1} c_{l,0,m} \varphi_{l,0,m}(X_p) + \sum_{n=0}^{j} \sum_{l=0}^{\theta_0^{-1}2^j} \sum_{m=-2^n N_n+1}^{2^n K-1} d_{l,n,m} \psi_{l,n,m}(X_p) - Y_p \right] \psi_{i,j,k}(X_p)$$

(13.24)

这样，我们就得到如式(13.25)和式(13.26)所示的子网络Ⅰ和Ⅱ的权值更新公式：

$$c_{i,0,k}(t+1) = c_{i,0,k}(t) - \eta \times \frac{\partial E}{\partial c_{i,0,k}} \left(i = 0, \cdots, \frac{\theta_0^{-1}}{2}; k = -M+1, \cdots, K-1 \right)$$

(13.25)

$$d_{i,j,k}(t+1)=d_{i,j,k}(t)-\eta\times\frac{\partial E}{\partial d_{i,j,k}}(i=0,\cdots,\theta_0^{-1}2^j;j=0,\cdots,J;k=-M+1,\cdots,K-1)$$

$$(13.26)$$

算法流程如图 13.5 所示，其步骤如下：

（1）设置子网络 I 的隐层节点数，初始化网络权值，设置 θ_0；

（2）输入样本，训练网络 I，利用式（13.25）学习网络权值，停止规则是：

$$|E(t)|<\varepsilon_1 \quad 或 \quad |E(t+1)-E(t)|<\varepsilon_2$$

（3）令 $j=0$，并入子网络 II，初始化权值和隐藏层节点数目；

（4）训练整个网络，但是 $c_{i,0,k}$ 和 $d_{i,l,k}(l=0,1,\cdots,j-1)$ 的值保持不变，使用式（13.26）学习网络权值，停止规则同（2）；

（5）$j=j+1$，当 $j<J$ 时（J 为给定最大的分解级数），转到（4）。

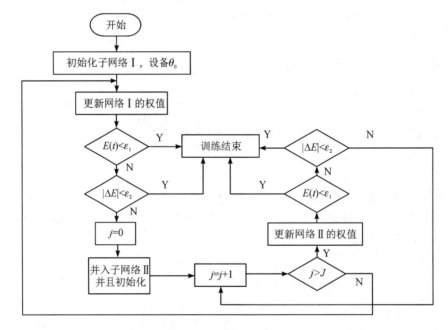

图 13.5　算法流程图

我们分别用 Daubechies2 单子波和 GHM 多子波对分段线性函数和正弦函数进行了逼近。之所以使用 Daubechies2 是因为它在单子波中具有较短的支撑。实验中，均匀采样 64 个点。对于每一个给定的 J，当梯度的所有分量函数的最大模均小于 10^{-4} 时，我们认为网络达到了空间 V_J 对目标函数的逼近要求。当这时的结果不能达到所要求的逼近精度时，$J=J+1$。图 13.6（a）所示是 Daubechies2 单子波网络的逼近结果。迭代次数为 1440，均方误差（δ）为 $1.4e^{-8}$。图 13.6（b）所示是 GHM 多子波网络的逼近结果。迭代次数为 527，训练点上的均方误差为 3.5e−10。图 13.6(c) 给出了 $\parallel f-\hat{f} \parallel_2^2$ 随 J 的增大而减小的曲线。虚线对应于单子波网络，实线对应于多子波网络。这里及以下我们用 1024 点均方误差作为 $\parallel f-\hat{f} \parallel_2^2$ 的近似。从图中可以看出，多子波随层级空间的增大而逼近目标函数的速度明显快于单子波。图 13.6(d) 给出了对于固定的，训练点上的均方误差随迭代次数的增加而减小的曲线。因为对于固定的 J，GHM 多子波网络的节点个数为 2^{J+1}，所以，为了使计算具有相同的复杂度，同时也为了使层级空间具有相同的维数，图 13.6(d) 分别以虚线和实线给出了 J 等于 6 时的单子波网络和 J 等于 5 时的多子波网络的均方误差收敛曲线。由图可见，多子波网络的收敛速度明显快于单子波网络。为了更精确地给出实验结果，表 13.1.a 给出了从 1 到 5 的每一层级空间上网络的迭代次数、$\parallel f-\hat{f} \parallel_2^2$ 和 $\parallel f-\hat{f} \parallel_\infty$。表 13.1.b 给出了为使训练点均方误差达到所给精度，网络所进行的迭代次数。对于正弦函数，我们进行了同样的实验，结果与前一实验基本相同。其变化趋势及具体数值由图 13.7(a)～图 13.7(d) 及表 13.2.a 和表 13.2.b 给出。

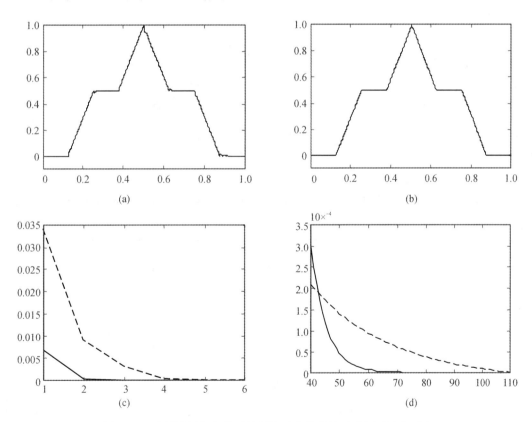

图 13.6　多子波网络与单子波网络对分段线性函数逼近性能对比

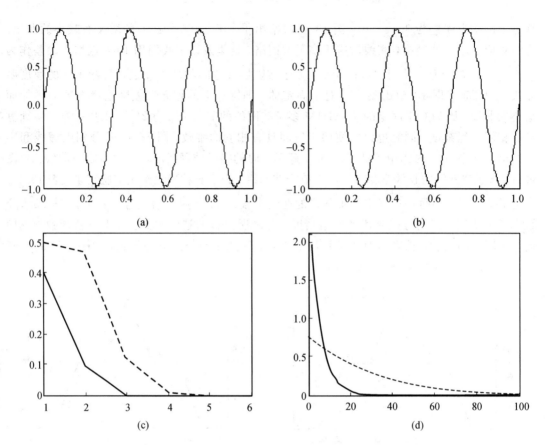

图 13.7　多子波网络与单子波网络对正弦函数逼近性能的对比

表 13.1.a　对分段线性函数进行逼近的 1～5 层级空间上网络的迭代次数、

$\parallel f - \hat{f} \parallel_2^2$ 和 $\parallel f - \hat{f} \parallel_\infty$

空间层级 J		1	2	3	4	5
迭代次数	GHM	22	33	50	71	112
	Daubechies	27	53	79	134	230
$\parallel f - \hat{f} \parallel_2^2$	GHM	0.006	0.000	0.000	0.000	0.000
	Daubechies	0.034	0.008	0.003	0.000	0.000
$\parallel f - \hat{f} \parallel_\infty^2$	GHM	0.195	0.040	0.000	0.000	0.000
	Daubechies	0.365	0.235	0.150	0.076	0.042

表 13.1.b 对分段线性函数进行逼近的为使训练点均方误差达到所给精度的网络所进行的迭代次数

节点函数	迭 代 次 数								
	$\delta=10^{-1}$	$\delta=10^{-2}$	$\delta=10^{-3}$	$\delta=10^{-4}$	$\delta=10^{-5}$	$\delta=10^{-6}$	$\delta=10^{-7}$	$\delta=10^{-8}$	$\delta=10^{-9}$
GHM($J=5$)	10	22	34	46	59	71	83	95	107
Daubechies($J=6$)	1	1	2	64	133	204	274	345	416

表 13.2.a 对正弦函数进行逼近的 1~5 层级空间上网络的迭代次数、$\|f-\hat{f}\|_2^2$ 和 $\|f-\hat{f}\|_\infty$

空间层级 J		1	2	3	4	5
迭代次数	GHM	23	34	66	147	120
	Daubechies	27	57	115	234	546
$\|f-\hat{f}\|_2^2$	GHM	0.3824	0.0903	0.0055	0.0003	0.0001
	Daubechies	0.4783	0.4440	0.1147	0.0120	0.0011
$\|f-\hat{f}\|_\infty^2$	GHM	1.1175	0.7126	0.1737	0.0467	0.0951
	Daubechies	1.1940	1.1568	0.9889	0.3013	0.964

表 13.2.b 对正弦函数进行逼近的为使训练点均方误差达到所给精度的网络所进行的迭代次数

节点函数	迭 代 次 数								
	$\delta=10^{-1}$	$\delta=10^{-2}$	$\delta=10^{-3}$	$\delta=10^{-4}$	$\delta=10^{-5}$	$\delta=10^{-6}$	$\delta=10^{-7}$	$\delta=10^{-8}$	$\delta=10^{-9}$
GHM($J=5$)	17	29	41	53	65	77	90	102	114
Daubechies 2($J=6$)	63	134	205	276	348	419	494	∞	∞

13.2.2 深度曲线波散射网络

特征表示在图像分类中受到越来越多的关注。现有的方法都是通过卷积神经网络直接提取特征的。近年来的研究显示了 CNN 在处理图像边缘和纹理方面的潜力，也有一些研究者探索了一些方法来进一步改进 CNN 的表示过程。因此，研究者们试着提出了一种新的分类框架，称为多尺度曲波散射网络（MSCCN）[24]。利用多尺度曲波散射模块（CCM），可以有效地表示图像特征。MSCCN 由两部分组成，即多分辨率散射过程和多尺度曲线波模块。根据多尺度几何分析，利用曲线波特征改善散射过程，可获得更有效的多尺度方向信息。具体而言，散射过程和曲线波特征有效地形成了统一的优化结构，可有效地聚合和学习不同尺度层次的特征。在此基础上，构造了一个 CCM 模块，并将其嵌入到其他已有网络中，从根本上提高了特征表示质量。大量的实验结果表明，与最先进的技术相比，MSCCN 实现了更好的分类精度。最后，通过计算损失函数值的趋势，研究者们可视化了部分特征图，并进行了泛化分析，对收敛性、洞察力和适应性进行了评价。

深度曲线波散射网结构如图 13.8 所示。这个端到端网络是从 Res 网改编而来的，可直接提供原始远程图像。曲线波过程（用 C1～C3 表示）和散射过程（用 S1～S3 表示）在网络中得到了有效的表征。另外，CCM 模块是从整个体系结构构建的，可以迁移至常用的多种神经网络。

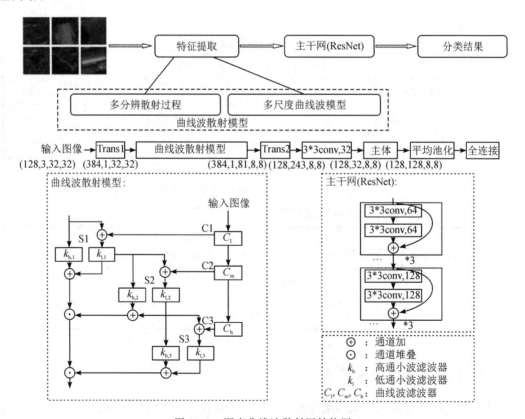

图 13.8　深度曲线波散射网结构图

在特征提取的每个尺度上，离散曲线波变换可提取多尺度方向特征，而散射过程增强了多分辨率散射特征。在散射过程中使用正确的高通和低通滤波器，在曲线波过程中使用准确的预定义参数，可以有效地聚合和学习多尺度特征。同时，曲线波系数的稀疏性可以简化网络的运算过程。

除了 ResNet，还有许多更深和更新颖的网络在分类任务中表现良好，如PreActResNet、GoogLeNet、DenseNet、MobileNet、DPN、ShuffleNet、SeNet 和 EfficientNet。利用多尺度曲线波和散射过程，可实现方向信息的集成。为了后续推广，CCM 模块被提出。该模块依赖多尺度几何方法，无须训练即可提供更好的多分辨率和方向表示。同时，神经网络具有良好的训练和学习框架。因此，可以将 CCM 嵌入到网络中，从而优化学习过程中的多尺度表征过程。

实验结果表明，MSCCN 算法在 Igarss18、UC Merced Land Use（UCM）、AID、WHU-RS、NWPU-RESISC45（NWPU）和 A Challenging Remote Sensing Video（CRSV）等多个遥感数据集上均取得了不错的分类结果。

13.2.3　轮廓波卷积神经网络

由于纹理尺度的不确定性和纹理模式的杂波性，提取有效的纹理特征一直是纹理分类中一个具有挑战性的问题。对于纹理分类，传统的方法是在频域进行光谱分析。最近的研究显示了卷积神经网络（CNNs）在处理空间域纹理分类任务时的潜力。本文提出了一种新的网络结构，称为 contourlet CNN（C-CNN）[25]。该网络旨在学习图像的稀疏和有效的特征表示。首先，应用 contourlet 变换从图像中提取光谱特征。其次，设计空间—光谱特征融合策略，将光谱特征融合到 CNN 体系结构中。再次，通过统计特征融合将统计特征融合到网络中。最后，对融合特征进行分类得到结果。文中也研究了轮廓波分解中参数的行为。在广泛使用的 3 个纹理数据集（kth-tips2-b、DTD 和 CUReT）和 5 个遥感数据集（UCM、WHU-RS、AID、RSSCN7 和 NWPU-RESISC45）上的实验表明，该方法在分类精度方面优于其他几种常用的分类方法，且可训练参数较少。

具体而言，本文的主要贡献如下：

（1）提出了一种新的网络结构 C-CNN，将谱域和空间域的信息相结合。

（2）将 Contourlet 变换整合到 CNN 中，挖掘谱域的特征，使网络更加紧凑。

（3）为了获得更好的特征，设计了多特征融合策略，包括空间—光谱特征融合（SSFF）和统计特征融合（SSF）。

（4）从理论上分析了轮廓波的稀疏性和轮廓波的参数。

针对纹理尺度不确定性和模式复杂性的分类问题，本文提出了以多尺度、多方向的方式结合 CNN 和 Contourlet 特征表示的 C-CNN，同时解释了轮廓波变换比小波变换更加稀疏的原因。C-CNN 主体流程如图 13.9 所示。

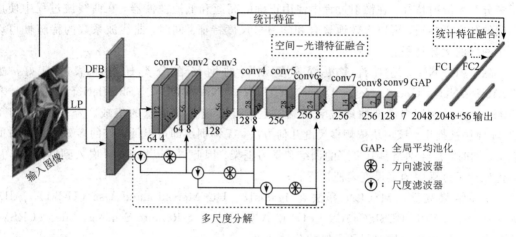

图 13.9　C-CNN 主体流程图

算法流程如下。

算法 13.1：C-CNN 算法的学习过程

输入：训练数据集：$x = \{x_n | n = 1, 2, \cdots, N\}$。

　　　其相对应的类标：$y = \{y_n | n = 1, 2, \cdots, N\}$。

　　　类别数目：T。

输出：分类结果：$\hat{y} = \{y_n | n = 1, 2, \cdots, N\}$。

1：预处理：基础网络可以表示如下：[conv1，$\cdots$，conv9, GAP, FC1, FC2, FC3]，nlevels=[0, 3, 3, 3]，

　　$l = 1, \cdots, L$，$F_{LP} = '\mathrm{max\ flat}'$，$F_{DFB} = '\mathrm{d\ max\ flat7}'$。

2：开始

3：for：$n = 1$ to N

4：输入图片 x_n，获取一组系数 $C_k^l(x, y)$，k 是每个分解层的子代系数。

5：计算 $C_k^l(x, y)$ 的分布特征 f。

6：if：$\mathrm{height}(C_k^l(x, y)) \neq \mathrm{width}(C_k^l(x, y))$，那么

7：将 $C_k^l(x, y)$ 的尺寸变换为 M^2，其中，$M = \max\ (\mathrm{height}(C_k^l(x, y)), \mathrm{width}(C_k^l(x, y)))$。

8：结束 if

9：特征图为：conv1$\oplus C_k^l(x, y)$，conv2$\oplus C_k^2(x, y)$，conv4$\oplus C_k^3(x, y)$，conv6$\oplus C_k^4(x, y)$。

10：级联统计特征图 f 与 FC2：$f \oplus$FC2。

11：更新参数直到收敛。

12：结束 for

13：结束

通过使用 C-CNN 来提取和整合空间—光谱特征可进行纹理分类。Contourlet 变换在谱域能有效地提供多方向、多尺度信息。将谱域分析融合到具有统计特性的 CNN 中进行纹理稀疏表示是一种新颖的方法。SSFF 算法通过 contourlet 变换在不同的分解级别上增强了不同区域特征图之间的相关性。

统计特征也增强了特征的可分性和旋转不变性。实验结果表明，C-CNN 可以获得与最先进的方法相当的结果。3 个纹理数据集和 5 个遥感数据集证明了结果的有效性和可靠性。

13.3 案例与实践

13.3.1 极化 SAR 图像分类

文献[26]提出了一种基于复数轮廓波卷积神经网络的极化 SAR 图像分类方法，即将经典的深度卷积神经网络延拓至复数域，在复数域中重新定义卷积层、池化层、全连接层等的运算规则，构造得到的网络命名为复数卷积神经网络。把复数极化 SAR 数据作为整体用作复数卷积神经网络的输入直接进行运算，可充分利用极化 SAR 图像的相位信息，减少了由复数域到实数域转化过程中的信息损失，增强了网络的泛化能力，显著提高了待分类极化 SAR 图像的分类精度。

深度卷积神经网络中的核心模块为卷积流(卷积、池化、非线性、批量归一化)和全连接层，在将深度卷积神经网络从实数域向复数域延拓时，各个模块的运算规则改进如下：

(1) 复数域卷积。

输入数据为复数形式，即 $x=a+\mathrm{i}\cdot b\in\mathbf{C}^{n\times m}$，卷积核定义为 $w=u+\mathrm{i}\cdot v\in\mathbf{C}^{u\times v}$，$x$ 与 w 的卷积运算如下：

$$x*w=(a*u-b*v)+\mathrm{i}\cdot(a*v+b*u)\in\mathbf{C}^{(n-u+1)\times(m-v+1)} \tag{13.27}$$

式中：符号 i 为虚数单位，这里描述的卷积属性为 valid。在 valid 卷积下，使用下式来计算特征映射图每一维度的尺寸：

$$\mathrm{newsize}=\left\lfloor\frac{\mathrm{inputsize}-\mathrm{kernelsize}+2\cdot\mathrm{padding}}{\mathrm{stride}}\right\rfloor+1 \tag{13.28}$$

式中：操作 $\lfloor\cdot\rfloor$ 为向下取整，kernelsize 为滤波器的尺寸，inputsize 为输入图像块的尺寸。式(13.28)中，选取的 stride 为 1，padding 为 0。

另外，设偏置为 $c=\alpha+\mathrm{i}\cdot\beta\in\mathbf{C}^{1\times1}$。

(2) 复数域非线性。

假设复数域卷积操作完成后的输出为 $\Gamma=x*w+c$，复数域非线性函数 φ 与实数域上非线性函数的取法一致，但需对数据的实部和虚部分别运算：

$$\varphi(\Gamma)=\varphi(\mathrm{Re}(\Gamma))+\mathrm{i}\cdot\varphi(\mathrm{Im}(\Gamma))\in\mathbf{C}^{(n-u+1)\times(m-v+1)} \tag{13.29}$$

（3）复数域池化。

设由卷积非线性处理得到的输出为 $\Omega = \varphi(\Gamma)$。复数域池化类似于实数域池化，但注意仍需要分别对实部和虚部操作，即

$$P = \text{Maxpooling}(\text{Re}(\Omega), r) + \text{i} \cdot \text{Maxpooling}(\text{Im}(\Omega), r) \in \mathbf{C}^{n_1 \times n_2} \quad (13.30)$$

式中：r 为池化半径，Maxpooling 为最大池化操作，则有

$$\begin{cases} n_1 = \left\lfloor \dfrac{n - u + 1}{r} \right\rfloor \\ n_2 = \left\lfloor \dfrac{m - v + 1}{r} \right\rfloor \end{cases} \quad (13.31)$$

（4）复数域批量归一化。

此处归一化操作与实数域上的归一化方式一样，都是加速计算并保持拓扑结构对应性。对 P 的实部和虚部分别归一化，记为

$$F = \text{Normalization}(\text{Re}(P)) + \text{i} \cdot \text{Normalization}(\text{Im}(P)) \quad (13.32)$$

（5）复数域全连接。

此处复数域批量归一化后的特征映射为 $F \in \mathbf{C}^{M@n_S \times m_S}$。这里，$S$ 为卷积流模块个数，M 为特征映射图个数。当获取到若干卷积流处理后的特征映射后，通常会经由拉伸或向量化操作得到相应的特征，再通过全连接层进一步处理。F 向量化后记为 $\text{Vector}(\boldsymbol{F}) \in \mathbf{C}^{(M \cdot n_S \cdot m_S)}$。将 $\boldsymbol{F}$ 映射到 K 维，即将得到的深层复特征映射为 $\boldsymbol{F}_S \in \mathbf{C}^{K \times 1}$。其中，$K$ 是待分类极化 SAR 图像的类别数。

（6）分类器设计。

将输入的深层抽象特征的实部与虚部堆栈作为分类器的输入，构成实数域上的特征，则此时的网络输出无须扩展为复数域。在实数域上进行 softmax 分类器设计即可用于极化 SAR 图像的逐像素分类。

将复数卷积层、复数非线性层、复数池化层、复数全连接层和分类器按照设定的次序依次堆叠，构造得到复数卷积神经网络，其结构如图 13.10 所示。数据传输方向设定如下：输入层→复数卷积层→复数池化层→复数卷积层→复数池化层→复数卷积层→复数池化层→复数全连接层→复数全连接层→softmax 分类器。其中，"→"是指输入数据的传输方向。

本文分别从弗莱福兰（荷兰）地区极化 SAR 图像的每个类别中随机选取 600 个有标记的像素点作为训练样本（训练样本占样本总数的 5%），其余有标记的像素点作为测试样本用于验证复数轮廓波卷积神经网络在极化 SAR 图像分类任务上的有效性。

实验中，选取的图像块尺寸为 33×33，对比模型为深度卷积神经网络。复数轮廓波卷积神经网络与深度卷积神经网络在测试数据集上的各类分类精度对比如表 13.3 所示。

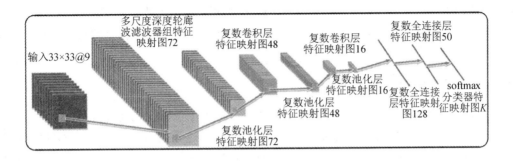

图 13.10　复数轮廓波卷积神经网络的网络结构

表 13.3　弗莱福兰(荷兰)地区分类结果的各类分类精度对比

地物名称/所占比例	深度卷积神经网络	本文方法
黄豆(3.78%)	97.74%	99.75%
油菜籽(8.27%)	98.49%	98.11%
裸地(3.05%)	100%	100%
马铃薯(9.63%)	97.23%	99.12%
甜菜(5.98%)	98.36%	98.61%
小麦 1(6.65%)	100%	100%
豌豆(5.71%)	99.25%	99.37%
小麦 2(13.26%)	99.75%	100%
苜蓿(6.07%)	99.50%	100%
大麦(4.53%)	99.75%	99.50%
小麦 3(9.77%)	98.86%	99.75%
草(4.21%)	98.61%	98.74%
森林(10.76%)	97.98%	98.61%
水域(7.89%)	100%	100%
高楼(0.44%)	99.62%	99.62%
OA	99.00%	99.41%

从表 13.3 中可以看出：复数轮廓波卷积神经网络在 15 种地物上的分类精度都达到了 98%以上，其中 11 种地物上的分类精度都超过了 99%，裸地、小麦 1、小麦 2、苜蓿、水域

等 5 种地物上的分类精度已达 100%。上述结果表明复数轮廓波卷积神经网络对农作物反射回波的特征捕捉能力较强，能够有效区分不同种类的农作物，适用于对规整的极化 SAR 农田数据进行分类。

13.3.2　SAR 图像目标检测

文献[27]提出了一种基于 NSCT_SENet 及特征结合的 SAR 图像目标分类方法。该方法引入了非下采样轮廓波（nonsubsampled contourlet transform，NSCT），它能够很好地提取 SAR 图像目标多方向、多尺度的特征信息，并且具有平移不变性，能够有效地处理轮廓、纹理等特征，缓解了 SAR 图像相干斑及背景杂波对目标的影响。应用该方法在 MSTAR 数据上进行了实验，实验结果验证了该方法的有效性。

非下采样轮廓波是轮廓波的改进和提升。轮廓波变换中只包含下采样等操作，所以缺乏平移不变性，而平移不变性在图像分类、边缘检测等应用中具有重要的作用。在非下采样轮廓波变换中，图像首先被非下采样金字塔进行了多尺度分解，再由非下采样方向滤波器完成了多方向分解，从而获得了不同尺度、不同方向的子带图像。非下采样轮廓波的结构如图 13.11 所示。

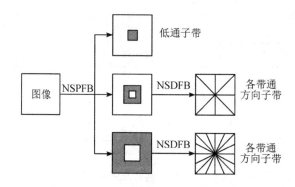

图 13.11　非下采样轮廓波结构示意图

图像通过 NSCT 变换中的金字塔滤波器和方向滤波器的 m 级分解后，获得了 1 个低频子带图和 2^m 个高频子带图。分解的级数确定方向数，比如进行了 m 级分解，最大方向数是 2^m。整个 NSCT 的分解过程表现了多方向、多分辨率等的特性。分解过程可以表示为

$$F(x, y) = L_j(x, y) + \sum_{j=1}^{2^N} H_j(x, y) \tag{13.33}$$

式中：$F(x, y)$ 是原始图像，$L_j(x, y)$ 表示低频子带，$H_j(x, y)$ 表示高频子带。

本文提出的分类网络主要由两个通道的网络组成，分别是 NSCT_SENet 网络和 SENet 网络，将由这两个通道的网络提取的特征进行结合，可丰富特征向量包含的信息。分类网络结构如图 13.12 所示。

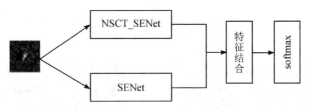

图 13.12　分类网络结构示意图

分类网络中第一通道的 NSCT_SENet 网络的结构如图 13.13 所示。

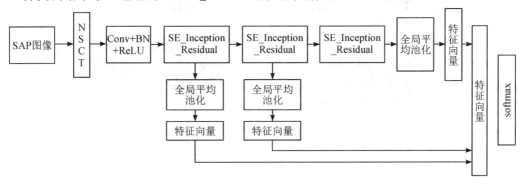

图 13.13　NSCT_SENet 网络结构示意图

在 NSCT_SENet 网络中，NSCT 层的滤波器分解参数为[0，1]，得到 4 个对应的特征图（包括 1 个低频特征图和 3 个高频特征图），首先将这些特征图继续进行特征提取，然后将由这两个网络通道提取的特征向量进行结合（采用向量均值方式），最后将特征输入到 softmax 分类器中进行分类。

现以文中的第四组实验为例来说明该算法的有效性，具体介绍见文献[27]的第 3.5 节。该组实验数据采用的是 MSTAR 三类别数据集。对训练数据集进行数据增强后，再对分类模型进行训练和测试。将本文提出的算法与 SVM、多层感知机 MLP、卷积神经网络 CNN、深度置信网络 DBN、ResNet 网络，以及多层特征 SENet 算法进行对比，其不同类别及总体的分类准确率如表 13.4 所示。

表 13.4　MSTAR 三类别数据集 10 次实验平均分类结果

类别	算　法						
	SVM	MLP	CNN	DBN	ResNet	多层特征 SENet	本文算法
BMP2	80.91%	82.96%	98.80%	92.33%	98.63%	99.31%	99.14%
BTR70	94.38%	91.83%	98.97%	94.89%	98.46%	100%	100%
T72	99.82%	99.31%	100%	97.42%	100%	100%	100%
总体分类精度	90.91%	91.28%	99.33%	94.87%	99.19%	99.70%	99.63%

将该算法应用在 SAR 图像目标检测上，其结果如图 13.14 所示。从图中可以看出，本文所提出的特征融合算法能够识别场景中所有的目标并对其进行正确分类。

(a) 原始图像　　　　　　　　　　　　(b) 分类结果图

图 13.14　SAR 图像原始图像和目标分类结果图

本章参考文献

[1]　焦李成，侯彪. 图像多尺度几何分析理论与应用[M]. 西安：西安电子科技大学出版社，2008.

[2]　焦李成，杨淑媛. 自适应多尺度网络理论与应用[M]. 北京：科学出版社，2008.

[3]　STARCK J L，CANDÈS E，DONOHO D L. The curvelet transform for image denoising[J]. IEEE transactions on image processing，2022，11(6)：670－684.

[4]　DO M N. Directional multiresolution image representations，Ph. D. Thesis，Laussnne：Department of communication systems，swiss federal institute of technology (EPFL)，2001.

[5]　DO M N，VETTERLI M. Contourlets：a directional multiresolution image representation [C]. International Conference on Image Processing，2002，1(1)：357－360.

[6]　PO D D Y，DO M N. Directional multiscale modeling of images using the contourlet transform[J]. IEEE workshop on statistical signal processing，2003：262－265.

[7]　DO M N，VETTERLI M. Contourlets：a new directional multiresolution image representation[C]. Conference Record of the Thirty-Sixth Asilomar Conference on Signals，Systems and Computers，2002，1：497－501.

[8]　LU Y，DO M N. CRISP-contourlets：a critically sampled directional multiresolution

image representation Wavelets: Applications in Signal and Image Processing X. SPIE, 2003, 5207: 655 - 665.

[9] BURT P J, ADELSON E H. The laplacian pyramid as a compact image code[J]. IEEE trans. commun. , 1983, 31(4): 532 - 540.

[10] DO M N, VETTERLI M. Framing pyramids[J]. IEEE trans. signal proc. , 2003, 51(9): 2329 - 2342.

[11] JIAO L C, PAN J, FANG Y. Multiwavelet neural network and its approximation properties[J]. IEEE transactions on neural networks, 2001, 12(5): 1060 - 1066.

[12] PARK S, SMITH M J T, MERSEREAU R M. A new directional filterbank for image analysis and classification[J]. IEEE int. conf. acoust. , speech and signal proc. , 1999: 1417 - 1420.

[13] BAMBERGER R H, SMITH M J T. A filter bank for the directional decomposition of images: Theory and design[J]. IEEE trans. signal proc. , 1992, 40 (4): 882 - 893.

[14] SAID, PEARLMAN W A. A new fast and efficient image codecbased on set partitioning in hierarchical trees[J]. IEEE trans. circuits and systems for video technology, 1996, 6: 243 - 250.

[15] SHAPIRO J M. Embedded image coding using zerotrees of wavelet coefficients[J]. IEEE trans. on signal processing, 1993, 41: 3445 - 3462.

[16] RAMCHANDRAN K, VETTERLI M. Best wavelet packet bases in a rate-distortionsense[J]. IEEE trans. image processing, 1993, 41: 160 - 175.

[17] KURTH F, CLAUSEN M. Filter bank tree and M-band wavelet packet algorithms in audio signal processing[J]. IEEE transactions on signal processing, 1999, 47 (2): 549 - 554.

[18] RAO K R, YIP P. Discrete cosine transforms [M]. New York: Academic Press, 1990.

[19] SANCHEZ V, GARCIA P, PEINADO A, et al. Diagonalizing properties of the discrete cosine transforms[J]. IEEE trans. signal processing, 1995, 43: 2631 - 2641.

[20] ESLAMI R, RADHA H. Wavelet-based contourlet transform and its application to image coding[J]. International conference on image processing, 2004, 5: 3189 - 3192.

[21] ESLAMI R, RADHA H. Wavelet-based contourlet coding using anSPIHT-like algorithm[J]. Conference on information sciencesand systems, 2004: 784 - 788.

[22] ESLAMI R, RADHA H. Wavelet-based contourlet transform and itsapplication to image coding[C]. IEEE International Conference on Image Processing, Singapore,

第 13 章 多尺度深度几何网络

219

2004，5：3189 – 3192.

[23]　ESLAMI R，RADHA H. Wavelet-based Contourlet Packet Image Coding ［C］. Conference on Information Sciences and Systems，The Johns Hopkins University，2005：16 – 18.

[24]　GAO J，JIAO L，LIU F，et al. Multiscale curvelet scattering network[J]. IEEE transactions on neural networks and learning systems，doi：10. 1109/TNNLS. 2021. 3118221.

[25]　LIU M，JIAO L，LIU X，et al. C-CNN：contourlet convolutional neural networks ［J］. IEEE transactions on neural networks and learning systems，2020，32（6）：2636 – 2649.

[26]　马丽媛. 基于深度轮廓波卷积神经网络的遥感图像地物分类[D]. 西安：西安电子科技大学，2017.

[27]　汶茂宁. 基于轮廓波 CNN 和选择性注意机制的高分辨 SAR 目标检测和分类[D]. 西安：西安电子科技大学，2018.

第14章 Transformer 网络

14.1 Transformer 基础知识

14.1.1 Transformer 的介绍

Transformer 是一种主要基于自注意力机制的深度神经网络。原始的 Transformer 首先应用于序列到序列的自回归任务，与传统的神经网络相比，仍然继承了编码器-解码器的结构，但是加入了多头注意力机制和前馈神经网络，从而完全区别于传统的递归和卷积网络。

Transformer 的网络架构最早由 Ashish Vaswani 等人在" Attention is all you need "[1] 一文中提出，并应用于自然语言处理领域。在 Transformer 被提出之前，机器翻译等语言任务中最常用的主流方法都采用 RNN，但 RNN 以串行的方法来处理数据，对应到 NLP 任务中就是按照输入句子中词语的先后顺序依次处理，这种网络结构的固有性阻碍了并行化，难以处理长期依赖关系。

为了解决这个问题，Transformer 被提出。它可以并行化地处理输入，解决了传统 Seq2Seq 模型的不足，去掉了 Seq2Seq 模型中使用的自回归模型，依赖自注意力机制来理解输入和输出，极大地帮助实现了并行计算；同时，它通过自注意力机制利用一系列连续执行的操作连接所有位置，可建立长期依赖关系。

Transformer 由于优于其他网络的性能，因此逐渐被应用到音频处理、计算机视觉等相关领域，并取得了重大的成功。很多学者专家逐渐认为 Transformer 开创了 CV 领域的新纪元，并能够在未来的发展中逐步代替卷积网络。本节主要介绍 Transformer 在计算机视觉领域中的相关内容及应用。

14.1.2 Transformer 的结构和原理

Transformer 的模型结构如图 14.1 所示，它主要由以下几个模块组成。

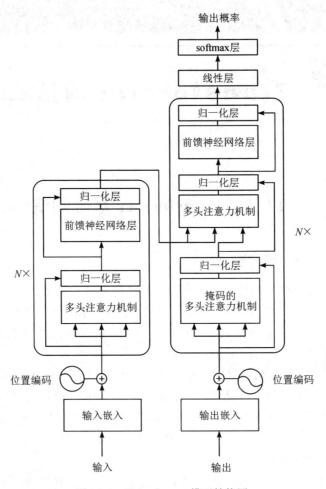

图 14.1 Transformer 模型结构图

1. 输入部分（input）

从图 14.1 中可以看到，输入环节分为两个部分，分别是输入嵌入和位置编码。

1）输入嵌入（input embedding）

在 NLP 领域，embedding 的作用是设计一个可学习的权重矩阵 W，然后将 one-hot 形式的单词向量与矩阵点乘，得到新的表示结果。这样做既避免了 one-hot 向量过于稀疏，又能使意思相近的词能够有相近的表示结果。这里举出一个最经典的例子，"爱"和"喜欢"在语义表达中的意思是相近的，但是采用 one-hot 编码时无法体现出这两个词语之间的关系。假设"爱"和"喜欢"采用 one-hot 编码分别为 100 和 001，权重矩阵假设如下：

$$\begin{bmatrix} w00 & w01 & w02 \\ w10 & w11 & w12 \\ w20 & w21 & w22 \end{bmatrix}$$

则点乘后的结果分别为$[\ w00, w01, w02\ ]$和$[\ w20, w21, w22\ ]$，在后续网络训练的过程中，由于"爱"和"喜欢"词义相近，应用时句子中前后出现的词语类型也相似，那么在权重矩阵更新的过程中，$[\ w00, w01, w02\ ]$和$[\ w20, w21, w22\ ]$的值也会变得越来越接近。

2）位置编码（positional encoding）

在输入嵌入中得到的是输入 patch 之间的关系（NLP 任务中获得的是词与词之间的关系），但是无法得到 patch 在整张图片中的位置关系（词在句子中的位置关系），因此需要加入位置信息。使用不同频率的正弦和余弦函数作为位置编码，公式如下：

$$PE_{(pos, 2i)} = \sin \frac{pos}{10\ 000^{2i/d_{model}}}$$

$$PE_{(pos, 2i+1)} = \cos \frac{pos}{10\ 000^{2i/d_{model}}}$$

将得到的位置编码向量与 patch 向量相加，作为整个 Transformer 的输入。

2. 编码器模块（Encoders）

Transformer 中继承了编码器-解码器结构，与 Seq2Seq 中不同的是，这里的 encoders 由 N 层 encoder 层堆叠（$N=6$ 时效果最好，注意这里虽然每个 encoder 结构相同，但是每个 encoder 的参数之间都是独立计算的）。第一个 encoder 模块包含两个子层，即多头自注意力机制和归一化层，第二个 encoder 模块包含一个前馈神经网络和一个归一化层。

编码器整体模块如图 14.2 所示。

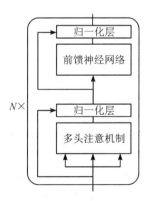

图 14.2　编码器整体模块

（1）归一化层（add & norm）：add 表示残差连接，norm 表示归一化操作，Transformer 中用的是 layernorm，因为其效果比 BN 更好。经过多个网络层计算后的参数值可能会过大或者过小，不利于学习过程的稳定性，因此需要加入归一化层将参数值控制在一个合理的范围内。

（2）前馈神经网络层（feed forward）：一个两层的全连接层。

（3）多头注意力机制（multi-head attention）：由多个注意力模块组成，用于计算相关性。这里需要引入 Transformer 中重要的概念：自注意力机制（self-attention）

（4）自注意力机制（self-attention）：其内部结构如图 14.3 所示。

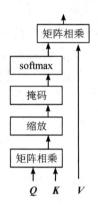

图 14.3　自注意力机制构造图

计算时需要用到 Q、K、V。其中 Q 表示查询，K 表示键值，V 表示值。Q、K、V 是通过输入线性变换后得到的，根据 Q、K、V 的值，利用式（14.1）可计算得到自注意力机制的输出：

$$\text{Attention}(\boldsymbol{Q}, \boldsymbol{K}, \boldsymbol{V}) = \text{softmax}\left(\frac{\boldsymbol{Q}\boldsymbol{K}^{\mathrm{T}}}{\sqrt{d_k}}\right)\boldsymbol{V} \tag{14.1}$$

式中：d_k 是向量维度。

多头注意力机制的计算原理就是将 N 层子注意力机制的输出连接起来做线性变换，得到最终的输出。

3. 解码器模块（decoders）

解码器模块与编码器模块构造相似，这里的解码器模块同样由 N 层 decoder 层堆叠，结构如图 14.4 所示。每一层 decoder 包含三个子层：第一层 decoder 采用掩码的多头注意力机制（masked multi-head attention）和归一化层；第二层 decoder 采用多头注意力机制（multi-head attenion）和归一化层；第三层 decoder 采用一个前馈神经网络（feed forward）和归一化层。这里的每个子层之间也采用了残差连接，连接到下一个归一化层。

相较于编码器，解码器结构多了一个掩码的多头注意力机制。掩码的作用是在计算当前 x_i 的输出时默认当前的序列长度为 i，也就是用掩码盖住了当前元素之后的元素。

从图 14.1 中可以看到，decoder 模块相当于有两个输入。对于一个句子而言，一个输入是 encoder 传入的全局语义信息，帮助 decoder 理解完整的上下文信息；另一个输入是模型前面的预测结果。

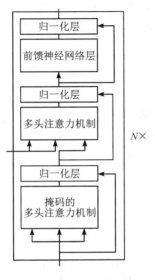

图 14.4　解码器结构图

14.2　常见的 Transformer 变体

近些年 Transformer 在自然语言处理、计算机视觉等多个领域都取得了巨大的成功。Transformer 最初是作为机器翻译的序列到序列模型。研究表明，基于 Transformer 的预训练模型可以在各种任务上达到最佳性能。因此，Transformer 逐渐成为 NLP 的首选架构。除了与语言相关的应用外，Transformer 还被应用于 CV、音频处理等其他领域。研究者们提出了以图像补丁作为输入的纯 Transformer 模型[2]，该模型在很多图像分类任务上都实现了 SOTA(state of the art)。由于 Transformer 表现出的性能优秀，近两年各种基于 Transformer 的变体——X-Transformer 陆续被提出，从不同的角度改进了 Transformer 的性能。

Transformer 的模型架构主要由自注意力模块、编码器-解码器模块、前馈神经网络等模块构成。目前针对 Transformer 改进的模型变体主要从以下两个方面进行。

1. 基于模型架构的改进

基于模型架构的改进包括多种，如对自注意力结构的改进，以及对编码器或解码器的结构设计，其中大多数是针对自注意力模块的改进。由于 Transformer 是基于自注意力模块的深度神经网络，因此模块计算时的复杂度和内存占用相对会更高一些。并且自注意力模块会使模型在面对长序列时无法更好地记住上下文信息，导致训练效果较差。针对这些问题主要的改进方法如下：

(1) 构造轻量级的 Transformer[3]，减少计算成本，提高运行效率。

(2) 改进多头注意力机制[4]，提取更有效的信息，减少冗余计算。

(3) 提出一些注意力模块的变体，如引入稀疏注意力机制[5]。

(4) 将空洞注意力引入注意力机制，可以降低复杂性，从而降低模型计算过程中的复杂度等。

2. 基于其他模块级的改进

基于其他模块级的改进包括改变位置编码的方式、改进层归一化的方法[6]、优化 FFN 层以减少训练中的参数数量[7]等。

这里举几个例子来简单说明一下。

14.2.1 基于模型架构的改进

文献[5]针对自注意力模块做出了改进，提出了稀疏的变压器(sparse transformer)这一概念，即通过将密集注意力转换为稀疏注意力来减少传统 Transformer 的时间复杂度和空间复杂度。在计算过程中将注意力保留在有价值的信息上，而忽视其他无用的信息，这样做能够使模型在有限的时间复杂度中获取更多有意义的信息。了解稀疏变压器的构造之前首先要了解其他两种自注意力模型。

第一种是空洞自注意力(atrous self attention)模型。其主要操作是对元素间的相关性进行约束，要求每个元素只跟它相对距离为 k、$2k$、$3k$、…的元素关联，其中 $k>1$ 是预先设定的超参数。具体注意力关系如图 14.5 所示。这种模型将每个元素从需要与全部 n 个元素计算相关性变成只需要与 n/k 个元素计算相关性，大大减少了计算成本，同时保留了远距离元素的长程关联性。但是这样的计算方法存在一些随机性，注意力计算效果不稳定。

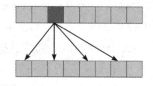

图 14.5 空洞自注意力矩阵及元素间的关联关系

第二种是局部自注意力(local self attention)模型。该模型用局部注意力替代传统的全局注意力，其约束条件是让每个元素只能与前后的 k 个元素进行关联，而其他相对距离超过 k 的元素被分配的注意力都为 0。具体注意力关系如图 14.6 所示。这样做降低了计算复杂度，但也放弃了长程关联性。

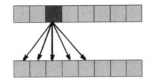

图 14.6　局部自注意力矩阵及元素间的关联关系

　　而稀疏自注意力(sparse self attention)模型就是将上述两种自注意力模型交替使用，用局部自注意力的局部密集性补全了空洞自注意力近处的稀疏空洞性，用空洞自注意力增强了局部自注意力的长程关联性。这样做既得到了全局的注意力，又节省了显存占用。其具体注意力关系如图 14.7 所示。由图 14.7 可以很直观地看到，该模型既保有了局部密集性又具有远程稀疏性，对于很多类型的任务都是相对较优的选择。

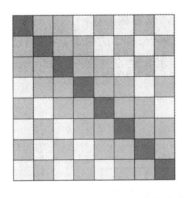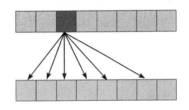

图 14.7　稀疏自注意力矩阵及元素间的关联关系

14.2.2　基于其他模块级的改进

　　文献[8]提出了名为 Vanilla Transformer 的模型结构。该模型结构只使用了原 Transformer 解码器模块的部分结构——一个掩码的多头注意力机制和一个前馈神经网络层。这里保留掩码自注意力机制的意义在于语言模型中是根据前 i 个字符来预测第 $i+1$ 个字符的，如果没有掩码能够直接得到答案，就没有训练的意义了。这样的掩码多头注意力机制和前馈神经网络层的组合结构在 Vanilla Transformer 中共含有 64 个，因此 Vanilla Transformer 具有很深的网络结构。

而另一个重要的改进在于，文献[8]改进了模型中位置编码的方式。注意力机制的优点在于能够利用矩阵向量化的思想完成并行操作，但因此带来的后果就是缺失了在序列问题中重要的位置顺序信息。为了改进这一点，传统的注意力模型在网络的第一层添加了位置编码用于补充位置信息，但由于 Vanilla Transformer 网络结构很深，仅在第一层添加位置信息，无法保证能够传递到后面的网络层中，因此改进了位置编码的方式，每一层都将上一层的输出与位置信息叠加作为下一层的输入，使序列信息的传递更加稳定。

14.3　案例与实践

14.3.1　图像分类

最早将 Transformer 引入计算机视觉领域的文献[2]提出了 Vision Transformer（ViT）这一概念。它能直接利用 Transformer 对图像进行分类，而不需要卷积网络。文献[2]首先将图片划分为很多个区块，接着通过线性映射将每个区块映射到一维向量中，将输入向量转化为标准的输入序列（类似 NLP 中的 token），然后把区块序列传入 ViT 中。ViT 在接收到区块后使用线性变换将其转为特征向量，并加入位置编码。

ViT 模型结构如图 14.8 所示，其构造和 Transformer 的构造基本一样。模型将输入图片分为多个 patch（16×16），每个 patch 映射为固定长度的向量传入 Transformer 训练，再利

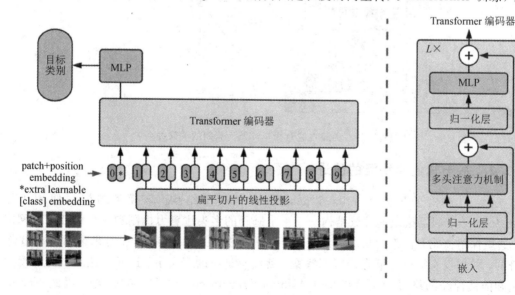

图 14.8　ViT 模型结构

用序列之前的[class]标志位的输出特征进行分类。ViT 主要由 MSA（多头自注意力）和 MLP（两层使用 GeLU 激活函数的全连接网络）组成，在 MSA 和 MLP 之前加上 layernorm 和残差连接。

实验结果如表 14.1 所示。由表可知，不管是在较小规模的 CIFAR-10 数据集还是在较大规模的 ImageNet 数据集上，ViT 模型都能得到最好的分类结果。

实验结果也表明，使用 Transformer 进行图片分类会缺乏一些归纳偏差，如 CNN 固有的平移不变性等，因此在数据不足时不能很好地泛化。然而大规模的训练会胜过归纳偏差带来的影响。ViT 在经过足够规模的数据与预训练后，当转移到具有较少数据点的任务上时获得了出色的结果。这是 Transformer 第一次用于图像处理领域并获得了 SOTA 的结果。

表 14.1　ViT 模型在不同数据集上的分类结果对比

数据集	Ours-JFT （ViT-H/14）	Ours-JFT （ViT-H/16）	Ours-I21k （ViT-L/16）	BiT-L （ResNet152x4）	Noisy Student （EfficientNet-L2）
ImageNet	**88.55**±0.04	87.76±0.03	85.30±0.02	87.54±0.02	88.4/88.5*
ImageNet ReaL	**90.72**±0.05	90.54±0.03	88.62±0.05	90.54	90.55
CIFAR-10	**99.50**±0.06	99.42±0.03	99.15±0.03	99.37±0.06	—
CIFAR-100	**94.55**±0.04	93.90±0.05	93.25±0.05	93.51±0.08	—
Oxford-IIIT Pets	**97.56**±0.03	97.32±0.11	94.67±0.15	96.62±0.23	—
Oxford Flowers-102	99.68±0.02	**99.74**±0.00	99.61±0.02	99.63±0.03	—
VTAB(19 tasks)	**77.63**±0.23	76.28±0.46	72.72±0.21	76.29±1.70	—
TPUv3-core-days	2.5k	0.68k	0.23k	9.9k	12.3k

（*：在 Touvron 等人（2020）的报告中结果略有改善）

14.3.2　图像分割

文献[9]将 Transformer 应用于语义分割领域，创建了功能强大的基于 Transformer 的语义分割算法。传统的 CNN 算法通过堆叠的 encoder 增强感受野，获取了更多的特征信息。但是卷积层的堆叠仍有一定的局限性，因此 SETR（SEgmentation TRansformer）模型使用 Transformer 来替代卷积，整体结构如图 14.9 所示。

SETR 模型主要分为三部分：输入、转换、解码。

（1）输入（image to sequence）。

将输入图片处理为 Transformer 能够处理的向量序列，首先采用切片的方式将图片分割成 16×16 大小的切片，对每个切片进行编码，并加入位置信息嵌入，最后通过线性投影

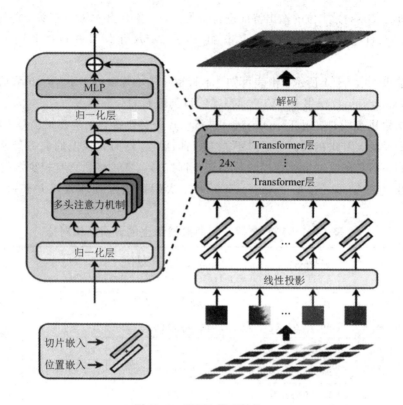

图 14.9　SETR 模型结构

将编码变换成一个输入序列。

（2）**转换。**

将输入序列输入 Transformer 用于特征提取。

（3）**解码。**

解码器部分可应用三种不同的结构进行像素级分割。

① Naive upsampling：使用的是一种简单的双层结构，为 1×1 卷积层＋归一化层（ReLU 函数）＋1×1 卷积层构造；然后将输出上采样到全图像分辨率；最后送入具有像素级交叉熵损失的分类层。

② Progressive UPsampling（PUP）：使用渐进的上采样策略，即交替式地使用卷积层和上采样操作。

③ Multi-Level feature Aggregation（MLA）：设计了多层次的特征聚合方法，类似于特征金字塔网络，但每一层输出的特征分辨率相同。

实验对不同预训练策略和主干网的 SETR 变体的结果进行对比，对比结果如表 14.2 所示，结果表明 SETR-PUP 方法的效果最好。

表 14.2　不同预训练策略和主干网上的 SETR 变体结果对比

方　　法	预训练	主干网	参数量	40k	80k
FCN	1K	R-101	68.59	73.93	75.52
Semantic FPN	1K	R-101	47.51	—	75.80
Hybrid-Base	R	T-Base	112.59	74.48	77.36
Hybrid-Base	21K	T-Base	112.59	76.76	76.57
Hybrid-DeiT	21K	T-Base	112.59	77.42	78.28
SETR-Naive	21K	T-Large	305.67	77.37	77.90
SETR-Mla	21K	T-Large	310.57	76.65	77.24
SETR-PUP	21K	T-Large	318.31	78.39	79.34
SETR-PUP	R	T-Large	318.31	42.27	—
SETR-Naive-Base	21K	T-Base	87.69	75.54	76.25
SETR-MLA-Base	21K	T-Base	92.59	75.60	76.87
SETR-PUP-Base	21K	T-Base	97.64	76.71	78.02
SETR-Nalve-DeiT	1K	T-Base	87.69	77.85	78.66
SETR-MLA-DeiT	1K	T-Base	92.59	78.04	78.98
SETR-PUP-DeiT	1K	T-Base	97.64	**78.79**	**79.45**

SETR 在 Cityscapes[10]、ADE20K[11] 两个数据集上与最先进的方法进行比较，比较结果如表 14.3 所示。由表 14.3 可知，SETR 在 ADE20K 数据集上获得了 48.64% 的优越的 mIOU 值，在 ADE20K 测试排行榜中排名第一；在另外两个数据集上也都达到了优异的训练精度，证明了 Transformer 模型应用于视觉分割任务中的有效性。

表 14.3　SETR 在不同数据集上的效果

方　　法	预训练	主干网	ADE20K	Cityscapes
FCN	1K	R-101	39.91	73.93
FCN	21K	R-101	42.17	76.38
SETR-MLA	21K	T-Large	**48.64**	76.65
SETR-PUP	21K	T-Large	48.58	78.39
SETR-MLA-DeiT	1K	T-Large	46.15	78.98
SETR-PUP-DeiT	1K	T-Large	46.24	**79.45**

14.3.3 目标检测

文献[12]提出了将 Transformer 应用于目标检测的算法——DETR，其网络结构如图 14.10 所示。

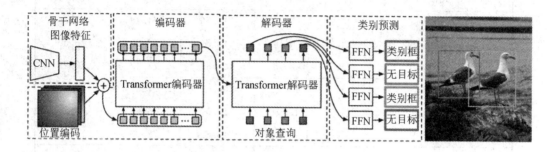

图 14.10　DETR 网络结构

DETR 是第一个将 Transformer 用于检测物体框的目标检测框架。传统的目标检测方法（如 Faster RCNN 系列）的主要流程都是先用卷积神经网络提取图像特征，再通过非极大值抑制算法提取出候选框，最后预测每个候选框的位置和类别。DETR 简化了这一套流程，把提取候选框的过程用一个标准的 Transformers 编码器-解码器架构代替，在编码器部分直接预测物体的位置和类别。

整个 DETR 结构包含三个主要部分，分别是用于提取图像特征的 CNN 主干网络、Transformer 编码器-解码器架构，以及用于最终预测的前馈网络（FFN）。

（1）主干网络。

DETR 采用 CNN 作为主干网络，用于提取图像特征，DETR 使用的是 resnet-50。

（2）Transformer 编码器-解码器架构。

Transformer 的编码器部分将输入的特征图降维，由于编码器架构具有不变性，因此向编码器的每个注意力层中添加的都是固定位置编码。

Transformer 的解码器在每个解码器层并行解码对象。由于解码器也是置换不变的，因此位置编码必须不同才能产生不同的结果，这些编码被称为对象查询，将它们添加到每个注意力层的输入中，然后由解码将对象查询转换为输出嵌入。

（3）预测前馈网络（FFN）。

Transformer 输出的信息会通过前馈网络（FFN）预测出框坐标和类标签。具体来说，前馈网络由一个具有 ReLU 激活函数和隐藏维数为 d 的三层感知器与一个线性投影层构成。感知器用于预测图像的归一化坐标，以及目标框的宽度和高度。线性投影层用于预测类标签。

实验在 COCO 2017 检测和全景分割数据集上进行，并与使用 ResNet50 和 ResNet101

的 Faster RCNN 进行比较。实验结果对比如表 14.4 所示。从表中可以看到，DETR 可以达到与 Faster RCNN 相当的结果。实验共包含 118k 训练图像和 5k 验证图像。与 Faster RCNN 相比，DETR 算法在大型数据集上得到了更好的检测效果。

表 14.4 实验结果对比

模 型	GFLOPS/FPS	参数量	AP	AP_{50}	AP_{75}	AP_S	AP_M	AP_L
Faster RCNN-DC5	320/16	166M	39.0	60.5	42.3	21.4	43.5	52.5
Faster RCNN-FPN	180/26	42M	40.2	61.0	43.8	24.2	43.5	52.0
Faster RCNN-R101-FPN	246/20	60M	42.0	62.5	45.9	25.2	45.6	54.6
Faster RCNN-DC5＋	320/16	166M	41.1	61.4	44.3	22.9	45.9	55.0
Faster RCNN-FPN＋	180/26	42M	42.0	62.1	45.5	26.6	45.4	53.4
Faster RCNN-R101-FPN＋	246/20	60M	44.0	63.9	**47.8**	**27.2**	48.1	56.0
DETR	86/28	41M	42.0	62.4	44.2	20.5	45.8	61.1
DETR-DC5	187/12	41M	43.3	63.1	45.9	22.5	47.3	61.1
DETR-R101	152/20	60M	43.5	63.8	46.4	21.9	48.0	61.8
DETR-DC5-R101	253/10	60M	**44.9**	**64.7**	47.7	23.7	**49.5**	**62.3**

本章参考文献

[1] VASWANI A，SHAZEER N，PARMAR N，et al. Attention is all you need[J]. Advances in neural information processing systems，2017，30.

[2] DOSOVITSKIY A，BEYER L，KOLESNIKOV A，et al. An image is worth 16x16 words：Transformers for image recognition at scale[J]. ArXiv preprint arXiv：2010. 11929，2020.

[3] WU Z，LIU Z，LIN J，et al. Lite transformer with long-short range attention[J]. ArXiv preprint arXiv：2004. 11886，2020.

[4] SUKHBAATAR S，GRAVE E，BOJANOWSKI P，et al. Adaptive attention span in transformers[J]. ArXiv preprint arXiv：1905. 07799，2019.

[5] CHILD R，GRAY S，RADFORD A，et al. Generating long sequences with sparse transformers[J]. ArXiv preprint arXiv：1904. 10509，2019.

[6] AL-RFOU R，CHOE D，CONSTANT N，et al. Character-level language modeling with deeper self-attention[C]. Proceedings of the AAAI Conference on Artificial

Intelligence, 2019, 33(1): 3159 – 3166.

[7] SUKHBAATAR S, GRAVE E, LAMPLE G, et al. Augmenting self-attention with persistent memory[J]. ArXiv preprint arXiv:1907. 01470, 2019.

[8] AL-RFOU R, CHOE D, CONSTANT N, et al. Character-level language modeling with deeper self-attention[C]. Proceedings of the AAAI Conference on Artificial Intelligence. 2019, 33(1): 3159 – 3166.

[9] ZHENG S, LU J, ZHAO H, et al. Rethinking semantic segmentation from a sequence-to-sequence perspective with transformers[C]. Proceedings of the IEEE/CVF Conference on Computer Vision and Pattern Recognition. 2021: 6881 – 6890.

[10] CORDTS M, OMRAN M, RAMOS S, et al. The cityscapes dataset for semantic urban scene understanding[C]. CVPR, 2016: 3213 – 3223.

[11] ZHOU B, ZHAO H, PUIG X, et al. Semantic understanding of scenes through the ade20k dataset[J]. ArXiv preprint, 2016.

[12] CARION N, MASSA F, SYNNAEVE G, et al. End-to-end object detection with transformers[C]. European Conference on Computer Vision. Springer, Cham, 2020: 213 – 229.

第15章　深度学习实验平台

15.1　Pytorch

15.1.1　平台介绍与应用优势

Pytorch 是开源的 Python 学习平台之一，其前身是 Torch(以 C 语言为底层构造，lua 语言为接口的深度学习库)，2017 年由 Facebook 人工智能研究院(FAIR)提出。Pytorch 可以说是 Torch 的 Python 版，其底层仍然采用 Torch 的基本框架，在此基础上使用 Python 增加了很多新的方法和框架，并且提供了 Python 的接口，可以利用 GPU 加速运算，使用起来更加方便灵活。Pytorch 主要针对深度神经网络编程，与之前的 Tensorflow 不同的是，Pytorch 能够支持动态计算，功能更加强大，近几年在深度学习中逐渐占据更重要的位置。

Pytorch 的主要优点有以下几点。

(1) 设计简洁，运算灵活。

Pytorch 设计简洁，主要由 tensor(数组张量)、variable(求导变量)，Module(神经网络层)三个由浅到深的层次组成。

tensor 是一种特殊的数据结构，与 numpy 中的多维数组结构相似，也有着类似的计算操作。在神经网络的训练中，输入输出以及网络中的参数等数据都以 tensor 的数据结构形式存在。与 numpy 不同的是，tensor 可以作为深度学习的计算工具，建立在 GPU 上运行使用。

variable 与 tensor 张量不同，variable 是一种在训练过程中可以不断变化的量，在深度学习中用于反向传播。variable 是对 tensor 的封装，它像一个盒子，里面不但包含 tensor，还有梯度、function(当前 variable 是如何得到的)等信息，存储的不是张量，而是一幅完整的计算图。

Module 代表深度学习中训练的模型，模型中定义了网格结构和相关的训练参数，以及参数的传播形式等。

（2）**运算速度快。**

经过很多研究人员的实际应用，人们发现了同样算法同等效果的模型，对比其他平台，Pytorch 的数据加载和模型运算速度都会更快一些。

（3）**上手快，操作方便。**

对于 numpy，对深度学习基本概念有一定的了解者即可上手使用，适合初学者，操作方便。

15.1.2　常用的工具包

1. torch

torch 内含张量的有关运算，如创建、初始化、加减乘除等数学运算，以及数据增强等操作。

2. torch. nn. Module

nn. Module 是所有神经网络的基类，大多数神经网络模型都继承了这一类，包括 48 个神经网络训练中的常用函数。

3. torch. nn

torch. nn 包含了很多为神经网络模块设计的工具包，如卷积、池化、全连接等操作，还包含了 CrossEntryLoss、MSELoss 等一系列计算损失的函数。

4. torch. nn. functional

torch. nn. functional 包含卷积、平均池化、Dropout、归一化、激活函数等常用函数，与 nn. Module 的性能相似。两者的区别在于 nn. Module 实现的是 layer 定义的特殊类，会自动提取可学习的参数。nn. functional 更像是一个纯函数，在实际使用中，一般对于激活函数等没有可学习参数的函数，会使用 nn. functional；对于 Dropout 等训练时参数改变的函数，使用 nn. Module 来实现。

5. torch. optim

torch. optim 定义了多种实现参数自动优化的方法，如 SGD、AdaGrad、Adam 等。

15.1.3　编码实例

基于 Pytorch 的手写数字识别编码实例如下。

首先在网站下载手写数字的数据集：

http://yann. lecun. com/exdb/mnist/　百度网盘。

LeNet. py:构造 LeNet 模型结构。

```
import torch. nn as nn
import torch. nn. functional as F
```

```
class LeNet5(nn. Module):
    def __init__(self):
        super(LeNet5, self).__init__()
        self. conv1 = nn. Conv2d(1, 6, 5)          # 卷积层
        self. pool1 = nn. MaxPool2d(2, 2)          # 池化层
        self. conv2 = nn. Conv2d(6, 16, 5)
        self. pool2 = nn. MaxPool2d(2, 2)
        self. fc1 = nn. Linear(16 * 4 * 4, 120)    # 全连接层
        self. fc2 = nn. Linear(120, 84)
        self. fc3 = nn. Linear(84, 10)
    def forward(self, x):                          # 网络在前向传播调用的函数
        x = self. pool1(F. relu(self. conv1(x)))
        x = self. pool2(F. relu(self. conv2(x)))
        x = x. view(-1, 16 * 4 * 4)
        x = F. relu(self. fc1(x))                  # 激活函数
        x = F. relu(self. fc2(x))
        x = self. fc3(x)
        return x
```

digit_data. py:构造数据加载及初始化的函数。

```
from torch. utils. data import DataLoader, Dataset
import csv
import numpy as np

def load_train_data(filename, ratio=1, part=1):      # 加载数据
    l = []
    with open(filename, 'r') as f:
        reader = csv. reader(f)
        for row in reader:
            l. append(row)
    l. remove(l[0])
    l = np. array(l, dtype=np. uint8)
    label = l[:, 0]
    data = l[:, 1:]
    r = int(len(data) * ratio)
    if part == 1:
        return label[:r], data[:r]
```

```python
    else:
        return label[r:], data[r:]


class TrainDigitData(Dataset):  # 初始化数据类别
    def __init__(self, file, ratio=1, part=1):
        self.labels, self.data = load_train_data(file, ratio, part)

    def __len__(self):
        return len(self.labels)

    def __getitem__(self, index):
        temp = self.data[index]
        img = temp.reshape((1, 28, 28))
        label = self.labels[index]
        sample = {'image':img, 'label':label}

        return sample
```

Train.py：初始化函数和网络参数，以及设置输入输出路径。

```python
# 首先 import 所需要的方法库、model 文件下的 LeNet.py、以及 data 文件下的
# digit_data.py
from model.LeNet import LeNet5
from data.digit_data import TrainDigitData
from torch.utils.data import DataLoader
import torch
from torch.autograd import Variable


data_file = r'data/train.csv'                        # 训练数据路径
test_file = r'data/test.csv'                          # 测试数据路径
save_path = r'model/lenet/'
if not torch.cuda.is_available():
    print('cuda is not available')
net = LeNet5().cuda()                                 # 定义网络
print(net)
loss_func = torch.nn.CrossEntropyLoss()               # 定义损失函数
opt = torch.optim.Adam(net.parameters(), lr=0.001)    # 定义优化器
```

```
# 使用 LeNet 训练手写数据集，保存生成的训练模型
def main():
    train_data = TrainDigitData(data_file, ratio=0.8, part=1)    # 初始化类，设置数据集所在路径
以及变换
    train_loader = DataLoader(train_data, batch_size=128, shuffle=False)    # 使用 DataLoader 加
载数据
    loss_count = []
    # 开始循环
    for epoch in range(50):    # 设置循环 50 个 epoch
        # 开始 enumerate
        print('epoch:', epoch)
        print('data length:', train_data.__len__())
        net.train()
        for i, batch_data in enumerate(train_loader):
            x = batch_data['image']
            y = batch_data['label']
            batch_x = Variable(x).to(dtype=torch.float32).cuda()
            batch_y = Variable(y).to(dtype=torch.long).cuda()
            out = net(batch_x)
            loss = loss_func(out, batch_y)    # 计算损失
            opt.zero_grad()        # 清空上一步残余更新值
            loss.backward()        # 误差反向传播，计算参数更新值
            opt.step()             # 将参数更新值施加到 net 的 parmeters 上
            if i % 20 == 0:
                loss_count.append(loss)
                print('{}:\t'.format(i), loss.item())
        if epoch % 5 == 0:
            torch.save(net.state_dict(), save_path + str(epoch) + '.pth')
    # 保存训练好的模型

main()
```

15.2　Tensorflow

15.2.1　平台介绍与应用优势

2015 年谷歌宣布推出全新的机器学习开源框架 Tensorflow，主要用于机器学习和深度

239

学习任务的研究。这是在谷歌 2011 年开发的深度学习基础架构 DistBelief 的基础上构造的，可以支持多种 GPU、CPU 架构，可应用于多个领域。编程接口支持 python、C++、Java、Go 等多种语言。凭借 Tensorflow 在各种领域的适用性，以及谷歌在深度学习领域的贡献，Tensorflow 刚一推出就受到了很大的关注，逐渐成为深度学习中常用的学习框架。

Tensorflow 具有以下特点：

(1) 灵活性。

Tensorflow 的接口可支持多种语言，能在各种类型的计算机中运行，并且支持 GPU 和 CPU，甚至两者混合运行。

(2) 活跃的社区支持。

Tensorflow 由谷歌公司开发，日常的维护和持续性可以保持。

但相对应地，Tensorflow 还有很多地方被人们批评，比如：

(1) Tensorflow 的计算速度慢。

(2) 图构造只能是静态的，需要先编译再运行。

(3) 系统设计过于复杂，项目维护工作困难。

(4) 接口改动换代太快，更改过大，对版本之间的匹配要求过于严格。

(5) 文档教程混乱，缺乏条理性等。

15.2.2　编码实例

使用 Tensorflow 平台编译线性回归代码，任务目的为随机生成 100 个点，拟合最优的回归曲线。

```
Train. py
# 首先定义 import 需要的方法库
import matplotlib. pyplot as plt
import tensorflow as tf
# 初始化需要的参数
W=3.0          # 随意设置一个初始权重
b=2.0          # 随意设置一个偏差值
num=100        # 总点数
Epoch=30       # 训练轮数
lr=0.1         # 学习率
# 初始化随机数据
X=tf. random. normal(shape=[num，1])
noise=tf. random. normal(shape=[num，1])
target=X * W + b + noise   # 添加噪声
```

```
# 定义线性回归的模型
class LinearModel(object)：
    def __init__(self)：
        self.W=tf.Variable(tf.random.uniform([1]))
        self.b=tf.Variable(tf.random.uniform([1]))

    def __call__(self，x)：
        return self.W * x + self.b
model=LinearModel()

# 训练线性回归模型
def cal_loss(y，target)：# 定义简单的 loss 函数
    return tf.reduce_mean(tf.square(y-target))

for epoch in range(Epoch)：
    with tf.GradientTape() as tape：
        y=model(X)
        loss=cal_loss(y，target)
    dW，db=tape.gradient(loss，[model.W，model.b])    # 实现简单的优化过程
    model.W.assign_sub(lr * dW)
    model.b.assign_sub(lr * db)
    print(loss)
    plt.scatter(X，target)
    plt.plot(X，y，c='r')
    plt.show()    # 绘制图像
```

运行时的拟合过程及最终结果如图 15.1 和图 15.2 所示。

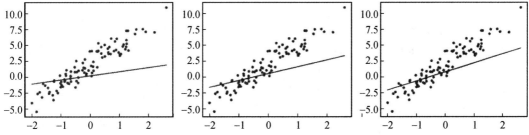

图 15.1　Tensorflow 平台线性回归任务的拟合过程

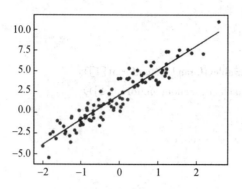

图 15.2　Tensorflow 平台线性回归任务的最终结果

15.2.3　Keras API 接口实例

Tensorflow 中引入了 Keras API，用于构建和训练深度学习模型，使用以下代码就可以直接通过 tf. keras 来调用 Keras 中的方法。这里我们使用基于 Tensorflow 的 Keras 高级 API 做了同样的线性回归算法，代码实例如下：

```
Train_Keras. py
# 首先 import 需要的方法库
import matplotlib. pyplot as plt
import tensorflow as tf
# 初始化需要的参数
W＝3.0          # 随意设置一个初始权重
b＝2.0          # 随意设置一个偏差值
num＝100        # 总点数
Epoch＝30       # 训练轮数
lr＝0.001       # 学习率
# 初始化随机数据
X＝tf. random. normal(shape＝[num, 1])
noise＝tf. random. normal(shape＝[num, 1])
target＝X ＊ W ＋ b ＋ noise   # 添加噪声
model＝tf. keras. layers. Dense(units＝1)

# 使用 Keras API 中的随机梯度下降优化函数
optimizer＝tf. keras. optimizers. SGD(lr)
# 开始训练
for epoch in range(Epoch):
```

```
with tf. GradientTape() as tape：
    y＝model(X)
# 使用 Keras API 中的 loss 函数
    loss＝tf. reduce_sum(tf. keras. losses. mean_squared_error(target, y))
grads＝tape. gradient(loss，model. variables)
optimizer. apply_gradients(zip(grads，model. variables))# 优化
if epoch % 5==0：
    print(loss)
    plt. scatter(X，target)
    plt. plot(X, y, c='r')
    plt. show()# 绘制图像
```

运行时的拟合过程及最终结果如图 15.3 和图 15.4 所示。

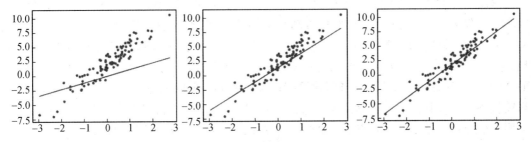

图 15.3　Keras API 线性回归任务的拟合过程

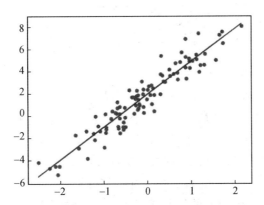

图 15.4　Keras API 线性回归任务的最终结果

16.1 深度学习的发展历程

深度学习的发展历程最早可追溯到 1943 年，神经科学家 W. S. McCulloch 和数学家 W. Pitts 发表了一篇题目为《神经活动中内在思想的逻辑演算》的论文，提出了一种 McCulloch-Pitts(M-P)模型，其结构如图 16.1 所示，它模仿了人脑神经元的形状和工作原理，其中椭圆形可以理解为神经元的胞体，左边指向椭圆形的箭头可以理解为当前神经元的 N 个树突和突触，右边从椭圆形水平指向外面的箭头可以理解为当前神经元的轴突。在当前模型中，如果输出 y 的取值为 1，证明当前神经元处于兴奋状态；如果 y 的取值为 0，证明当前神经元处于抑制状态。该模型可以说是最早的基于神经网络的数学模型，开创了人工神经网络发展的开端，也奠定了深度学习神经网络的发展基础。

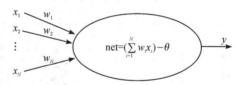

图 16.1 M-P 模型的结构

1956 年在"人工智能达特茅斯夏季研讨会"上"人工智能"的概念被第一次提出，人工智能开始迈入了真正的发展时期，这也是全球第一次人工智能浪潮的开端。

1957 年，美国心理学家弗兰克·罗森布拉特(Frank Rosenblatt)在 M-P 模型的基础上发明了感知机的学习算法，并将这种思想与神经网络相结合，提出了名为感知器[2]的模型。作为一种由生物神经元思想构成的简易神经网络，当时用于对输入数据进行简单的二分类，这种模型算法的提出对于人工智能的发展具有深刻的意义。

1969 年，美国科学家马文·明斯基(Marvin Minsky)发表文章对感知器提出了质疑，文中证明了感知器只是一种线性模型，连简单的异或问题都无法分类，认为罗森布拉特所做的研究大多"没有什么科学价值"。此文一出无疑为感知器的理念带来了大量的质疑声音，后续研究者们慢慢发现感知器只能解决非常简单的任务，根本无法达到真正的智能。人工智能的发展也因此陷入了第一个寒冬期。（顺便一提，1951 年马文·明斯基和同学一起建造了世界上第一台神经网络计算机，并将其命名为 SNARC(Stochastic Neural Analog Reinforcement Calculator)。马文·明斯基是在 1956 年"人工智能达特茅斯夏季研讨会"上最早提出"人工智能"概念的几位科学家之一，在那之后不久转入 MIT，与同事一起创立了 MIT 人工智能实验室，一生为人工智能做出了卓越的贡献，被尊称为"人工智能之父"。）

1982 年，约翰·霍普菲尔德（John Hopfield）提出了一种新的神经网络模型——Hopfield 神经网络[3]，将动力学引入到神经网络的构造中，模拟人类记忆的过程。尽管 Hopfield 思想在后来的发展中做出了重要的贡献，但刚被提出时由于其思想较为复杂且实践中容易陷入局部最优解，因此在当时的人工智能寒冬中并未引起太大的反响。

1986 年，神经网络之父杰弗里·辛顿（Geoffrey Hinton）发明了适用于多层感知器(multilayer perceptron，MLP)的 BP(backpropagation)算法[4]，推动了感知器的后续发展。BP 算法在传统神经网络正向传播的基础上引入了反向传播的概念，这种方法也成为了日后神经网络构造的重要部分。同时采用 Sigmoid 函数进行非线性映射，有效解决了非线性分类等问题，能够对复杂的未知数据进行更好的处理。因此该方法一经提出就引发了人们对神经网络研究的第二次热潮。

然而这次热潮只持续了很短的时间，BP 算法被指出存在梯度消失等问题，再加上当时的神经网络模型面向公司实际使用的性能较差、局限性过多、现代 PC 出现带来的打击，以及政府的资金削减等因素，人工智能的发展很快进入了第二个低谷期。

1997 年，"深蓝计算机"现世，第一次在国际象棋赛事中击败了人类高手；2006 年，杰弗里·辛顿（Geoffrey Hinton）及其学生鲁斯兰·萨拉赫丁诺夫（Ruslan Salakhutdinov）发表文章，首次提出了深度学习的概念，并提出了深度信念网络（deep belief network，DBN），通过无监督的方法逐层训练，解决了深层网络优化过程中梯度消失的问题，开创了深度网络的新局面。这些进展使人工智能开始步入了一个蓬勃发展期。

2011 年，杰弗里·辛顿又提出了 ReLU 激活函数，并首次应用于神经网络。ReLU 是一个非负函数，平均激活值大于 0，具有分段线性性质，并且从根本上解决了梯度消失等问题。2012 年，杰弗里·辛顿研究团队参加了 ImageNet 图像分类竞赛，凭借深度神经网络及 ReLU 激活函数等方法构造的 AlexNet 一举夺得冠军，深度神经网络也因此吸引了各行各业的广泛关注。至此，人工智能的发展迈入了爆发期，基于深度学习的算法创新和应用开始爆发式地出现。2016 年谷歌开发的 AlphaGo 战胜了国际围棋高手李世石，更是将深度学习的发展推向了高潮。

根据文献[1]的分析，自 2011 年开始有关深度学习的论文开始增加，2015 年开始呈现快速增加趋势，研究成果爆发式地增长，内容深度及广度都有所增加。也就是说深度学习近十年才取得了重要的突破并且逐渐应用在各个领域。可以说深度学习的发展得益于各种因素的共同作用，如今的深度学习能够解决各领域各方面复杂且未知的问题，其主要应用包含计算机视觉、自然语言处理、视频分析、语音识别、机器人技术等各个领域。

16.2　深度学习的未来方向

深度学习在各个领域都如火如荼地发展。在自然语言处理领域，深度学习致力于解决人机沟通的难题，研究了文本翻译、自动问答、语言建模、情感分析等多项应用技术。在图像识别领域，PASCAL VOC 数据集上目标检测的性能已经从之前的 30％左右提升到了如今 90％的准确率，ImageNet 上的分类精度也取得了优异的表现。在生活中，深度学习在人脸识别、视频监控、智能驾驶、航空航天、生物医疗等方面都做出了巨大的贡献。

但这背后仍然存在一些问题，深度学习的发展依旧存在一些挑战。

（1）**深度学习需要更强的泛化性。**

在数据集中进行训练时训练集和最后的测试集是同分布的，具有相似的场景和相似的条件。然而在实际使用训练集训练的过程中，大多数情况下接收到的信息的类别分布与真正应用时数据的分布有很大的差别，这就需要模型在实际应用中具有强大的泛化性。针对这些问题，从模型角度，我们可以构造更深更宽的模型，学习更加抽象的特征，提高模型对深层次信息的认知。也可以通过增加正则化等防止过拟合的方法增强模型泛化性；从数据角度，可以增加数据数量，对数据集进行数据增强等方式增强模型训练中的泛化性；从训练角度，利用一些调参方式增强模型的优化能力，增强泛化性。

（2）**深度学习需要减少对数据的依赖。**

目前深度学习仍然更多依赖有监督的学习，需要大量的数据作为训练前提，这会产生很高的前期成本。虽然说深度学习是模仿人类学习的过程，但是某些时候人类学习并不需要大量的数据作为支撑，比如刚出生不久的婴儿学习走路，就算看再多别人如何走路的视频图片和理论方法，都无法理解并学会走路，更多的要靠实际去体验，在一次次尝试移动并摔倒的过程中学习经验。这与传统的有监督学习是不一样的，因此研究人员担心深度学习会对数据集的质量和数量过于依赖，从而限制了下一步的发展，尤其是一些特殊领域，例如在遥感图像中，高分辨率和复杂的图像会导致标注困难和标注成本提高；在医学图像中，由于需要准确率更高的结果，因而需要更多有相关专业知识的人员对数据集进行标注，这项工作十分耗时耗力。针对这些问题，研究人员采用无监督、自监督、强化学习等算法，降低了深度学习对数据集的依赖。

（3）**深度学习需要降低对计算资源的依赖。**

现有的很多深度学习算法都建立在强大的 GPU 运算能力的基础上，只要计算资源到位，最基础的模型也能在好的 GPU 上不断训练而达到不错的效果。但是这样并不能算作深度学习的发展，未来研究的方向应该是如何设计性能更优的模型，能够快速且有效地运行在有限的资源中并得到最优的结果。

（4）**深度学习需要更多的可解释性和理论支持。**

在广泛被应用的人工智能背后，先进的深度学习算法，以及不断发展的计算算力都功不可没。然而越发展人们越能发现，计算资源引导的人工智能的发展已经陷入瓶颈，很多人类能够轻松理解和掌握的技能对于人工智能来说仍然是很大的难题，比如让机器人拿取一个鸡蛋，需要各种技术的计算结果互相配合，是很有难度的工作，但是这对人类来说出生不久就能轻松学会。如今的人工智能还远远未达到真正的"智能"。这是由于人类对待世界的认知并不是规律的数据信息，而是无数因果关系构造的复杂的整体。我们依靠自己的感官认识世界，形成规则，再从不断变化的规则中学习到信息与行为之间的因果关系。可见，探求事物的联系和规律，是人类永恒的精神活动之一，因此我们希望人工智能能够有着和我们一样的学习认知过程，增加深度学习的可解释性。

现有的视觉和语言等深度学习模型无法处理更丰富的语义信息及上下文之间的因果关系，缺乏过程中的可解释性，限制了模型的性能表现。因此应将因果逻辑引入人工智能的计算中，结合脑认知的过程，将因果推理作为有力的武器，帮助计算机处理复杂的数据背后的预测、识别等任务或解决困难的优化问题。

未来深度学习的发展会朝着一个更为智能的方向前进，能够在复杂混乱的数据中训练出所需的信息。未来开发出基于人脑因果逻辑、不过于依赖计算资源的功能强大的算法应该是深度学习领域的主流研究目标。

本章参考文献

[1] 张菊，郭永峰. 深度学习研究综述[J]. 教学研究，2021，44(3)：6-11.

[2] ROSENBLATT F. The perceptron: a probabilistic model for information storage and organization in the brain[J]. Psychological review，1958，65(6)：386.

[3] HOPFIELD J J. Neural networks and physical systems with emergent collective computational abilities[J]. Proceedings of the national academy of sciences，1982，79(8)：2554-2558.

[4] RUMELHART D E，HINTON G E，WILLIAMS R J. Learning representations by back-propagating errors[J]. Nature，1986，323(6088)：533-536.